全国硕士研究生农学门类
入学考试辅导丛书

植物生理学与生物化学
历年真题与全真模拟题解析

2025

李颖章
刘国琴　杨海莲　◎主　编

中国农业大学出版社
China Agricultural University Press
·北京·

图书在版编目(CIP)数据

植物生理学与生物化学历年真题与全真模拟题解析/李颖章,刘国琴,杨海莲主编.
—北京:中国农业大学出版社,2020.6(2024.4 重印)
(全国硕士研究生农学门类入学考试辅导丛书)
ISBN 978-7-5655-2383-0

Ⅰ.①植… Ⅱ.①李… ②刘… ③杨… Ⅲ.①植物生理学-硕士生入学考试-题解
②植物生物化学-硕士生入学考试-题解 Ⅳ.①Q945-44 ②Q946-44

中国版本图书馆 CIP 数据核字(2020)第 113066 号

书　　名	植物生理学与生物化学历年真题与全真模拟题解析		
作　　者	李颖章　刘国琴　杨海莲　主编		
策划编辑	张　蕊　丛晓红　席　清	**责任编辑**	张　玉
封面设计	李尘工作室		
出版发行	中国农业大学出版社		
社　　址	北京市海淀区圆明园西路 2 号	**邮政编码**	100193
电　　话	发行部 010-62733489,1190	读者服务部	010-62732336
	编辑部 010-62732617,2618	出　版　部	010-62733440
网　　址	http://www.caupress.cn	**e-mail**	cbsszs @ cau.edu.cn
经　　销	新华书店		
印　　刷	河北朗祥印刷有限公司		
版　　次	2020 年 8 月第 1 版　　2024 年 4 月第 5 次印刷		
规　　格	787×1 092　　16 开本　　19.25 印张　　480 千字		
定　　价	58.00 元		

封面图片出处:© IMAGEMORE Co.,Ltd.　　**读者反馈邮箱**　zhangrui973@126.com

编 写 人 员

植物生理学部分

主　　编　李颖章（中国农业大学）

参　　编　张学琴（中国农业大学）

陈智忠（中国农业大学）

生物化学部分

主　　编　刘国琴（中国农业大学）

杨海莲（中国农业大学）

出版说明

最新版“全国硕士研究生农学门类入学考试辅导丛书”如期和广大考生见面了。本版辅导丛书是以教育部最新考试大纲为依据，分析往年农学门类联考试题及考试情况，征询有关权威专家的意见和建议，充分吸纳各有关高校辅导老师的教学经验，以前数版为基础，经过必要的扩充和修改而成的。

本丛书包括“复习指南暨习题解析”和“历年真题与全真模拟题解析”两个系列，根据考生复习备考的通常做法，按照基础知识的复习、知识的梳理与归纳以及冲刺模拟训练等不同阶段分别组织编写而成。

“复习指南暨习题解析”系列辅导书，主要是依据考纲对知识点进行全面阐述和总结梳理，按照数学（含高等数学、线性代数、概率论与数理统计）、化学（含无机及分析化学、有机化学）、动物生理学、植物生理学、生物化学 5 个科目分别组织编写和出版。其中，对重点难点进行详细的剖析，对疑点作了详尽的解释；对考点、要点、重要公式和结论也都一一总结和梳理；对例题进行详解，每个步骤做到详细、不缺步跳步，便于考生理解和熟悉解题思路；每章节后还附有一定量的习题，对复习内容及时进行训练和巩固。

“历年真题与全真模拟题解析”系列辅导书，是考生在冲刺阶段的复习用书，采取历年真题加模拟题的训练和解析的模式编写。真题部分包含了十余年的统考试题，其中包含了诸多有价值的信息，例如出题角度、试题题型、内容的涵盖面以及出题规律等。考生可以通过这部分的演练进一步掌握命题规律，查缺补漏，了解考研试题的解答方式、得分点以及解题的技巧，达到“观千剑而后识器”的目的。模拟题针对考生在复习阶段出现的问题，从考研热考内容和重点题型中多角度设计题目，旨在冲刺阶段进行考前摸底与练兵，增强考生在应试中的变通能力。

为了编好这套书，我们邀请了学术水平高、治学严谨、经验丰富、权威性强的知名专家学者担任主编，编写队伍汇聚了教育部直属的多所国家重点农林高校和多所省属重点高校常年从事相关学科教学的骨干教师和考研辅导专家。各位编写人员本着为考生着想、对教学负责的态度，牺牲了大量休息时间，反复斟酌拿捏内容的广度和深度，把握例题、习题和模拟题的代表性，尽心尽力从考生的角度去组织内容和体系。这种高度的责任心和奉献精神使我们深受感动，在此向他们表示诚挚的感谢和崇高的敬意！

自该套丛书出版发行以来，受到农学门类考生的格外青睐。这既是在全国范围内率先正式出版发行、最系统全面的农学门类考研辅导书，同时也是目前权威性高、适用性广、实用性强的考研宝典。我们真诚地希望考生能通过这套丛书的学习和引导，熟悉各科考试大纲，温习贯通考试内容，巩固和掌握所学知识，提高解题能力和应试技巧。同时，希望本丛书也能成为大学生在校学习有关课程的好帮手、好伙伴。

尽管我们本着帮助考生更好地系统复习和备考的良好愿望，尽力组织编写好和出版好这套书，但仍不免有疏漏之处，恳请各位同学及老师们批评指正，以利于我们今后不断地改进和提高。

最后，预祝各位考生取得好成绩！

中国农业大学出版社

2024 年 3 月

前　　言

为帮助农学门类考研学生系统地复习和备考，在分析历年真题及有关课程教材、吸纳有关高校辅导老师教学经验的基础上，我们精心组织编写了**《植物生理学复习指南暨习题解析》《生物化学复习指南暨习题解析》**，同时配套编写了**《植物生理学与生物化学历年真题与全真模拟题解析》**，希望考生能通过这套书的学习和引导，温习贯通考试内容，巩固和掌握所学知识，提高解题能力和应试技巧。

《植物生理学与生物化学历年真题与全真模拟题解析》由两部分内容组成。第一部分是11套考研模拟试题，同时附有详细参考答案，并进行了详解，建议考生先做模拟试题，然后再看参考答案；第二部分给出2008—2023年硕士研究生农学门类联考真题及参考答案，供同学复习时参考。

尽管本着为考生着想、对教学负责的态度，反复斟酌拿捏内容的广度和深度，把握例题、习题和模拟题的代表性，尽心尽力编写好这套书，但仍不免有疏漏之处，恳请各位同学及老师们批评指正，以利我们今后不断地改进和提高。

预祝各位考生取得好成绩！

目　　录

全真模拟试题及解析

历年真题及解析

全真模拟试题及解析

全真模拟试题一　答案见第 48 页

植物生理学

一、单项选择题：1～10 小题，每小题 2 分，共 20 分。下列每题给出的四个选项中，只有一个选项是符合题目要求的。

1. 水分沿木质部导管向上运输的主要动力是（　　）。

A. 吐水　　B. 内聚力

C. 蒸腾拉力　　D. 根压

2. 植物吸收矿质元素和水分之间的关系是（　　）。

A. 正相关　　B. 负相关

C. 既相关又相互独立　　D. 没有相关性

3. 给盐碱性土壤施肥时，应选择（　　）。

A. $(NH_4)_2SO_4$　　B. $NaNO_3$

C. KNO_3　　D. NH_4NO_3

4. 下列有关叶绿素分子的描述，不正确的是（　　）。

A. 叶绿素分为吸收和传递光能叶绿素和参与光化学反应的叶绿素

B. 人多数的叶绿素 a 和全部叶绿素 b 都参与吸收和传递光能

C. 叶绿素 a 与叶绿素 b 的结构差异在于第 2 吡咯环上的—CH_3 被—CHO 取代

D. 光化学反应中心叶绿素是少数游离的叶绿素 a

5. 作为固氮酶的成分，在氮代谢中有重要作用，对豆科植物的增产作用显著的元素是（　　）。

A. Mg　　B. Mo

C. B　　D. Ca

6. 玉米体内光合产物淀粉形成和贮藏的部位是（　　）。

A. 叶肉细胞液泡　　B. 叶肉细胞叶绿体基质

C. 维管束鞘细胞叶绿体基质　　D. 维管束鞘细胞细胞质

7. 调控植物顶端优势的主要激素是（　　）。

A. IAA 和 GA　　B. IAA 和 CTK

C. IAA 和乙烯　　D. CTK 和 ABA

8. 在种子发育后期，与抗脱水过程相关的蛋白是（　　）。

A. LEA 蛋白　　B. P 蛋白

C. 收缩蛋白　　D. G 蛋白

9. 休眠可由植物自身发育进程控制和外界环境条件控制所引起，后者称为(　　)。

A. 深休眠　　B. 生理休眠

C. 强迫休眠　　D. 内因性休眠

10. 生活在低温下的植物，通过(　　)增加其抗寒能力。

A. 增加细胞内糖类和脯氨酸含量，增加细胞含水量

B. 增加细胞内糖类和脯氨酸含量，降低细胞含水量

C. 降低细胞内糖类和脯氨酸含量，降低细胞含水量

D. 降低细胞内糖类和脯氨酸含量，增加细胞含水量

二、简答题：11 小题，13 分。

11. 利用拟南芥幼苗研究乙烯的生理作用，将拟南芥幼苗分别置于空气和乙烯存在的密闭容器中黑暗培养，3 天后观察幼苗的生长表型，结果如下图所示。

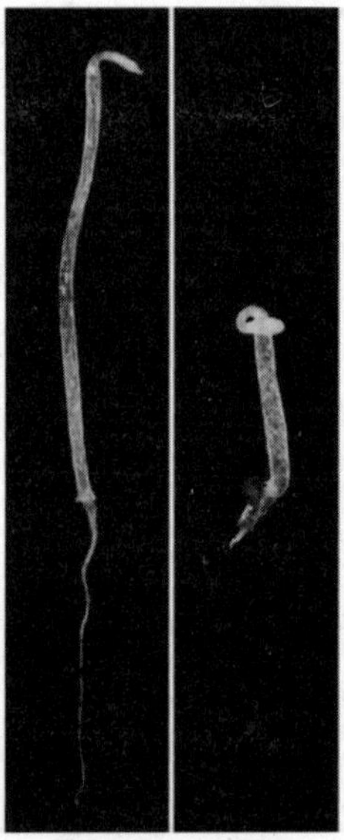

图 1　拟南芥幼苗在空气和乙烯条件下的表型

请分析实验结果，并简述其主要原因。

三、问答题：第 12～14 小题，每小题 6 分，共 18 分；第 15～16 小题，每小题 12 分，共 24 分。

12. 为什么昼夜温差大有利于作物积累干物质？

13. 从外地引种农作物要考虑哪些因素？

14. 简述逆境对植物生理代谢过程的影响。

15. 试述气孔运动的渗透调节机制。

16. 试述植物器官脱落与植物激素的关系。

生 物 化 学

四、单项选择题:17～26 小题,每小题 2 分,共 20 分。下列每题给出的四个选项中,只有一个选项是符合题目要求的。

17. 谷氨酸的 α-羧基 $pK_1=2.1$,α-氨基 $pK_1=9.5$,侧链 $pK_R=4.1$,因此,(　　)。
A. 谷氨酸 pI=3.1　　B. 谷氨酸 pI=2.1
C. 谷氨酸 pI=9.5　　D. 谷氨酸 pI=5.8

18. 经纸层析分离的脯氨酸遇茚三酮呈现(　　)。
A. 蓝紫色斑点　　B. 黄色斑点
C. 红色斑点　　D. 白色斑点

19. tRNA(　　)。
A. 反密码子结合氨基酸　　B. 5′端结合氨基酸
C. 5′端和 3′端碱基序列相似　　D. 富含稀有碱基

20. 加入竞争性抑制剂后酶的(　　)。
A. V_{max} 不变,K_m 增加　　B. V_{max} 减小,K_m 减小
C. V_{max} 不变,K_m 减小　　D. V_{max} 减小,K_m 增加

21. 关于酶活测定的建议正确的是(　　)。
A. 注意测定酶促反应初速度　　B. 注意在低温下测定以保持酶活力
C. 适当增加酶量可以提高酶比活　　D. 通过延长反应时间可以提高酶比活

22. 磷酸甘油在(　　)的催化下转化为(　　)而后进入葡萄糖异生途径。
A. 甘油激酶,3-磷酸甘油　　B. 甘油激酶,磷酸甘油酸
C. 磷酸甘油脱氢酶,磷酸二羟丙酮　　D. 甘油激酶,3-磷酸甘油醛

23. 乙酰辅酶 A 羧化酶的辅基是(　　)。
A. 辅酶 A　　B. 磷酸吡哆醛
C. 焦磷酸硫胺素　　D. 生物素

24. 下列(　　)不参与 TCA 循环的调节。
A. 柠檬酸合酶　　B. 乌头酸酶
C. 异柠檬酸脱氢酶　　D. α-酮戊二酸脱氢酶

25. 在尿嘧啶核苷酸的合成中,第六位碳原子及第一位氮原子来自(　　)。
A. Asn　　B. Asp
C. Glu　　D. 氨甲酰磷酸

26. 反密码子中的(　　)碱基在与密码子配对时具有摆动性。
A. 第一个　　B. 第三个
C. 第一和第三个　　D. 第二和第三个

五、实验题:27 小题,13 分。

27. 新克隆出一个植物蛋白基因,对其序列和结构域进行生物信息学分析后推测该蛋白可能以多亚基形式存在。请问:试图利用 SDS-PAGE 从混合蛋白质样品中分离、鉴定出可能存在的蛋白质复合体是否可行? 为什么? 请指出 2 种能分离蛋白质复合体的生物化学方法。

六、简答题:28～30 小题,每小题 6 分;31～32 小题,每小题 12 分。共 42 分。

28. 什么是限制性内切酶？讨论其作用特点。

29. 请写出参与 dNDP 合成过程的主要酶蛋白和两条电子传递路径。

30. α-酮戊二酸是如何联系糖代谢和氨基酸代谢的?

31. 比较肌红蛋白和血红蛋白在结构和功能上的异同点。

32. 比较原核生物 DNA 复制和 RNA 转录过程的异同点。

全真模拟试题二

答案见第 56 页

植物生理学

一、单项选择题：1～10 小题，每小题 2 分，共 20 分。在每小题给出的四个选项中，只有一个选项是符合题目要求的。

1. 下列对扩张蛋白特性描述正确的是（　　）。
   A. 扩张蛋白是细胞壁中的结构蛋白
   B. 扩张蛋白具有水解酶活性
   C. 扩张蛋白水解纤维素微纤丝，从而使细胞壁松弛
   D. 扩张蛋白活性具有高度专一性，只有在生长迅速的细胞中才具有生理活性
2. 在春、夏季天气晴朗的正午时分，当空气静止无风时，植物的蒸腾速率较低，造成这一现象的主要原因是（　　）。
   A. 气孔关闭　　B. 气孔开度较小
   C. 叶片表面的扩散层（界面层）较厚　　D. 叶片表面温度较高
3. 在土壤营养亏缺初期，植物根的呼吸速率（　　），有利于（　　）。
   A. 增强，促进根系主动吸收离子　　B. 增强，降低植物的根冠比
   C. 降低，促进根系积累保护性物质　　D. 降低，减少植物体内能量的消耗
4. 下列哪些矿质元素可以作为渗透物质调节植物细胞的渗透势及水分吸收（　　）。
   A. NO_3^-，SO_4^{2-}　　B. Mg^{2+}，Zn^{2+}
   C. K^+，Cl^-　　D. Mn^{2+}，Ca^{2+}
5. 下列有关韧皮部运输的描述不正确的是（　　）。
   A. 韧皮部中运输的主要物质包括糖、氨基酸、激素和一些无机离子
   B. 韧皮部汁液中的无机离子主要有 NO_3^-、Ca^{2+}、SO_4^{2-}、Fe^{2+}
   C. 成花刺激物在韧皮部中运输，作为信号分子起作用
   D. 成花刺激物在叶片中合成，通过茎韧皮部运输到茎顶端，促进顶端花分生组织的产生
6. 下列植物生长物质中，具有增强植物抗逆性的生理功能的物质是（　　）。
   A. IAA 和 CTK　　B. CTK 和 ABA
   C. IAA 和 BR　　D. BR 和 ABA
7. 下列有关向光素特性的描述不正确的是（　　）。
   A. 向光素是蓝光受体　　B. 向光素调控向光性反应
   C. 向光素调控气孔开放　　D. 向光素调控避阴反应
8. 许多作物如番茄、西瓜、草莓等在同一个地块连续栽培会造成严重减产，其主要原因是（　　）。
   A. 植物生长环境中营养缺乏　　B. 植物的化感作用
   C. 植物次生代谢产生的植保素　　D. 植物生长的向化性

9. 种子萌发过程受多种激素调控，下列描述不正确的是(　　)。

A. ABA 和 GA 是调控种子萌发的最主要激素　　B. CTK 和乙烯均能促进种子萌发

C. GA 促进种子萌发，ABA 抑制种子萌发　　D. BR 调控种子萌发的功能与 GA 相拮抗

10. 下列哪些酶基因在衰老过程中被诱导表达，酶活性增强？(　　)

A. Rubisco 和 PEP 羧化酶　　B. ACC 合酶和 ACC 氧化酶

C. 异戊烯基转移酶和叶绿素 a 合成酶　　D. SOD、CAAT 和 POD

二、实验题：11 小题，13 分。

11. 氮肥在农业生产中对提高粮食产量起重要作用，但氮肥超量施用会导致植物氮肥利用效率降低，并引起环境污染。因此，研究农作物应对低氮环境及调控作用是降低施肥量和提高产量的有效手段。研究发现，水稻 *OsTCP19* 基因参与响应外界氮素营养条件并影响水稻的分蘖和产量，结果如下图所示。

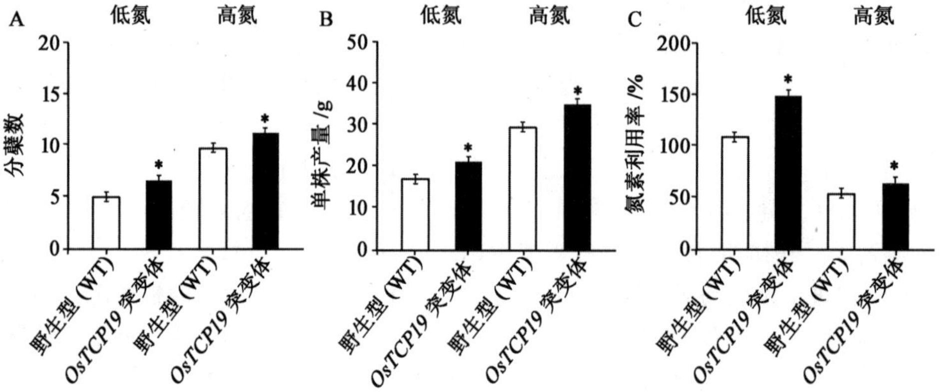

请分析实验结果并得出结论。

三、问答题：第 12～14 小题，每小题 6 分，共 18 分；第 15～16 小题，每小题 12 分，共 24 分。

12. 简述缺磷时植物叶片出现紫红色症状的部位及其原因。

13. 越冬储藏的洋葱，在春季种植前用高温处理可以有效提高当年的产量。请解释其原因。

14. 简述抗旱锻炼后，植物体内 ABA 的变化及其作用。

15. 论述 Rubisco 的特性及其活性调节。

16. 论述植物体内生长素的运输特点。

生物化学

四、单项选择题：17～26 小题，每小题 2 分，共 20 分。下列每题给出的四个选项中，只有一个选项是符合题目要求的。

17. (　　)是 TCA 循环的回补反应。

A. 产生丙酮酸羧化酶需要的生物素

B. 产生草酰乙酸和苹果酸以维持 TCA 循环中间产物浓度的稳定

C. 重新利用泛酸合成辅酶 A

D. 产生柠檬酸和丙酮酸以维持 TCA 循环中间产物浓度的稳定

18. 通过丙酮酸脱氢和 TCA 循环，转化 1 mol 丙酮酸为 3 mol CO_2 能够生成（ ）mol NADH，（ ）mol $FADH_2$ 以及（ ）mol ATP。

A. 2；2；2 B. 3；1；1

C. 3；2；0 D. 4；1；1

19. 磷脂和三酰甘油的合成需要（ ）。

A. CDP-胆碱 B. CDP-二酰甘油

C. 磷脂酸 D. CTP

20. 四氢叶酸及其衍生物在底物之间主要起转运（ ）的作用。

A. 脂酰基团 B. 一碳基团

C. 氢离子 D. 电子

21. 鸟氨酸合成瓜氨酸是合成（ ）的第一步反应。

A. 尿素 B. 肉碱

C. 酪氨酸 D. 天冬氨酸

22. 下列物质中，（ ）不参与脂肪酸的从头合成过程。

A. 乙酰 CoA B. 生物素

C. $FADH_2$ D. HCO_3^-

23. 在细菌合成蛋白质的延伸过程中，（ ）不参与反应。

A. 氨酰-tRNA B. EF-Tu

C. GTP D. IF-2

24. 在呼吸链电子传递过程中伴随有质子的流动，这将（ ）。

A. 使 pH 在基质和膜间隙间保持相同水平 B. 降低基质 pH

C. 降低基质和膜间隙 pH D. 降低膜间隙 pH

25. 下列有关蛋白质分离技术的阐述错误的是（ ）。

A. 除去溶液中的蛋白质可用三氯乙酸沉淀法

B. 用三氯乙酸沉淀的蛋白质可进一步进行活性分析

C. 用三氯乙酸沉淀的蛋白质可进一步进行 SDS-PAGE 分析

D. 可用三氯乙酸终止酶反应

26. 下述哪个配对项是错误的？（ ）

A. Miescher—DNA 发现 B. Avery—DNA 是遗传物质

C. Watson 和 Crick—DNA 双螺旋结构 D. Hoppe-Seyler—DNA 测序

五、实验题：27 小题 13 分。

27. 有一个蛋白质干粉样品，其具有水溶性。请设计一个实验来证明该样品是否为纯品，并阐述实验的基本原理。

六、问答题：28～30 小题，每小题 6 分，共 18 分；31～32 小题，每小题 12 分，共 24 分。

28. 请写出丙酮酸脱氢酶复合体的三个辅因子，并说明它们是该复合体中哪一种酶的辅因子。

29. 请从 ATP 的结构特征分析其能产生大量自由能的原因。

30. 根据你的认识，请说明核苷酸及其衍生物的生物学功能，并举例说明其在糖和脂类物质代谢中的作用。

31. 什么是蛋白质辅基？以肌红蛋白为例，阐述辅基与蛋白质结构、功能的关系。

32. 原核生物基因表达调控通常发生在转录水平。以大肠杆菌为例，请分析说明当乳糖和葡萄糖都存在于培养基上时大肠杆菌细胞的乳糖操纵子是如何被调节的。

全真模拟试题三

答案见第 64 页

植物生理学

一、单项选择题:1～10 小题,每小题 2 分,共 20 分。在每小题给出的四个选项中,只有一个选项是符合题目要求的。

1. 参与植物细胞跨膜及胞内信号转导过程的主要因子包括(　　)。

A. 受体、三磷酸肌醇、钙离子、活性氧等

B. 三磷酸肌醇、钙离子、pH 和活性氧等

C. G 蛋白、第二信使系统、蛋白激酶/蛋白磷酸酶等

D. 受体、G 蛋白、第二信使系统、蛋白激酶/蛋白磷酸酶等

2. 下列有关光合电子传递链描述不正确的是(　　)。

A. 光系统Ⅱ反应中心色素是 P680

B. 光系统Ⅱ和细胞色素 b_6/f 复合体之间的电子传递体是质体醌

C. 在类囊体膜上可以自由移动的电子传递体是质蓝素

D. 光系统Ⅰ反应中心色素是 P700

3. 下列有关光合产物的合成描述不正确的是(　　)。

A. 叶绿体中的光合产物主要以丙糖磷酸的形式运输到细胞质基质

B. 在叶绿体被膜上存在丙糖磷酸转运体

C. 丙糖磷酸转运体是丙糖磷酸和无机磷酸的同向转运体

D. 丙糖磷酸转运到细胞质基质合成蔗糖

4. 植物体内的亚硝酸还原酶(　　)。

A. 催化硝酸的还原

B. 存在于细胞质中

C. 受光照和硝酸根的诱导而合成

D. 在正常条件下,酶活性较低

5. 能有效抑制植物茎和下胚轴伸长生长的光是(　　)

A. 红光

B. 远红光

C. 蓝光

D. 紫外光

6. 下列有关光敏色素的生理作用描述不正确的是(　　)。

A. 光敏色素调控植物的发育过程,包括种子萌发、幼苗生长、花芽分化、器官休眠和衰老等

B. 光敏色素调控植物的光周期成花诱导

C. 光敏色素调控植物的避阴反应

D. 光敏色素调控植物的向光性生长反应

7. 下列有关植物成花诱导描述不正确的是(　　)。

A. 成花诱导是在植物内在因素和环境因素共同作用下完成的

B. 诱导植物开花的环境因素主要是光和温度

C. 光强度是诱导植物开花的主要因素

D. 低温诱导植物开花

8. 下列有关花器官发育的 ABC 模型描述不正确的是（　　）。

A. A 型基因调控萼片和花瓣的发育

B. B 型基因调控花瓣和雄蕊的发育

C. A 型基因功能缺失突变体花的结构只具有雄蕊和雌蕊

D. C 型基因功能缺失突变体花的结构只具有萼片和雌蕊

9. 下列有关植物细胞中 LEA 蛋白描述不正确的是(　　)。

A. LEA 蛋白在胚胎发育期和种子萌发期均有高丰度表达

B. LEA 蛋白具有保护生物大分子、维持细胞结构和代谢的功能

C. LEA 蛋白具有缓解干旱、盐等环境胁迫的作用

D. LEA 蛋白可以作为渗透调节物质

10. 在逆境条件下植物体内激素水平的变化趋势是(　　)。

A. 生长素和赤霉素含量增加　　B. 乙烯和脱落酸含量增加

C. 乙烯和脱落酸含量减少　　D. 脱落酸和油菜素甾醇含量减少

二、实验题：11 小题，13 分。

11. 盐胁迫会对植物造成多种伤害，其中，会导致植物体内 ROS 代谢系统的平衡发生改变。利用水稻野生型和 *OsPRR*73 突变体为材料，研究水稻的耐盐性。实验用 180 mmol/L NaCl 分别处理水稻野生型和 *OsPRR*73 突变体幼苗，处理 3 天后测定幼苗体内的 H_2O_2 含量（一种主要的 ROS）和过氧化氢酶活性（CAT，一种 ROS 清除酶），实验结果如下图所示：

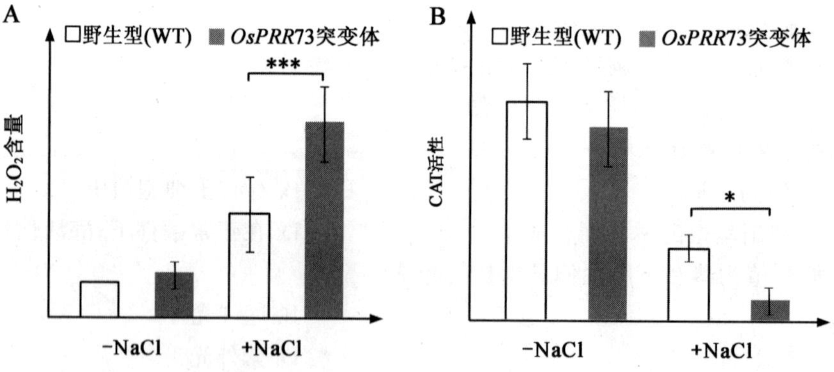

请分析实验结果并得出结论。

三、问答题：第 12～14 小题，每小题 6 分，共 18 分；第 15～16 小题，每小题 12 分，共 24 分。

12. 简述油菜素甾醇的生理功能，并分析其与生长素、赤霉素作用的相似性。

13. 简述植物的自交不亲和性。

14. 何谓渗透调节？简述渗透调节的主要功能。

15. 试述气孔运动对光的反应。

16. 试述植物叶片脱落的激素调控。

生 物 化 学

四、单项选择题：17～26 小题，每小题 2 分，共 20 分。下列每题给出的四个选项中，只有一个选项是符合题目要求的。

17. 在波长 280 nm 附近有特征光吸收峰的氨基酸是(　　)。

A. Val　　B. Met

C. Tyr　　D. Ser

18. 下述试剂适合用于蛋白质含量测定的是(　　)。

A. 考马斯亮蓝　　B. EB

C. 茚三酮　　D. 甲醛

19. 下列物质中，(　　)是专门的甲基供体。

A. 四氢叶酸　　B. S-腺苷甲硫氨酸

C. HS-CoA　　D. ACP

20. 在生化实验室中，某学生将硫酸铵加入装有蛋白质提取液的离心管中，之后进行离心，他的目的是(　　)。

A. 改变蛋白质提取液的 pH，以便所有蛋白质能够溶解

B. 水解蛋白质，以确定氨基酸的含量

C. 选择性地沉淀和纯化某种蛋白质

D. 破坏蛋白质中的二硫键

21. 下列关于生物膜的阐述正确的是(　　)。

A. 组成生物膜的磷脂分子中脂肪酸链越长，膜的流动性越大。

B. 生物膜中存在的胆固醇分子越多，膜的流动性越大

C. 组成生物膜的磷脂分子中不饱和脂肪酸含量越大，膜的流动性越小

D. 生物膜是超分子复合体

22. 能使线粒体电子传递和氧化磷酸化解偶联的试剂是(　　)。

A. 2，4-二硝基苯酚　　B. 寡霉素

C. 一氧化碳　　D. 氰化物

23. 下列不是葡萄糖异生的前体物质的是(　　)。

A. 丙氨酸　　B. 乙醇

C. 乙酸　　D. 甘油

24. 下列选项中，(　　)是 dTMP 合成的正确顺序。

A. UMP→UDP→dUDP→dUMP→dTMP

B. UMP→dUMP→dTMP

C. UMP→UDP→dUDP→dTDP→dTMP

D. UMP→UDP→UTP→dTTP→dTMP

25. 丝氨酸族合成的碳骨架来源于(　　)。

A. 3-磷酸甘油　　B. 3-磷酸甘油醛

C. 3-磷酸甘油酸　　D. 1，3-二磷酸甘油酸

26. 下列关于大肠杆菌 DNA 聚合酶Ⅲ的叙述错误的是(　　)。
   A. 具有 5′→ 3′的聚合酶活性
   B. 具有 5′→ 3′核酸外切酶活性
   C. 具有 3′→ 5′核酸外切酶活性
   D. 是参与大肠杆菌 DNA 复制的主要复制酶

五、实验题:27 小题 13 分。

27. 实验室中有一个含有 Lys、Ala 和 Glu 三种氨基酸的混合样品。学生将采用离子交换柱层析进行 Lys 的分离。请简述离子交换层析的原理和具体操作包括哪些过程。如果学生采用阴离子交换柱层析进行氨基酸分离,请分析说明三种氨基酸被洗脱出的顺序。

六、问答题:28～30 小题,每小题 6 分,共 18 分;31～32 小题,每小题 12 分,共 24 分。

28. 在蛋白质和 DNA 这两种生物大分子的研究中,经常需要进行变性处理。讨论蛋白质和 DNA 变性后分子构象、活性及理化性质变化,并举一例说明变性处理在生物大分子研究中的用途。
29. 在遗传密码簿中，UUA、UUG、CUU、CUG、CUC、CUA 这 6 个密码子都编码亮氨酸,这反映了密码子的什么特性？请解释这种特性,并简要说明这种特性的生物学意义。从理论上分析,识别这些密码子需要多少种 tRNA？为什么？
30. 请简述什么是底物水平磷酸化反应,并写出参与糖酵解途径中两步底物水平磷酸化反应的底物、产物和酶。
31. 论述柠檬酸-丙酮酸循环是如何为脂肪酸从头合成途径提供支持的。
32. 大肠杆菌 *E. coli* 某一基因 A 的非模板链序列如下,(+1)表示转录起始,该基因至少编码 5 个氨基酸。

```
            (+1)      (10)      (20)      (30)      (40)      (50)
              |         |         |         |         |         |
TATAATAGACAGAATTTGGAGGTTGACCTTATGCGTAACGACGCTATTGGCTAGTAAGCTCTAA
                                    ↑
```

(1)利用上面的序列信息以及下面的密码表,写出 A 基因编码的多肽链的氨基酸序列。

(2)当用溴化乙锭处理该大肠杆菌后,A 基因突变为 X 基因,突变位点如箭头所示,即在 GT 之间插入一个核苷酸 A,请写出此突变菌株 X 基因编码的多肽链的氨基酸序列。

First position	Second position				Third position
(5′end)	U	C	A	G	(3′ end)
U	phe	Ser	Tyr	Cys	U
	Phe	Ser	Tyr	Cys	C
	Leu	Ser	STOP	STOP	A
	Leu	Ser	STOP	Trp	G
C	Leu	Pro	His	Arg	U
	Leu	Pro	His	Arg	C
	Leu	Pro	Gin	Arg	A
	Leu	Pro	Gin	Arg	G

First position	Second position				Third position
(5′end)	U	C	A	G	(3′ end)
A	Ile	Thr	Asn	Ser	U
	Ile	Thr	Asn	Ser	C
	Ile	Thr	Lys	Arg	A
	Met	Thr	Lys	Arg	G
G	Val	Ala	Asp	Gly	U
	Val	Ala	Asp	Gly	C
	Val	Ala	Glu	Gly	A
	Val	Ala	Glu	Gly	G

全真模拟试题四

答案见第 73 页

植物生理学

一、单项选择题:1～10 小题,每小题 2 分,共 20 分。在每小题给出的四个选项中,只有一个选项是符合题目要求的。

1. 细胞壁中纤维素酶的主要底物是(　　)。

A. 纤维素　　B. 半纤维素

C. 果胶质　　D. 木葡聚糖

2. 下列有关种子萌发的描述不正确的是(　　)。

A. 水分是影响种子萌发的主要因素

B. 吸胀作用的动力是种子内细胞的水势

C. 吸胀作用使种子迅速吸水

D. 胚根突破种皮后,由于幼苗的生长导致水势降低,引起快速吸水

3. 下面描述与双光增益现象相对应的是(　　)。

A. 光呼吸和光合作用同时进行的

B. 光合作用放出的氧来自水

C. 光反应由两个不同的光系统串联而成

D. 光合作用分为光反应和暗反应两个过程

4. 二氧化碳的固定和三碳糖的合成在不同细胞中进行的作物是(　　)。

A. 水稻、棉花　　B. 高粱、玉米

C. 小麦、棉花　　D. 水稻、小麦

5. 缺乏下列哪种元素时,缺素症首先在植物的幼叶表现出来?(　　)

A. N　　B. P

C. K　　D. B

6. 赤霉素在啤酒生产上可促进麦芽糖化,这是因为(　　)。

A. 赤霉素可促进大麦合成较多的葡萄糖

B. 赤霉素可促进大麦合成较多的果糖

C. 赤霉素诱导果糖转移酶的形成,促使果糖转变为蔗糖

D. 赤霉素诱导糊粉层 α-淀粉酶的形成,使淀粉糖化

7. 下列有关乙烯生物合成描述不正确的是(　　)。

A. 在植物体的不同组织和不同发育阶段,乙烯合成的速率不同

B. 果实成熟促进乙烯合成

C. 逆境诱导植物体内乙烯合成增强

D. 乙烯合成依赖色氨酸的代谢循环

8. 下列描述不正确的是(　　)。

A. 不同物种或同一物种在不同生育期根冠比不同

B. 小麦、玉米等作物在生育后期根冠比均降低

C. 水稻、马铃薯在生育后期根冠比均降低

D. 甘薯、甜菜等作物在生育后期根冠比均增大

9. 在植物向光性反应中,(　　)接受(　　)光信号后调控(　　)发生不均匀分布,从而引起向光性弯曲生长。

A. 光敏色素,蓝,IAA　　B. 光敏色素,红,BR

C. 向光素,蓝,IAA　　D. 向光素,红,BR

10. 冬季在温室中能够栽培黄瓜、茄子、番茄、辣椒等夏令蔬菜,是因为它们对光周期的反应类型是(　　)。

A. 长日植物　　B. 短日植物

C. 日中性植物　　D. 长短日植物

二、实验题:11 小题,13 分。

11. 大豆(*Glycine max* L. Merr.)野生型和 *g* 突变体在相同条件下萌发率有明显不同,实验结果如图所示:

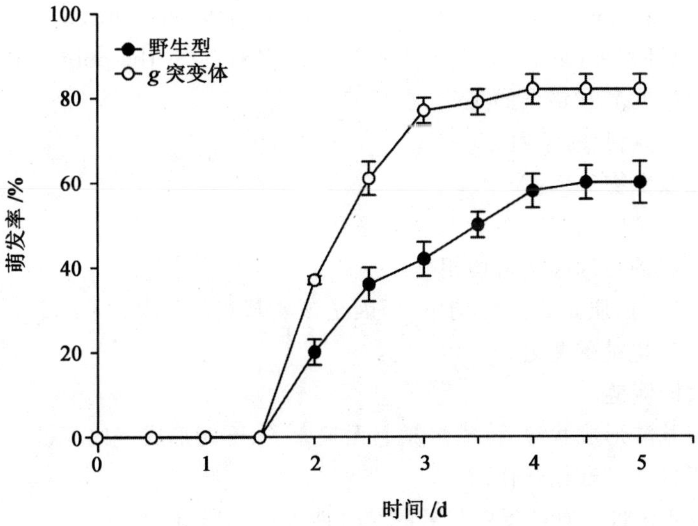

请回答下列问题:

1. 下列说法不正确的是(　　)。

A. *G* 基因调控大豆的休眠

B. *G* 基因是显性基因

C. *G* 基因参与调控 ABA 的生物合成

D. *G* 基因参与调控 GA 的生物合成

2. 对所得结论进行解释。

三、问答题：第 12～14 小题，每小题 6 分，共 18 分；第 15～16 小题，每小题 12 分，共 24 分。

12. 简述水势与气孔开放的关系。
13. 植物体如何应对吸收的多余能量？
14. 从植物生长相关性角度简述果树修剪的作用。
15. 何谓光形态建成？阐述光对植物生长发育的影响。
16. 论述植物体内活性氧的平衡。

生 物 化 学

四、单项选择题：17～26 小题，每小题 2 分，共 20 分。下列每题给出的四个选项中，只有一个选项是符合题目要求的。

17. (　　)不仅参与了细胞嘌呤核苷酸的合成，而且还参与了嘧啶核苷酸的合成。
 A. Glu　　B. Ser
 C. Asp　　D. Gly
18. 假如一条多肽有 400 个氨基酸残基，该多肽的大致分子量是(　　)。
 A. 11 000　　B. 22 000
 C. 44 000　　D. 88 000
19. 参与真核生物 mRNA 内含子剪切的 RNA-蛋白质复合物是(　　)。
 A. 复制体/the replisome　　B. 剪切体/the spliceosome
 C. RNA 连接酶/RNA ligase　　D. 多核糖体/the polysome
20. 下面有关 SD 序列，叙述错误的是(　　)。
 A. mRNA 上富含嘧啶的序列
 B. 仅存在于原核生物 mRNA 上
 C. 和核糖体小亚基中的 rRNA 上的一段序列互补
 D. 与蛋白质合成的正确起始密切相关
21. Pro 很少出现在蛋白质 α-螺旋结构中，原因是该氨基酸(　　)。
 A. 具有小的不带电荷的侧链
 B. 具有非常大的侧链
 C. 在与其他氨基酸形成肽键后，酰胺氮上无氢原子，不能形成链内氢键
 D. 易于与邻近的氨基酸相互作用
22. (　　)的浓度变化将对血红蛋白与氧的结合能力产生影响。
 A. 2,3-二磷酸甘油酸　　B. 血液中质子
 C. 血液中 CO_2　　D. 以上所有物质
23. 溶菌酶通常被归类为(　　)。
 A. 氧化还原酶　　B. 转移酶
 C. 裂合酶　　D. 水解酶
24. 除了(　　)，其他都是糖酵解途径调节的关键酶。
 A. 己糖激酶　　B. 磷酸果糖激酶 Ⅰ
 C. 磷酸甘油酸激酶　　D. 丙酮酸激酶

25.(　　)不仅是 EMP 途径的中间产物，还是丝氨酸合成的直接前体。

A. 丙酮酸　　B. 3-磷酸甘油醛

C. 3-磷酸甘油酸　　D. PEP

26. 有关线粒体电子传递和氧化磷酸化的叙述，错误的是(　　)。

A. 电子在电子传递链上传递时，质子从线粒体基质被泵到线粒体内膜的外侧

B. 四个电子传递复合物都具有质子泵的功能

C. 电子传递体中，细胞色素 c 是唯一的可移动的单电子传递体

D. CoQ 是可以在线粒体内膜的脂双层中进行移动的电子和氢的传递体

五、实验题：27 小题 13 分。

27. 某研究人员发现一个新酶，并设计实验对此酶进行分离纯化，具体步骤如下表：

步骤	总蛋白/mg	总活力/IU	比活力	纯化倍数
粗酶提取液	20 000	4 000 000		
硫酸铵沉淀	5 000	3 000 000		
等电点沉淀	400	1 000 000		
离子交换柱层析	200	800 000		
亲和层析	50	750 000		

(1)计算该酶纯化各步骤的比活力以及纯化倍数，填在表中的空格中。

(2)分析数据说明以上哪一个纯化步骤最有效，哪一个步骤纯化效果最差，为什么？

六、问答题：28～30 小题，每小题 6 分，共 18 分；31～32 小题，每小题 12 分，共 24 分。

28. 比较原核生物 DNA 聚合酶Ⅰ和 DNA 聚合酶Ⅲ的差别，并说明它们在 DNA 复制延伸过程中的作用。

29. 某米氏酶，催化 A→B 的反应。反应体系中酶的浓度是 1 nmol/L，底物浓度是 5 μmol/L，测得的 V_{max} 为 2 μmol/(L·s)。请计算(1)该酶的 K_{cat} 值；(2)当反应体系中加入一定量的非竞争性抑制剂，V_{max} 将会发生怎样的变化，为什么？

30. 参与真核细胞尿素循环的氨基酸有哪些？其分别参与了哪些反应？

31. 请举例说明如果人体缺乏维生素 B_1，哪些生化反应将受到影响，为什么？

32. 请举例说明什么是酶的别构调节，并简述别构酶的特点。

全真模拟试题五

答案见第 81 页

植物生理学

一、单项选择题:1～15 小题,每小题 1 分,共 15 分。下列每题给出的四个选项中,只有一个选项是符合题目要求的。

1. 伸展蛋白是细胞壁中一种富含(　　)的糖蛋白。

A. 亮氨酸　　B. 组氨酸

C. 羟脯氨酸　　D. 精氨酸

2. 当植物细胞溶质势与压力势绝对值相等时,细胞在纯水中(　　)。

A. 吸水加快　　B. 吸水减慢

C. 不再吸水　　D. 开始失水

3. 水分临界期是指植物(　　)的时期。

A. 消耗水最多　　B. 水分利用效率最高

C. 对缺水最敏感最易受害　　D. 对水分需求最小

4. 植物缺锌时,下列(　　)的合成能力下降,进而引起吲哚乙酸合成减少。

A. 丙氨酸　　B. 谷氨酸

C. 赖氨酸　　D. 色氨酸

5. 与能量转换密切相关的细胞器是(　　)。

A. 高尔基体与中心体　　B. 中心体与叶绿体

C. 内质网和线粒体　　D. 线粒体和叶绿体

6. 光合链中数量最多并同时传递电子、质子的电子传递体是(　　)。

A. Fd　　B. PQ

C. PC　　D. Cyt b

7. 呼吸跃变型果实在成熟过程中,与下列哪种物质密切相关?(　　)

A. 生长素　　B. 细胞分裂素

C. 乙烯　　D. 脱落酸

8. 以葡萄糖作为呼吸底物,其呼吸熵(　　)。

A. $RQ=1$　　B. $RQ>1$

C. $RQ<1$　　D. $RQ=0$

9. 叶绿体中输出的糖类主要是(　　)。

A. 磷酸丙糖　　B. 葡萄糖

C. 果糖　　D. 蔗糖

10. 在维持或消除植物的顶端优势方面,下面哪两种激素起关键性作用?(　　)

A. IAA 和 ABA　　B. CTK 和 ABA

C. IAA 和 CTK　　D. IAA 和 GA

11. 植物形态学上端长芽，下端长根，这种现象称为(　　)现象。

A. 再生　　B. 脱分化

C. 再分化　　D. 极性

12. 促进植物向光弯曲最有效的光是(　　)。

A. 红光　　B. 黄光

C. 蓝紫光　　D. 远红光

13. 油料种子发育过程中，最先积累的贮藏物质是(　　)。

A. 淀粉　　B. 脂类

C. 蛋白质　　D. 甘油

14. 花粉中的识别蛋白是(　　)。

A. 色素蛋白　　B. 脂蛋白

C. 糖蛋白　　D. 叶绿体蛋白

15. 以下哪种途径不是提高植物的抗性的正确途径？(　　)

A. 低温锻炼可提高植物抗冷性

B. 植物适应盐胁迫的关键问题是排盐

C. 增施氮肥能提高植物的抗性

D. 合理使用生长延缓剂与抗蒸腾剂可提高作物抗旱性

二、简答题：16～18 小题，每小题 8 分，共 24 分。

16. 简述提高根系吸收矿质元素的主要因素。

17. 植物体内水分存在的形式与植物的代谢、抗逆性有什么关系？

18. 大棚栽培是保证冬季蔬菜供应的一项有力措施，如要提高蔬菜产量应采取哪些农业措施？

三、实验题：19 小题，10 分。

19. 设计实验证明 GA 诱导 α-淀粉酶是大麦种子发芽所必需的。

四、分析论述题：20～21 小题，每小题 13 分，共 26 分。

20. 高光能利用率是提高作物产量的关键，但常常作物光能利用率低，试述其降低的原因及光能利用率提高的途径。

21. 亚麻是南方栽培的一种经济作物，既可取其籽油，也可取其纤维，但二者不能同时获得高产，为什么？试分析可以用什么措施来获得高产油量或纤维产量。

生 物 化 学

五、单项选择题：22～36 小题，每小题 1 分，共 15 分。下列每题给出的四个选项中，只有一个选项是符合题目要求的。

22. 常在酶活性中心起酸碱催化作用的氨基酸是(　　)。

A. N　　B. H

C. C　　D. V

23. 下列关于肌红蛋白的叙述正确的是(　　)。

A. 肌红蛋白是多亚基蛋白,含有血红素辅基

B. 肌红蛋白多肽链的折叠为血红素辅基提供了氧化环境

C. 肌红蛋白多肽链的折叠为血红素辅基结合氧创造了条件

D. 血红素辅基在体外不能结合氧

24. 所有蛋白质三级结构中(　　)。

A. 至少含有 2 种二级结构　　B. 一定含有多个结构域

C. 至少含有一段 α-螺旋　　D. 至少含有一个 β-折叠片

25. 对于 DNA、tRNA、rRNA 来说(　　)。

A. 它们分子中核苷酸的连键性质都是 3′,5′-磷酸二酯键

B. 只有 DNA 的连键是 3′,5′-磷酸二酯键

C. 只有 tRNA 的连键是 3′,5′-磷酸二酯键

D. 只有 rRNA 的连键是 3′,5′-磷酸二酯键

26. 限制性内切酶(　　)。

A. 水解 DNA 和 RNA 的效率相似　　B. 不能水解 DNA

C. 专一水解 DNA 的一股链　　D. 专一水解 DNA 双链

27. 下列关于酶的活性调节的叙述正确的是(　　)。

A. 别构调节是可逆、共价调节

B. 共价调节是不可逆的

C. 酶原激活实质是酶原的特异性蛋白水解

D. 酶原激活反应能可逆进行

28. 细胞色素 c(　　)。

A. 是一种小的有机色素分子　　B. 是一种无机色素分子

C. 是一种结合蛋白质　　D. 是一种简单蛋白质

29. 按照化学渗透学说,驱动 F_0F_1-ATP 合酶合成 ATP 的力是(　　)。

A. 跨线粒体内膜的膜电势　　B. 跨线粒体内膜的化学势

C. 跨线粒体内膜的电化学势　　D. F_0F_1-ATP 合酶"转子"的转动力

30. 奇数碳脂肪酸链 β-氧化产物丙酰 CoA 通过转化为(　　)进入 TCA 循环或者其他途径。

A. 脂酰 CoA　　B. 琥珀酰 CoA

C. 乙酰 CoA　　D. 柠檬酰 CoA

31. 下列(　　)参与打开 DNA 双螺旋结构。

A. 引物酶　　B. 端粒酶

C. 拓扑异构酶　　D. 解螺旋酶

32. 胆固醇合成途径的关键调控酶是(　　)。

A. 乙酰乙酰 CoA 硫解酶　　B. HMG-CoA 合酶

C. HMG-CoA 还原酶　　D. 异戊烯焦磷酸异构酶

33. 下列(　　)导致的 DNA 损伤引起生物体致死的可能性最大。

A. 转换　　B. 颠换

C. 插入一个核苷酸　　D. 胸腺嘧啶二聚体的形成

34. 在与尿素形成相关的一系列反应中,( )反应需要 ATP 的参与。

A. 谷氨酸→α-酮戊二酸,延胡索酸→苹果酸

B. 鸟氨酸 + HCO_3^- + NH_4^+→ 瓜氨酸,天冬氨酸+瓜氨酸→精氨酸代琥珀酸

C. 鸟氨酸 + HCO_3^- + NH_4^+→ 瓜氨酸,精氨酸代琥珀酸 → 延胡索酸 + 精氨酸

D. 天冬氨酸+瓜氨酸→精氨酸代琥珀酸,精氨酸 → 鸟氨酸 + 尿素

35. 嘌呤核苷酸 AMP 和 GMP 合成的调节方式是( )。

A. 共价修饰　　B. 反馈抑制

C. 前馈激活　　D. 竞争抑制

36. 真核生物蛋白质生物合成的特异抑制剂是( )。

A. 放线菌酮　　B. 溴化乙锭

C. 链霉素　　D. 利福平

六、简答题:37～39 小题,每小题 8 分,共 24 分。

37. 不同来源的生物膜在结构上有哪些共性(至少指出 4 点)?

38. 请描述脂肪酸合成与降解过程的物质运输情况。

39. 请简述 EF-Tu、EF-Ts 和 EF-G 在大肠杆菌蛋白质合成延伸过程中所起的作用。

七、实验题:40 小题,10 分。

40. 在测定酶的活力时,除了配制所需要的底物、缓冲溶液外,许多情况下还要配制高浓度的"三氯乙酸"试剂。请问:在酶活测定中,三氯乙酸的生物化学作用是什么?如果样品"测定管"中加入各试剂的顺序是:缓冲液→酶→底物(保持反应时间)→三氯乙酸,请问在"对照管"中三氯乙酸何时加入合适?

八、分析论述题:41～42 小题,每小题 13 分,共 26 分。

41. 什么是 Western Blot 和 Southern Blot?请分析二者在技术上的三个共同点和应用上的主要区别。

42. 请论述酶的磷酸化共价修饰在糖原代谢、葡萄糖降解的 EMP 途径及葡萄糖异生中所起的调节作用。

全真模拟试题六

答案见第 92 页

植物生理学

一、单项选择题：1～15 小题，每小题 1 分，共 15 分。下列每题给出的四个选项中，只有一个选项是符合题目要求的。

1. NO_3^- 还原成 NO_2^- 是在(　　)中进行的。

A. 细胞质　　B. 前质体

C. 叶绿体　　D. 高尔基体

2. 光呼吸乙醇酸代谢途径的底物是在(　　)作用下生成的。

A. RuBP 羧化酶　　B. RuBP 加氧酶

C. 乙醇酸氧化酶　　D. PEP 羧化酶

3. 诱导植物开花的主要环境因素是(　　)。

A. 光照和水分　　B. 光照和氧气

C. 湿度和水分　　D. 光照和温度

4. P-蛋白存在于(　　)中。

A. 导管　　B. 管胞

C. 筛管　　D. 伴胞

5. 柳枝条实验是植物生理学史上的第一个实验，用来探索植物营养来源，该实验的创始人是(　　)。

A. J. van Helmont　　B. J. Boussingault

C. J. Sachs　　D. W. Knop

6. 能引起菜豆幼苗节间发生伸长、弯曲及裂开的植物激素是(　　)。

A. JA　　B. SA

C. PA　　D. BR

7. 在细胞信号转导途径中，蛋白激酶的作用是(　　)。

A. 激活下游蛋白的磷酸化　　B. 抑制下游蛋白的磷酸化

C. 激活下游蛋白的去磷酸化　　D. 抑制下游蛋白的去磷酸化

8. 已经发生质壁分离的细胞，细胞的水势决定于细胞的(　　)。

A. 压力势　　B. 膨压

C. 衬质势　　D. 渗透势

9. CO_2 的固定和三碳糖的合成在不同细胞中进行的作物是(　　)。

A. 水稻、棉花　　B. 高粱、玉米

C. 小麦、棉花　　D. 水稻、小麦

10. 植物本身生理活动如营养生长和生殖生长竞争、源库不协调等可引起叶片、花、果实发生脱落，这种脱落称为（　　）。

A. 胁迫脱落　　B. 正常脱落

C. 生理脱落　　D. 非自然脱落

11. 花生、大豆等植物的小叶昼开夜闭，含羞草叶片受到机械刺激时成对合拢，这种由外部的无定向刺激引起的植物运动称为（　　）。

A. 感性运动　　B. 向性运动

C. 趋性运动　　D. 生理钟

12. 下列植物中，属于短日植物的是（　　）。

A. 大豆　　B. 小麦

C. 油菜　　D 番茄

13. 种子深休眠的原因，除了种皮限制、种子未完成后熟和胚未完全成熟之外，还有是由于（　　）存在。

A. 生长抑制物质　　B. 胚乳

C. 子叶　　D. 子房

14. 超过植物抗性阈值的胁迫因子将对植物产生不同形式和不同程度的伤害，但是首先是对（　　）的伤害。

A. 细胞核　　B. 细胞质

C. 线粒体　　D. 细胞膜

15. 植物体内负责清除氧自由基、H_2O_2 等的酶主要是（　　）。

A. SOD 和 POD　　B. CAT、POD 和 GPX

C. SOD、CAT 和 POD　　D. POD、GPX 和 GR

二、简答题：16～18 小题，每小题 8 分，共 24 分。

16. 举出 3 种测定光合速率的方法，并简述其原理及优缺点。

17. 试述影响乙烯生物合成的因素。

18. 植物进入休眠期后体内会发生一些生理上的变化，请试述之。

三、实验题：19 小题，10 分。

19. 植物吸水的方式有哪些？如何用实验证明植物吸水的方式？

四、分析讨论题：20～21 小题，每小题 13 分，共 26 分。

20. 讨论种子形成、种子萌发过程中物质的变化及环境条件的影响。

21. 源、库以及其间同化物的运输直接影响农业产量，如何调控这三者关系为农业生产服务？

生物化学

五、单项选择题:22~36 小题,每小题 1 分,共 15 分。下列每题给出的四个选项中,只有一个选项是符合题目要求的。

22. 赖氨酸在中性 pH 下(　　)。
A. 整个分子带负电　　B. 羧基不解离,氨基带正电
C. 整个分子带正电　　D. 羧基和氨基均不带电

23. 组成蛋白质的基本单位是(　　)。
A. L-α-氨基酸　　B. L-β-氨基酸
C. D-α-氨基酸　　D. D-β-氨基酸

24. 同源蛋白(　　)。
A. 来源于同一物种　　B. 氨基酸残基组成相同
C. 氨基酸残基数目相同　　D. 一级结构氨基酸顺序具有相似性

25. 可使蛋白质二硫键发生断裂的试剂是(　　)。
A. 尿素　　B. 巯基乙醇
C. 溴化氰　　D. SDS

26. 镰刀状细胞贫血病是由于血红蛋白(　　)。
A. β 亚基氨基酸发生了单位点突变　　B. α 亚基氨基酸发生了单位点突变
C. β 亚基氨基酸发生了多位点突变　　D. α 亚基缬氨酸发生了突变

27. 溴化乙锭(EB)(　　)。
A. 常用来染色细胞核
B. 常用来染色核蛋白
C. 染色后可直接观察到凝胶上的核酸目标条带
D. 染色后在可见光下无法观察到凝胶上的核酸目标条带

28. DNA 变性后(　　)。
A. 紫外吸收升高,黏度下降　　B. 紫外吸收和黏度都升高
C. 氢键发生断裂,黏度升高　　D. 3′,5′-磷酸二酯键发生断裂

29. 在含完整线粒体且有氧供应的反应系统中,加入(　　)能提高氧消耗量。
A. NAD^+　　B. FAD
C. NADH　　D. FMN

30. 下列(　　)是以 FAD 为辅基的。
A. β-羟脂酰 CoA 脱氢酶　　B. 琥珀酸脱氢酶
C. 异柠檬酸脱氢酶　　D. 苹果酸脱氢酶

31. 不饱和脂肪酸棕榈油酸经过 β-氧化可以生成(　　)ATP 和(　　)乙酰 CoA。(NADH 和 $FADH_2$ 分别按照 2.5 分子和 1.5 分子 ATP 计算)
A. 32 个和 9 个　　B. 28 个和 8 个
C. 25.5 个和 8 个　　D. 26.5 个和 8 个

32. 大肠杆菌 DNA 连接酶需要下列(　　)参与反应过程。

A. NADH 作为电子受体　　B. NAD^+ 形成活性腺苷酰酶

C. $NADP^+$ 作为电子受体　　D. $NADP^+$ 作为磷酸供体

33. 肝中能直接进行氧化脱氨基作用产生游离 NH_4^+ 的氨基酸是(　　)。

A. Asp　　B. Asn

C. Glu　　D. Arg

34. 痛风症患者血液中(　　)含量升高。

A. 尿素　　B. 尿囊素

C. 尿囊酸　　D. 尿酸

35. 巴斯德效应是(　　)。

A. 糖酵解抑制糖有氧氧化　　B. 糖酵解抑制磷酸戊糖途径

C. 糖有氧氧化抑制糖酵解　　D. 葡萄糖异生抑制糖酵解

36. 以 RNA 为模板合成 DNA 的过程是(　　)。

A. 转录　　B. 翻译

C. 转化　　D. 反转录作用

六、简答题:37～39 小题,每小题 8 分,共 24 分。

37. 简述解偶联剂(DNP)使线粒体氧化磷酸化和电子传递链解偶联的作用实质。

38. 右面是利用双脱氧法对未知 DNA 序列进行测定的电泳凝胶图,请根据电泳结果写出被测 DNA 的序列。

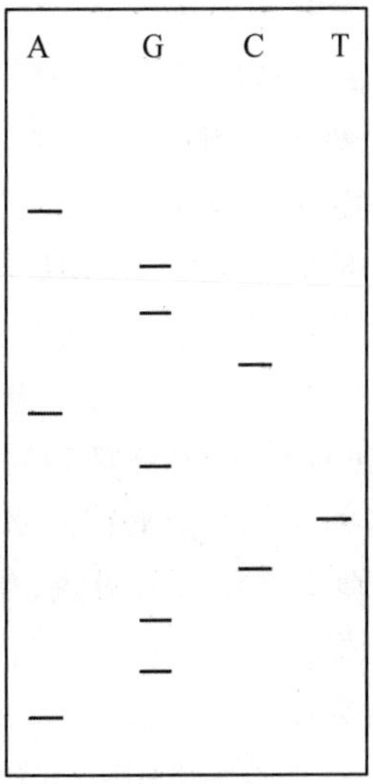

39. 请描述糖核苷酸的合成过程,并举例说明 UDPG、ADPG 分别参与了哪些物质的合成代谢。

七、实验题:40 小题,10 分。

40. 如何用动物细胞融合技术证明生物膜的流动性?

八、分析论述题:41～42 小题,每小题 13 分,共 26 分。

41. 比较 mRNA、tRNA、rRNA 在功能上的共性和特性,并结合前沿进展讨论核酶与 rRNA 的关系及发现核酶的重要意义。

42. 在无细胞翻译体系中,按照 4∶1 的比例加入 A 和 G。如果以 A、G 形成的 mRNA 为蛋白质合成模板,则有哪些氨基酸参与蛋白质合成?请写出这些氨基酸的密码子,并指出哪种氨基酸掺入的频率最高,哪种氨基酸掺入的频率最低。(密码字典请参考相关教材)

全真模拟试题七

答案见第 102 页

植物生理学

一、单项选择题：1～15 小题，每小题 1 分，共 15 分。下列每题给出的四个选项中，只有一个选题是符合题目要求的。

1. 下列不属于植物细胞内信号系统的是(　　)。
   A. 钙信号系统　　B. 磷酯酰肌醇信号系统
   C. 环核苷酸信号系统　　D. 激素受体和 G 蛋白
2. 下列有关细胞壁中伸展蛋白描述不正确的是(　　)。
   A. 伸展蛋白是结构蛋白　　B. 伸展蛋白调控细胞的伸长
   C. 伸展蛋白富含羟脯氨酸　　D. 伸展蛋白在细胞防御和抗性反应起作用
3. 细胞膜上由水孔蛋白组成的水通道的主要特征是(　　)。
   A. 控制水的运动方向　　B. 对离子具有选择性
   C. 跨膜转运离子　　D. 对水具有特异通透性
4. 植物氮素同化过程中的限速酶，也是底物诱导酶的是(　　)。
   A. 硝酸还原酶　　B. 亚硝酸还原酶
   C. 谷氨酰胺合成酶　　D. 谷氨酸脱氢酶
5. 除草剂如敌草隆(DCMU)、百草枯(paraquat)等能够杀死植物，主要原因是(　　)。
   A. 这些除草剂能够阻断光合电子传递链而抑制光合作用
   B. 这些除草剂能够阻断电子传递链而抑制呼吸作用
   C. 这些除草剂能够抑制同化物运输
   D. 这些除草剂能够抑制水分吸收
6. 类胡萝卜素除具有吸收、传递光能的作用外，还具有(　　)的作用。
   A. 光保护　　B. 光能分配
   C. 光能转化　　D. 光化学反应
7. 在干热、高光强的中午，光合速率明显下降的作物是(　　)。
   A. 玉米　　B. 高粱
   C. 小麦　　D. 甘蔗
8. 植物细胞内与氧的亲和力最高的末端氧化酶是(　　)。
   A. 细胞色素氧化酶　　B. 交替氧化酶
   C. 酚氧化酶　　D. 抗坏血酸氧化酶
9. 植物在遭受高温或受机械损伤时，筛管中(　　)合成和沉积，从而影响同化物的运输。
   A. 微纤丝　　B. 角质
   C. 胼胝质　　D. 几丁质

10. 可以引起叶片偏上生长的激素是(　　)。

A. IAA　　B. GA

C. ETH　　D. CTK

11. 干旱时,植物体内大量累积(　　)。

A. 脯氨酸与甜菜碱　　B. 甜菜碱和蛋白质

C. 赤霉素和细胞分裂素　　D. 脯氨酸与生长素

12. 在植物组织培养中,愈伤组织分化根或芽取决于培养基中(　　)的相对含量。

A. CTK/ABA　　B. IAA/GA

C. IAA/CTK　　D. IAA/ABA

13. 生长素的极性运输与细胞质膜上(　　)不均匀分布有关。

A. G 蛋白　　B. P 蛋白

C. PIN 蛋白　　D. PGP 蛋白

14. 在植物衰老过程中,下列(　　)基因的表达增强。

A. Rubisco　　B. Ru5PK

C. FBPase　　D. ACC 合酶

15. 干旱胁迫引起植物体内(　　)水平明显增加。

A. IAA　　B. CTK

C. ABA　　D. GA

二、简答题：16～18 小题,每小题 8 分,共 24 分。

16. 简述细胞水分和原生质的胶体状态与细胞生理代谢的关系。

17. 简述光呼吸的生理意义。

18. 简述光敏色素在植物成花诱导中的作用。

三、实验题：第 19 小题,10 分。

19. 设计实验证明 GA 具有促进雄花分化的作用。

四、分析讨论题:20～21 小题,每小题 13 分,共 26 分。

20. 论述乙烯与果实成熟的关系。

21. 论述逆境胁迫对植物体内活性氧平衡的影响。

生 物 化 学

五、单项选择题:22～36 小题,每小题 1 分,共 15 分。下列每题给出的四个选项中,只有一个选项是符合题目要求的。

22. 蛋白质标准氨基酸(　　)。

A. 是指蛋白质分子中相对分子质量比较标准的氨基酸

B. 是指功能蛋白质中不会被修饰的氨基酸

C. 是指存在于蛋白质中常见的氨基酸

D. 是指蛋白质分子中比较保守的氨基酸

23. 在 Met-Ile-Glu-Val-Ala-Ser-Phe-Lys 这个短肽中,(　　)。

A. 第 1 个氨基酸残基含有巯基　　B. 第 2 个氨基酸残基在生理 pH 下带正电荷

C. 第 6 个氨基酸残基含有羟基　　D. 第 7 个氨基酸残基在生理 pH 下带负电荷

24. 下述有关酶作用特点叙述错误的是(　　)。

A. 所有的酶都具有高效性　　B. 所有的酶都是以蛋白质为主要构成成分

C. 所有的酶都能与底物形成中间产物　　D. 所有的酶都具有专一性

25. 在蛋白质三维结构中,通常(　　)。

A. 二硫键是不可或缺的　　B. 疏水力很重要

C. 氢键可有可无　　D. A 和 B

26. 用考马斯亮蓝法测定溶液中的蛋白质浓度,(　　)。

A. 在任何蛋白质含量下,显色深度都与蛋白质浓度成正比

B. 在一定蛋白质含量范围内,显色深度与蛋白质浓度成正比

C. 显色深度与摩尔消光系数成反比

D. 显色深度与比色杯中溶液量成正比

27. 下述对常见生物化学单位描述正确的是(　　)。

A. 米氏常数没有单位

B. 米氏常数的单位是"cm"

C. 摩尔消光系数的单位是"$cm \cdot L^{-1} \cdot mol$"

D. 摩尔消光系数的单位是"$L \cdot mol^{-1} \cdot cm^{-1}$"

28. 用于蛋白质柱层析用的介质(　　)。

A. 都含有识别蛋白质的特异配基　　B. 都含有亲水性固体成分

C. 使用前都需要反复用酸碱处理　　D. 使用过程中都要从流动相转化为固定相

29. 在 EMP 途径中伴有底物水平磷酸化的反应有(　　)。

A. 葡萄糖→1-磷酸葡萄糖　　B. 葡萄糖→6-磷酸葡萄糖

C. 6-磷酸果糖→1,6-二磷酸果糖　　D. 1,3-二磷酸甘油酸→ 3-磷酸甘油酸

30. 当 1 分子的 18：0 脂肪酸经过 β-氧化生成 9 个乙酰 CoA 时,伴随(　　)分子 ATP 生成。

A. 12　　B. 20

C. 24　　D. 32

31. 在下列核苷三磷酸中,(　　)参与了从 1,2-二酰甘油生成磷脂酰乙醇胺的反应。

A. ATP　　B. GTP

C. CTP　　D. UTP

32. 下列(　　)科学家发现了逆转录酶。

A. M. Meselson 和 M. W. Nirenberg　　B. H. Temin 和 D. Baltimore

C. M. W. Nirenberg 和 F. W. Stahl　　D. K. Mullis 和 D. Baltimore

33. 下列(　　)修复方式不参与 DNA 胸腺嘧啶二聚体引发的 DNA 损伤的修复。

A. 切除修复　　B. 重组修复

C. 直接修复　　D. 错配修复

34. 在氨基酸合成与降解过程中，转氨酶发挥了非常重要的作用。转氨酶属于(　　)。

A. 水解酶　　B. 合成酶

C. 裂合酶　　D. 转移酶

35. 下列(　　)酶参与磷酸戊糖途径的代谢调节。

A. 6-磷酸葡萄糖脱氢酶　　B. 6-磷酸葡萄糖酸内酯酶

C. 转酮酶　　D. 转醛酶

36. 如果 3 分子葡萄糖经过 EMP 途径产生乳酸，在此过程中能够生成(　　)分子($NADH+H^+$)。

A. 0　　B. 3

C. 6　　D. 9

六、简答题：37～39 小题，每小题 8 分，共 24 分。

37. 蛋白质的生物功能通常分为六大类。请列出这六大功能，并分别举一例。

38. 简述原核生物大肠杆菌蛋白质合成 70S 起始复合物的形成过程。

39. 请论述原核生物大肠杆菌 DNA 滞后链的合成过程。

七、实验题：40 小题，10 分。

40. 蛋白质电泳是实验室常用技术之一。请阅读下述一段文字，结合蛋白质电泳原理和具体实验操作过程完成填空。

在进行蛋白质变性电泳时，常用的蛋白质变性剂是 SDS，即________________，它是一种____________型去污剂，能破坏蛋白质的____________力，使__________性基团暴露。在制备 SDS-PAGE 电泳凝胶时，除了需要丙烯酰胺、________________过硫酸铵、SDS 溶液外，还需要加入一种具有浓烈味道的微量液体试剂________________以加速凝胶聚合反应。凝胶制备很简单，通常将事先配制好的电泳胶储液按一定比例混合，但__________需要新鲜配制。对于不连续电泳，在双层__________玻璃板之间首先灌入__________胶，然后在胶上再加一薄层水，这不仅能使胶表面整齐，而且可以加速凝胶的聚合反应，因为丙烯酰胺凝胶的聚合需要__________条件。当在凝胶和水之间出现界面时表明凝胶已经聚合好，就可以除去水层，加入浓缩胶了。

八、分析论述题：41～42 小题，每小题 13 分，共 26 分。

41. 一个蛋白质分子的某些氨基酸残基明明发生了突变，但在功能上并没有表现出明显变化。请结合这一现象，用辩证的观点讨论蛋白质一级结构与功能的关系。

42. 请讨论在葡萄糖经过糖酵解和 TCA 循环彻底氧化分解为 CO_2 和 H_2O 这个过程中有哪些代谢调控酶，并写出这些酶催化的反应。

全真模拟试题八

答案见第 112 页

植物生理学

一、单项选择题：1～15 小题，每小题 1 分，共 15 分。下列每题给出的四个选项中，只有一项是符合题目要求的。

1. 将相邻细胞细胞质连通，由质膜和内质网构成的管状延伸结构是（　　）。

A. 微纤丝　　B. 胞间连丝

C. 微管　　D. 细胞壁

2. 植物细胞膜上已经确认起离子泵作用的是（　　）。

A. K^+ 泵　　B. Na^+ 泵

C. K^+/Na^+ 泵　　D. H^+-ATP 酶

3. 下列四组元素中都是必需元素的是（　　）。

A. N，Co，P　　B. K，Ca，Ag

C. Mg，B，Fe　　D. N，K，Se

4. 光合作用中，光反应的最终产物是（　　）。

A. ATP，O_2　　B. ATP，NADH＋H^+

C. ATP，NADH＋H^+，O_2　　D. ATP，NADPH＋H^+，O_2

5. C_4 途径 CO_2 受体是（　　）。

A. 草酰乙酸　　B. 磷酸烯醇式丙酮酸

C. 磷酸甘油酸　　D. 核酮糖二磷酸

6. 下列对跃变型果实和非跃变型果实的描述，不正确的是（　　）。

A. 对乙烯的反应不同　　B. 都具有自我催化作用

C. 跃变型果实乙烯生成的速率较高　　D. 非跃变型果实乙烯生成的速率较低

7. 就目前所知，调控植物向重力性生长的主要激素是（　　）。

A. ABA　　B. JA

C. IAA　　D. CTK

8. 喷施缩节胺(Pix)可使棉花（　　）。

A. 植株矮化　　B. 营养生长旺盛

C. 根冠比减小　　D. 节间长度增加

9. 植物的休眠主要受体内（　　）平衡的调控。

A. ABA/GA　　B. ABA/IAA

C. GA/IAA　　D. CTK/ABA

10. 光敏色素参与植物的多种生理反应，但下列生理过程中，不受光敏色素控制的是（　　）。

A. 需光种子的萌发　　B. 植物的向光反应

C. 叶片的脱落　　D. 植物的开花

11. 能诱导植物逆境反应，提高抗逆性的植物激素是(　　)。

A. 6-BA　　B. IAA

C. 2,4-D　　D. BR

12. 植物通过春化作用的条件包括 (　　)。

A. 低温，氧气　　B. 低温，水分，营养物质

C. 低温，水分，氧气　　D. 低温，水分，营养物质，氧气

13. 叶片衰老时，离层细胞代谢增强，(　　)的活性增加。

A. 淀粉酶、纤维素酶　　B. 纤维素酶、多聚半乳糖醛酸酶

C. 核酸酶、纤维素酶　　D. 蛋白酶、多聚半乳糖醛酸酶

14. LEA 蛋白的合成主要受(　　)调控。

A. GA　　B. ABA

C. ETH　　D. CTK

15. 下列关于植物对逆境胁迫生理响应的描述，不正确的是(　　)。

A. 逆境胁迫都引起水分亏缺

B. 逆境胁迫下植物体内积累脯氨酸等渗透调节物质

C. 逆境胁迫下植物体内 ABA 和乙烯含量增加

D. 植物体内的合成代谢增加，分解代谢减弱

二、简答题：16～18 小题，每小题 8 分，共 24 分。

16. 简述植物体内同化物分配的特点和规律。

17. 举例说明 ABA 参与调节气孔运动。

18. 在农业生产中合理利用植物生长调节剂，应考虑哪些方面？

三、实验题：第 19 小题，10 分。

19. 如何证明植物体内成花刺激物的传递？

四、分析论述题：20～21 小题，每小题 13 分，共 26 分。

20. 论述光合作用的光保护机制。

21. 论述植物激素对果实发育的调控。

生 物 化 学

五、单项选择题：22～36 小题，每小题 1 分，共 15 分。下列每题给出的四个选项中，只有一个选项是符合题目要求的。

22. 蛋白质标准氨基酸的(　　)。

A. α-碳原子只连接着氨基、羧基

B. β-碳原子只连接着氢原子和 R 基团

C. 氨基、羧基、氢原子和 R 基团连接于同一个碳原子

D. R 基团是一个长度不同的含有羧基的碳氢链

23. 在 Cys-Lys-Arg-Gln-Gly-Tyr-Trp-Met 这个短肽中，(　　)。

A. 第 1 个氨基酸残基含有巯基　B. 第 2 个氨基酸残基在生理 pH 下带负电荷

C. 第 6 个氨基酸残基含有苯丙基　D. 第 8 个氨基酸残基含有羟基

24. 所有的酶(　　)。

A. 只对底物有专一性　B. 只对产物有专一性

C. 一般对底物、反应物都具有一定专一性　D. 都具有绝对专一性

25. 在蛋白质一级结构中，(　　)。

A. 含有数量不等的芳香族氨基酸　B. 一定含有酰胺键

C. 一定含有次级键　D. 氨基酸顺序和构象都是特定的

26. 用考马斯亮蓝法测定蛋白质浓度，(　　)。

A. 需要高温反应数分钟　B. 需要低温条件

C. 反应后需要离心去掉沉淀　D. 考马斯亮蓝试剂中不能有悬浮颗粒

27. 下述常见表示符号，正确的是(　　)。

A. 蛋白质相对分子质量通常用“u”表示　B. 蛋白质相对分子质量通常用“kb”表示

C. 酶的比活通常用“mg/mL”表示　D. 核酸序列长度通常用“S”表示

28. 所有柱层析技术，(　　)。

A. 都需要在样品饱和吸附后才能进行　B. 都需要使用高于柱床体积很多倍的洗脱剂

C. 都需要在低温下进行　D. 层析介质必须用新购置的

29. 在淀粉、纤维素、蛋白质和 DNA 分子中，(　　)。

A. 只有 DNA 含有螺旋状结构　B. 螺旋状结构只存在于 DNA 和蛋白质中

C. 都存在螺旋状结构　D. 其中 3 种都有可能含有螺旋状结构

30. 1 分子 16∶1 的棕榈酰 CoA 经过 β-氧化和 TCA 循环产生 CO_2 和 H_2O，在此过程中能够生成(　　)。

A. 30 分子(NADH + H^+)　B. 31 分子(NADH + H^+)

C. 32 分子(NADH + H^+)　D. 38 分子(NADH + H^+)

31. 3 分子葡萄糖经过 EMP 途径产生乳酸时，能够生成(　　)分子 ATP。

A. 3　B. 6

C. 9　D. 12

32. α-酮戊二酸脱氢酶属于(　　)。

A. 氧化还原酶　B. 水解酶

C. 转移酶　D. 合成酶

33. 下列(　　)科学家由于在遗传密码破译和蛋白质合成机理的研究获得诺贝尔奖。

A. H. Temin　B. M. Meselson

C. M. W. Nirenberg　D. K. Mullis

34. 在脂肪酸的 β-氧化过程中担任酰基载体的是(　　)。

A. 硫辛酸　B. CoA

C. ACP　D. 柠檬酸

35. 某一 tRNA，其反密码子是 CAU，与之对应的密码子是(　　)。

A. GUA　B. AUG

C. UAC D. CAT

36.（ ）参与了嘌呤核苷酸的从头合成过程，并提供了 IMP 上嘌呤环的 7 位 N。

A. Gly B. Gln

C. Asp D. CO_2

六、简答题：37～39 小题，每小题 8 分，共 24 分。

37. 对酶和无机催化剂的作用特点进行比较分析，并举一例说明酶的专一性。

38. 简述逆转录酶的生物学功能及逆转录过程发现的生物学意义。

39. 讨论真核生物细胞质中产生的 NADH 是如何进入电子传递链的。

七、实验题：40 小题，10 分。

40. 利用经典的 Edman 降解法直接测定多肽链氨基酸顺序时，通常需要对多肽链进行专一性有限水解，而且需要选择两种以上水解方法。请分析其原因，并给出 2 种具体方法。

八、分析论述题：41～42 小题，每小题 13 分，共 26 分。

41. 在不同底物浓度[S]下测定酶促反应初速度（v_0），作图如下。你从这个图上能获得哪些信息？

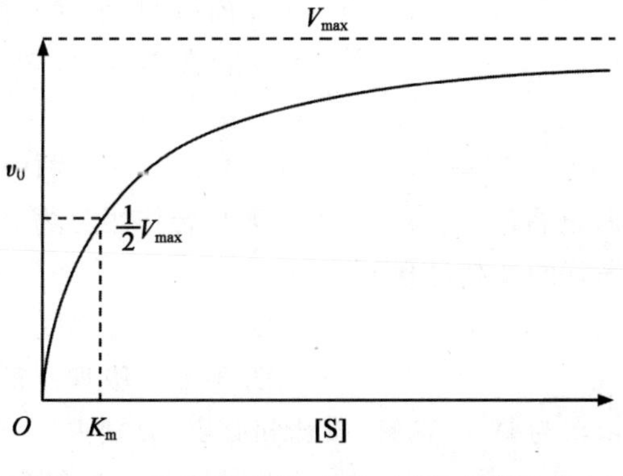

42. 简述磷酸果糖激酶与果糖 1，6-二磷酸酶的功能及其活性调节。

全真模拟试题九　答案见第 121 页

植物生理学

一、单项选择题:1～15 小题,每小题 1 分,共 15 分。下列每题给出的四个选项中,只有一项是符合题目要求的。

1. 一个典型的植物细胞包括(　　)。

A. 细胞膜和细胞质　B. 细胞壁、细胞质和细胞核

C. 细胞壁和原生质体　D. 细胞壁、原生质体和细胞膜

2. 一般作物对水分的需求敏感的生育期为(　　)。

A. 苗期　B. 营养生长期

C. 生殖生长期　D. 衰老期

3. 细胞骨架包括(　　)。

A. 叶绿体、线粒体和核仁　B. 内质网、细胞壁蛋白和中胶层

C. 微丝、微管和中间纤维　D. 高尔基体、核糖体和胞间连丝

4. 希尔反应说明(　　)。

A. 光合作用放出的氧来自水的裂解　B. 光反应含有两个不同的光系统

C. 光呼吸和光合作用同时进行的　D. 光合作用分为光反应和暗反应两个过程

5. 蔗糖通过质外体途径向筛管的装载过程(　　)。

A. 顺化学势梯度进行　B. 逆化学势梯度进行

C. 不消耗能量　D. 不受呼吸抑制剂影响

6. 典型的花器官从外到内依次为萼片、花瓣、雄蕊和心皮,分别由(　　)组基因决定。

A. A、AB、BC 和 C　B. AB、BC、A 和 C

C. A、BC、AB 和 C　D. C、AB、BC 和 A

7. 花粉落在柱头上后,花粉与柱头间的信息传递与交换称为(　　)。

A. 授粉　B. 受精作用

C. 花粉的萌发　D. 识别作用

8. 随植株年龄增长,抗氰呼吸(　　)。

A. 降低　B. 增加

C. 先增加,后降低　D. 没有变化

9. 在高光强、高温的条件下,C_4 植物的光合速率比 C_3 植物(　　)。

A. 高　B. 低

C. 相近　D. 快速降低

10. 下列物质中,具有极性运输特点的是(　　)。

A. 细胞分裂素　B. 游离态生长素

C. 结合态生长素　　D. 赤霉素

11. 对茄科植物(如番茄)和葫芦科植物施用(　　),可获得无籽果实。

A. 6-BA　　B. ABA

C. 2,4-D　　D. 乙烯利

12. 植物进入成年期后茎端分生组织能感应环境信号刺激,启动花芽分化,这种状态称为(　　)。

A. 成花感应态(即花熟状态)　　B. 成花决定态

C. 花芽分化　　D. 成花生长状态

13. 一般情况下,植物解除春化的温度为(　　)。

A. 25～40℃　　B. 60℃

C. 20℃　　D. 50℃

14. 光敏色素的 Pr 型在(　　)处有最大吸收。

A. 660～665 nm　　B. 670～690 nm

C. 690～720 nm　　D. 725～730 nm

15. 逆境条件下植物体内活性氧平衡失调,活性氧积累,导致(　　)。

A. 膜脂过氧化降低　　B. 膜脂过氧化增加

C. 光合作用增强　　D. 抑制乙烯生成

二、简答题:16～18 小题,每小题 8 分,共 24 分。

16. 简述生产中发挥肥效的措施。

17. 在生产实践中如何应用光补偿点和光饱和点的知识?

18. 如何运用水肥管理和应用植物生长调节剂,提高作物的抗旱性?

三、实验题:第 19 小题,10 分。

19. 如何用试验证明植物的光周期诱导成花过程中,暗期与光期相比,暗期具有决定作用?

四、分析论述题:20～21 小题,每小题 13 分,共 26 分。

20. 举例分析植物激素调控植物生长发育过程中的相互关系。

21. 论述植物的光形态建成。

生 物 化 学

五、单项选择题:22～36 小题,每小题 1 分,共 15 分。下列每题给出的四个选项中,只有一个选项是符合题目要求的。

22. 蛋白质标准氨基酸的侧链上(　　)。

A. 有些含有磷酸基团　　B. 有些含有磺酸基团

C. 有些含有羧基　　D. 有些含有甲基

23. 在 GEDTMSWF 这个短肽中,(　　)。

A. 第 1 个氨基酸残基侧链最大　　B. 第 2 个氨基酸残基在生理 pH 下带负电荷

C. 第 6 个氨基酸残基含有巯基　　D. 第 8 个氨基酸残基含有羟基

24. 通过蛋白质工程产生的酶,(　　)。
A. 酶活性一定发生明显变化
B. 米氏常数一定有明显变化
C. 酶的三维结构一定有明显变化
D. 酶的一级结构一定有明显变化

25. 蛋白质一级结构发生变化,(　　)
A. 必然氨基酸残基数量改变
B. 必然氨基酸残基种类改变
C. 蛋白质氨基酸组成必然发生改变
D. 蛋白质氨基酸序列必然发生改变

26. 用考马斯亮蓝法测定蛋白质浓度,(　　)。
A. 不符合比尔定律
B. 不如双缩脲法敏感
C. 不需要石英比色杯
D. 固体蛋白质样品不需要溶解

27. 下述常见生物化学单位描述错误的是(　　)。
A. 球状蛋白质原子之间的距离通常用“μm”表示
B. 蛋白质 X 晶体衍射的分辨率用“埃”表示
C. 核酸长度用“kb”表示
D. 核酸 T_m 用“℃”表示

28. 层析技术(　　)。
A. 都含有固定相和流动相
B. 就是柱层析技术,或称色谱技术
C. 能将大、小分子分开
D. 能将溶解度不同的物质分开

29. 在生物膜中,呈不对称分布的组分(　　)。
A. 唯有糖基
B. 不仅有糖基,还有蛋白质分子
C. 不仅有糖基、蛋白质分子,还有磷脂分子
D. 可以转变为对称分布

30. 编码某蛋白的 DNA 有意义链核苷酸序列是 5′-ACTAGTCAG-3′,下列(　　)是编码该蛋白的 mRNA 序列。
A. 5′- ACTAGTCAG-3′
B. 5′-UGAUCAGUC-3′
C. 5′- GACTGATCA-3′
D. 3′-GACUGAUCA-5′

31. 下列合成 CTP 的过程,正确的是(　　)。
A. UTP→TTP→CTP
B. GMP→GDP→GTP→CTP
C. UMP→UDP→UTP→CTP
D. UMP→CMP→CDP→CTP

32. 人体嘌呤核苷酸代谢的终产物是(　　)。
A. 尿酸
B. 尿素
C. 尿囊酸
D. 尿囊素

33. 下列(　　)不是丙酮酸脱氢酶复合体的辅因子。
A. FAD
B. $NADP^+$
C. NAD^+
D. TPP

34. 在大肠杆菌蛋白质合成过程中,(　　)催化肽键的形成。
A. 16S rRNA
B. 23S rRNA
C. 5S rRNA
D. 核糖体大亚基中的蛋白质

35. 嘌呤核苷酸 IMP 的各元素直接来源于除(　　)外的氨基酸。
A. Asp
B. Gly
C. Glu
D. Gln

36.(　　)不参与磷酸戊糖途径非氧化阶段的反应。

A. 6-磷酸葡萄糖脱氢酶　　B. 转酮酶

C. 转醛酶　　D. 醛缩酶

六、简答题:37～39 小题,每小题 8 分,共 24 分。

37. 将 RNA 和 DNA 分别加到稀碱(0.1 mol/L NaOH)溶液中,请预测 RNA 和 DNA 的稳定性,并结合分子结构特点进行解释。

38. 请写出 TCA 循环以及脂代谢 β-氧化过程中产生 $FADH_2$ 的脱氢反应及催化反应的酶。

39. 论述乙酰 CoA 羧化酶的作用、组成及其活性调节。

七、实验题:40 小题,10 分。

40. 酶在分离纯化过程中容易失去活力。为了获得有活力、高纯度的酶制剂,需要在经历每一次纯化步骤后追踪酶活力。对于一个 100 mL 的粗提酶液(蛋白质浓度 2 mg/mL),如果测定总活为 100 U;经过亲和柱层析进行纯化后获得 2 mL 纯品(蛋白质浓度 0.5 mg/mL),测定酶总活为 70 U。请问:酶回收率是多少?酶的纯化倍数是多少?请给出计算根据。

八、分析论述题:41～42 小题,每小题 13 分,共 26 分。

41. 酶实现高效催化的因素有哪些(至少写出 4 种)?讨论酶实现高效催化的实质,并举例说明酶抑制剂在农业生产上的应用。

42. 请从遗传密码的特性考虑,举例说明为什么有些氨基酸具有一种以上的 tRNA 作为运载工具参与蛋白质合成,并推断理论上完成 20 种氨基酸的转运需要多少种 tRNA。

全真模拟试题十

答案见第 130 页

植物生理学

一、单项选择题：1～15 小题，每小题 1 分，共 15 分。下列每题给出的四个选项中，只有一个选项是符合题目要求的。

1. 组成细胞壁的主要成分之一为纤维素，其合成部位是（　　）。

A. 细胞膜　　B. 高尔基体

C. 细胞核　　D. 内质网

2. 将一植物细胞放入纯水中，水分交换达到平衡后，该细胞的（　　）。

A. $\Psi_w=\Psi_p$　　B. $\Psi_w=\Psi_s$

C. $\Psi_p=-\Psi_s$　　D. $\Psi_p=\Psi_m$

3. 下列元素缺乏时，导致植物幼叶首先出现病症的元素是（　　）。

A. N　　B. P

C. K　　D. Ca

4. 光合作用水光解产生的氧和质子首先出现的部位是（　　）。

A. 叶绿体基质　　B. 氧在叶绿体基质，质子在类囊体腔

C. 类囊体腔　　D. 质子在叶绿体基质，氧在类囊体腔

5. 在较强光照下，降低 CO_2 浓度，下列作物中光合速率下降更快的一组是（　　）。

A. 棉花和玉米　　B. 玉米和小麦

C. 玉米和高粱　　D. 棉花和小麦

6. 若某一植物组织呼吸作用释放 CO_2 摩尔数和吸收 O_2 摩尔数的比值小于 1，则该组织在此阶段的呼吸底物主要是（　　）。

A. 脂肪　　B. 淀粉

C. 有机酸　　D. 葡萄糖

7. 植物光周期现象中间断暗期最有效的光及其原因是（　　）。

A. 红光，使体内 Pfr 升高，Pr 降低　　B. 红光，使体内 Pfr 降低，Pr 升高

C. 远红光，使体内 Pfr 升高，Pr 降低　　D. 蓝光，使体内 Pfr 降低，Pr 升高

8. 细胞分裂素合成酶基因突变失活的拟南芥突变体，顶端优势（　　）。

A. 增强　　B. 减弱

C. 不受影响　　D. 条件不足，无法判断

9. 植物感受低温春化作用的部位是（　　）。

A. 叶片　　B. 分生组织

C. 茎　　D. 根部

10. 拟将短日植物南种北引，若引种成功，下列说法正确的是（　　）。

A. 生育期提前，应选用晚熟品种　　B. 生育期提前，应选用早熟品种

C. 生育期推后，应选用晚熟品种
D. 生育期推后，应选用早熟品种

11. 拟南芥野生型花器官由外而内分别是花萼、花瓣、雄蕊和雌蕊。根据 ABC 模型，当 B 组基因发生突变时，突变体花器官由外而内分别表现为（　　）。
A. 雌蕊、雄蕊、雄蕊、雌蕊
B. 花萼、花萼、雌蕊、雌蕊
C. 花萼、花萼、花瓣、花瓣
D. 花萼、花萼、雄蕊、雄蕊

12. 秋季开花或秋季收获作物多属于（　　）。
A. 长日植物
B. 短日植物
C. 日中性植物
D. 中日性植物

13. 生长物质可以有效控制植物的性别分化，外施（　　）增加黄瓜雌花的分化。
A. IAA 和 GA
B. CTK 和 GA
C. IAA 和 ETH
D. CCC 和 GA

14. 高等植物花粉管向着胚珠的生长是（　　）运动。
A. 向光性
B. 向化性
C. 向重性
D. 向触性

15. 春化作用在低温下通过逐步抑制（　　）核心基因的表达，促进冬季一年生拟南芥开花。
A. *PIN*
B. *LEA*
C. *FLC*
D. *CO*

二、简答题：16～18 小题，每小题 8 分，共 24 分。

16. 简述影响光合作用的外界因素。
17. 简述植物的自交不亲和性。
18. 简述干旱条件下植物体内 ABA 的变化及其作用。

三、实验题：19 小题 10 分。

19. 请设计实验证明植物遭遇冷害后引起细胞膜透性增大。

四、分析讨论题：20～21 小题，每小题 13 分，共 26 分。

20. 比较 C_3 植物和 C_4 植物的光合速率差异并说明原因。
21. 论述生长素在植物体内的运输机制。

生物化学

五、单项选择题：22～36 小题，每小题 1 分，共 15 分。下列每题给出的四个选项中，只有一个选项是符合题目要求的。

22. 下列（　　）是生糖兼生酮氨基酸。
A. 异亮氨酸与酪氨酸
B. 缬氨酸、异亮氨酸与酪氨酸
C. 缬氨酸和精氨酸
D. 组氨酸、缬氨酸和精氨酸

23. 下列有关核糖核苷二磷酸还原酶的描述，错误的是（　　）。
A. 谷胱甘肽是电子传递过程中的一个中间化合物

B. 该酶作用于核糖核苷二磷酸

C. 针对不同的底物(ADP、UDP、CDP 和 GDP),有不同的核糖核苷二磷酸还原酶

D. 硫氧还蛋白是电子传递过程中的一个中间化合物

24. 下列有关脂肪酸从头合成和 β-氧化过程比较的描述,错误的是(　　)。

A. D-β-羟基丁酸的硫酯衍生物出现在脂肪酸的从头合成过程中

B. 脂肪酸合成利用 NADPH,而脂肪酸 β-氧化产生 NADH

C. 脂肪酸合成的酶系存在于线粒体中,而脂肪酸 β-氧化的酶出现在细胞质中

D. 脂肪酸合成的物质运输需要柠檬酸,而脂肪酸 β-氧化的物质运输需要肉碱

25. 下列有关脂肪酸合成过程中丙二酸单酰 CoA 合成的描述,错误的是(　　)。

A. 该过程受到柠檬酸的激活　　B. 该过程需要脂酰载体蛋白(ACP)

C. 该过程需要生物素　　D. 该过程需要 ATP

26. 真核生物 mRNA 加工不包括(　　)。

A. 在 mRNA 3′ 端加尾　　B. 转化正常的碱基为修饰碱基

C. 外显子连接　　D. 在 mRNA 5′端对鸟嘌呤核苷酸进行甲基化

27. 下列有关 PPP 途径的描述,正确的是(　　)。

A. 在 PPP 途径中,细胞每消耗 1 分葡萄糖能够生成 36 mol ATP

B. PPP 途径是一条还原途径生成 NADH

C. PPP 途径只存在于植物中

D. PPP 途径能够提供核苷酸合成的前体分子

28. 细菌蛋白质合成起始复合物的形成不需要(　　)。

A. EF-Tu　　B. fMet-$tRNA^{Met}$

C. GTP　　D. IF-2

29. 在尿素循环中,鸟氨酸转氨甲酰酶催化(　　)。

A. 尿素断裂生成氨　　B. 生成瓜氨酸的反应

C. 生成精氨酸的反应　　D. 生成延胡索酸的反应

30. 非蛋白质的氨基酸往往可以转变为(　　)。

A. 神经递质　　B. 甲基供体

C. 抗生素　　D. 上述都有可能

31. 蛋白质可以被(　　)修饰。

A. 糖和磷酸基团　　B. 羟基和甲基

C. 半胱氨酸　　D. A 和 B

32. 抗体常用于疾病诊断,是因为它们(　　)。

A. 可以被标记上放射性信号　　B. 容易纯化

C. 能特异结合抗原　　D. 即便微量存在也可以被鉴定

33. 下述分子只有(　　)不含有糖苷键。

A. 肽聚糖　　B. 脂蛋白

C. 糖蛋白　　D. 核蛋白

34. 下属 DNA 序列(　　)含有回文结构。

A. GCATCC　　B. CGATTAGC

C. GAGAGAGA　　D. GCATATGC

35. 在中性 pH 下,组氨酸常作为酶活性中心关键残基发挥作用,是因为(　　)。

A. 它属于疏水氨基酸　　B. 它参与电子转移过程

C. 它处于非离子化状态　　D. 它的 R-基团 pK_a 为 6～7

36. 有关细胞中游离脂肪酸浓度的阐述哪项是正确的?(　　)

A. 脂肪酸很少游离存在于细胞内,因为它们很容易破坏细胞膜

B. 脂肪酸的合成位点是胞外基质,因此细胞内脂肪酸浓度很低

C. 脂肪酸在细胞内高浓度存在,以便用于细胞膜构建

D. 由于线粒体不断合成脂肪酸,所以细胞内脂肪酸含量比较高

六、简答题:37～39 小题,每小题 8 分,共 24 分。

37. 请计算 16∶1 的脂肪酸在经过 β-氧化彻底产生二氧化碳和水的过程中 ATP 生成的数量。(8 分)

38. 请比较 DNA 复制、RNA 转录和蛋白质合成过程,说明各自合成的忠实性机制。(8 分)

39. 简述利用 Sanger 法鉴定多肽链氨基末端氨基酸的基本原理。并列出另外两种方法的名称。

七、实验题:40 小题,10 分。

40. 何为蛋白质 pI? 如何用生物化学法快速鉴定一种蛋白质的 pI? 举一例说明蛋白质 pI 在分离蛋白质中的应用。

八、分析论述题:41～42 小题,每小题 13 分,共 26 分。

41. 请说明为什么三羧酸循环不仅是糖、脂肪和蛋白质降解的共同途径,而且还是某些物质的合成途径。(13 分)

42. 比较分析“锁-钥模型”和“诱导契合模型”理论要点,指出它们分别阐述了哪种生物化学原理。(13 分)

全真模拟试题十一

答案见第139页

植物生理学

一、单项选择题：1～15小题，每小题1分，共15分。下列每题给出的四个选项中，只有一个选项是符合题目要求的。

1. 在气孔张开时，水蒸气分子通过气孔的扩散速度（　　）。

A. 与气孔面积成正比　　B. 与气孔周长成正比

C. 与气孔面积无关，与周长有关　　D. 不决定于气孔周长，而决定于气孔大小

2. 缺乏下列哪种元素时，缺素症首先在植物的老叶表现？（　　）

A. N　　B. Ca

C. Fe　　D. B

3. 细胞壁纤维素微纤丝沉积方向决定于（　　）。

A. 微丝　　B. 内质网

C. 微管　　D. 高尔基体

4. 爱默生效应说明（　　）。

A. 光合作用放出的氧来自水　　B. 光反应由两个不同的光系统串联而成

C. 光呼吸和光合作用是同时进行的　　D. 光合作用分为光反应和暗反应两个过程

5. 证明韧皮部内部具有正压力，为压力流动学说提供了证据的是（　　）。

A. 环割试验　　B. 蚜虫吻针试验

C. 同位素^{14}C示踪技术　　D. 空种皮技术

6. 除了光周期、温度和营养3个因素外，控制植物开花反应的另一重要因素是（　　）。

A. 光合磷酸化的反应速率　　B. 有机物在体内运输速度

C. 植物的年龄　　D. 土壤溶液的酸碱度

7. 在淀粉种子成熟过程中，可溶性糖含量（　　）。

A. 逐渐降低　　B. 逐渐增高

C. 变化不大　　D. 不确定

8. 花粉落在柱头上的事件称为（　　）。

A. 授粉　　B. 受精作用

C. 花粉的萌发　　D. 识别作用

9. 叶片衰老时，植物体内的RNA含量（　　）。

A. 显著下降　　B. 显著上升

C. 变化不大　　D. 不确定

10. 植物体内受干旱胁迫的影响含量发生显著变化的氨基酸是（　　）。

A. 丙氨酸　　B. 脯氨酸

C. 天冬氨酸　　D. 甘氨酸

11. 影响蒸腾作用的最主要外界条件是(　　)。

A. 光照　　B. 温度

C. 空气的相对湿度　　D. 气孔

12. 根和茎与重力的方向有关的生长是(　　)。

A. 向光性　　B. 向化性

C. 向重力性　　D. 向地性

13. 雄配子与雌配子结合形成合子的过程称为(　　)。

A. 授粉　　B. 受精作用

C. 种子的形成　　D. 坐果

14. 植物受到盐胁迫时,光合速率(　　)。

A. 上升　　B. 下降

C. 变化不大　　D. 不确定

15. 植物根部吸水主要发生于(　　)。

A. 木质部　　B. 韧皮部

C. 根毛区　　D. 微管组织

二、简答题:16～18 小题,每小题 8 分,共 24 分。

16. 若给作物施肥过量,作物会产生伤害,试述其原因。

17. 植物的叶片为什么是绿色的?秋天时,叶片为什么又会变成黄色?

18. 春化作用在农业生产中有何应用?

三、实验题:19 小题,10 分。

19. 如何用试验证明植物的某一生理过程与光敏色素有关?

四、分析论述题:20～21 小题,每小题 13 分,共 26 分。

20. 试述提高植物光能利用率的措施。

21. 试述植物响应逆境的一般生理机制。

生 物 化 学

五、单项选择题:22～36 小题,每小题 1 分,共 15 分。下列每题给出的四个选项中,只有一个选项是符合题目要求的。

22. 肉碱转运系统的主要功能是(　　)。

A. 将乙酰 CoA 从线粒体转运到细胞质　　B. 将脂酰 CoA 从细胞质转运到线粒体基质

C. 将细胞质中的 NADH 转运到线粒体中　　D. 将酮体从肝脏转运到肝外组织

23. 蛋白质变性后(　　)。

A. 多肽链断裂　　B. 天然构象改变

C. 溶解度增加　　D. 对蛋白酶抗性增加

24. 下述关于血红蛋白的叙述正确的是(　　)。

A. 血红蛋白是多亚基蛋白　　B. 血红蛋白是同聚体蛋白

C. 血红蛋白是单亚基蛋白　　D. 血红蛋白含有 4 种亚基

25. NAD^+(　　)。

A. 是 NADPH 的氧化态　　B. 是 NADPH 的还原态

C. 是 NADH 的还原态　　D. 是 NADH 的氧化态

26. 米氏方程(　　)。

A. 表述了 K_m 与 V_{max} 的关系

B. 表述了酶反应初速度与 K_m 的线性关系

C. 表述了酶反应初速度与底物浓度的定量关系

D. 表述了 K_m 与底物浓度的线性关系

27. 构成生物膜的脂类分子以(　　)为主体。

A. 磷脂　　B. 游离甘油三酯

C. 糖脂　　D. 胆固醇

28. 下述不属于高能化合物的是(　　)。

A. 3-磷酸甘油　　B. 磷酸烯醇式丙酮酸

C. 三磷酸腺苷　　D. 乙酰 CoA

29. 线粒体(　　)。

A. 电子传递链含有 3 个质子泵

B. 电子传递链最终电子受体是 Cytc

C. 电子传递链中的 Cytc 和末端氧化酶形成稳定复合体

D. 电子传递链组分 CoQ 是膜蛋白复合体的一部分

30. 下列化合物中,参与葡萄糖异生途径而不参与糖酵解途径的是(　　)。

A. 草酰乙酸　　B. 3-磷酸甘油醛

C. 磷酸烯醇式丙酮酸　　D. 6-磷酸葡萄糖

31. 在呼吸链电子传递组分中,(　　)是唯一的可移动脂质性质的电子和氢转递体,(　　)是可移动蛋白质性质的电子传递体,位于线粒体内膜的外侧。

A. 细胞色素 a;细胞色素 c　　B. Fe-S 蛋白、细胞色素 c_1

C. CoQ;细胞色素 c　　D. $FADH_2$、细胞色素 b

32. 带有 2 个羧基的标准氨基酸,其等电点等于(　　)。

A. 氨基酸 α-氨基和 α-羧基解离常数之和的一半

B. 氨基酸侧链羧基和 α-羧基解离常数之和的一半

C. 氨基酸 α-氨基和侧链羧基解离常数之和的一半

D. 氨基酸 α-氨基、α-羧基及侧链羧基三个解离常数之和的一半

33. 下列因素不参与 EMP 途径中磷酸果糖激酶调节的是(　　)。

A. 胰高血糖素　　B. 3-磷酸甘油酸

C. 2,6-二磷酸果糖　　D. pH

34. 在下列蛋白质研究技术中,依据分子大小(分子量)进行蛋白质分离的是(　　)。

A. 凝胶过滤层析　　B. 离子交换层析

C. 亲和层析　　D. 蛋白质免疫印迹

35. 下列同多糖中,不含有葡萄糖残基的是(　　)。

A. 支链淀粉　　B. 纤维素

C. 糖原　　D. 几丁质

36. 糖原合成时,UTP 的消耗与(　　)有关。

A. 已糖激酶　　B. 葡萄糖激酶

C. 磷酸葡萄糖变位酶　　D. UDPG 焦磷酸化酶

六、简答题:37~39 小题,每小题 8 分,共 24 分。

37. 哺乳动物脂肪酸从头合成途径的关键酶是什么？如何受到胰高血糖素的调节？

38. 请阐述 2,6-二磷酸果糖和 AMP 是如何调节糖酵解途径和葡萄糖异生途径的。

39. 请简述胸腺嘧啶二聚体的直接修复和切除修复方式。

七、实验题:40 小题,10 分。

40. 解释“氨基酸等电点”的含义。“等电聚焦”和“酸碱滴定”哪个方法适合丙氨酸的等电点测定？请简述基本实验步骤。

八、分析论述题:41~42 小题,每小题 13 分,共 26 分。

41. 试举例分析,当真核生物体内缺乏生物素时,哪些物质代谢途径将受到影响。

42. NAD^+ 参与葡萄糖彻底氧化分解成二氧化碳和水、脂肪酸 β-氧化、氨基酸降解以及嘌呤碱基降解过程的关键反应,请写出上述生成 NADH 反应的过程及催化反应的酶。

全真模拟试题一参考答案及解析

植物生理学

一、单项选择题：每小题 1 分，共 15 分。

1. 正确答案为 C。

【考点】植物体内的水分运输。

【解析】水分在导管中运输的动力是根压和蒸腾拉力，其中蒸腾拉力是主要动力。

2. 正确答案为 C。

【考点】植物根系对矿质元素的吸收。

【解析】植物吸收矿质元素和水分之间是既相关又相互独立的关系。两者相关表现为矿质元素须溶于水中才能被根系吸收，而且活细胞对矿质元素的吸收导致了细胞水势的降低，从而又促进了植物细胞吸收水分。两者相互独立是指两者的吸收并不一定成比例，且吸收机制和运输去向也不相同。

3. 正确答案为 A。

【考点】影响根系吸收矿质元素的因素。

【解析】土壤溶液的 pH 影响植物矿质元素的吸收和利用。一般最适 pH 为 6～7。$(NH_4)_2SO_4$ 属于生理酸性肥料，使用后会降低土壤溶液的 pH，可以缓解盐碱性土壤的 pH。$(NH_4)_2CO_2$ 属于生理中性肥料，使用后不会明显影响土壤溶液的 pH。$NaNO_3$ 和 Na_2CO_4 中的 Na^+ 会加剧土壤碱性。

4. 正确答案为 D。

【考点】光合色素的结构和特性。

【解析】叶绿素分为吸收和传递光能叶绿素和参与光化学反应的叶绿素，大多数的叶绿素 a 和全部叶绿素 b 都参与吸收和传递光能，叶绿素 a 与叶绿素 b 的结构差异在于第 2 吡咯环上的—CH_3 被—CHO 取代，光化学反应中心叶绿素是少数的叶绿素 a。无论是天线色素还是反应中心色素，都结合在特定的蛋白质上，组成色素蛋白复合体行使其功能。

5. 正确答案为 B。

【考点】植物必需元素的主要生理功能。

【解析】生物固氮中的固氮酶的组成亚基是钼铁蛋白和铁蛋白两部分。

6. 正确答案为 C。

【考点】光合作用的 C4 途径。

【解析】玉米属于 C4 植物，C4 植物进行光合作用时，在维管束鞘细胞的叶绿体基质内形成淀粉，并且积存淀粉。

7. 正确答案为 B。

【考点】植物激素的生理作用。

【解析】顶端优势是指主茎顶端对侧枝、侧芽萌发和生长的抑制作用。生长素促进顶端生长而抑制侧芽的生长，细胞分裂素促进侧芽的生长。

8. 正确答案为 A。

【考点】种子的成熟。

【解析】种子的成熟是种子发育的最后阶段，以脱水为主要特征。LEA 蛋白参与种子的抗脱水过程。

9. 正确答案为 C。

【考点】休眠的类型。

【解析】休眠有两种类型：由于种子自身内在的生理原因造成的休眠，称为生理休眠或深休眠。由不利的环境条件如低温、干旱等造成的休眠，生长被迫处于极其缓慢或短暂静止状态，这种休眠称强迫休眠。

10. 正确答案为 B。

【考点】植物的抗寒性。

【解析】降低细胞含水量，增加细胞内糖类和脯氨酸含量，可提高植物体的抗脱水能力，增加其抗寒性。

二、实验题：11 小题，13 分。

11. 利用拟南芥幼苗研究乙烯的生理作用，将拟南芥幼苗分别置于空气和乙烯存在的密闭容器中黑暗培养，3 天后观察幼苗的生长表型，结果如下图所示。

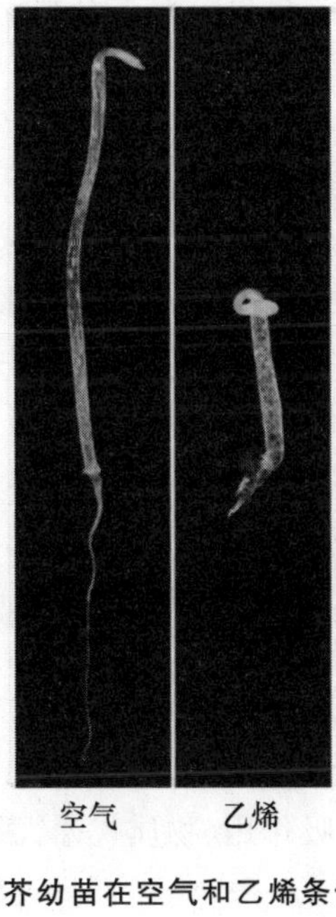

图 1 拟南芥幼苗在空气和乙烯条件下的表型

请分析实验结果，并简述其主要原因。

【考点】乙烯的生理功能。

【解析】乙烯具有诱导幼苗生长出现“三重反应”的生理作用，即抑制伸长生长（矮化），促进横向生长（增粗生长），引起茎的横向生长。乙烯促进某些果实的成熟、促进叶片衰老，促进衰老叶片和花瓣离层形成，促进脱落。乙烯诱导和促进菠萝等凤梨科植物开花。

【答题要点】

实验结果表明，拟南芥幼苗生长在黑暗、含乙烯的环境中，幼苗生长明显受到抑制，茎伸长生长受抑制，幼苗明显矮化；促进横向生长，茎横向增粗；顶端弯钩的伸展受抑制，引起茎的横向生长；根的生长受抑制。（6 分）

导致该结果的主要原因是乙烯具有诱导幼苗生长的“三重反应”，即抑制伸长生长，促进茎或下胚轴横向增粗，抑制顶端弯钩的伸展，引起茎的横向生长（或偏上生长）。

乙烯的三重反应是乙烯的典型生物效应。（7 分）

三、问答题：12～14 小题，每小题 6 分，共 18 分；15～16 小题，每小题 12 分，共 24 分。

12. 为什么昼夜温差大有利于作物积累干物质？

【考点】影响呼吸作用的因素。

【解析】影响呼吸作用的因素包括光照、温度、氧气、二氧化碳等，论述温度对呼吸作用的影响应从温度影响呼吸速率从而影响物质的消耗方面加以叙述。

【答题要点】

呼吸作用受温度影响（1 分），植物有生长的最适温度，但植物始终保持在生长的最适温度下，植物体持续高呼吸速率会过多地消耗物质（1 分）。在生长季节，作物在白天气温较高时，利于光合作用，多合成同化物（2 分），但在夜间气温较低时，可适当降低呼吸速率，以减少有机物的消耗（2 分）。因此，昼夜温差大有利于作物积累干物质。

13. 从外地引种农作物要考虑哪些因素？

【考点】环境因子对植物生长的影响。

【解析】主要从温度、光周期两方面进行分析。

【答题要点】

需要了解被引品种的光周期特性，是属于长日植物、短日植物还是日中性植物，以及是否对低温有所要求（1 分）；了解作物原产地与引种地生长季节的日照条件和温度的差异（1 分）；根据被引作物所收获的主要器官的不同来确定所引品种（1 分）。

一般来讲，在中国将短日植物从北方引种到南方，会提前开花，如果所引品种是为了收获果实或种子，则应选择晚熟品种；而从南方引种到北方，则应选择早熟品种。如将长日植物从北方引种到南方，会延迟开花，宜选择早熟品种；而从南方引种到北方时，应选择晚熟品种（3 分）。

14. 简述逆境对植物生理代谢过程的影响。

【考点】逆境对植物的伤害。

【解析】从水分状况、光合作用、呼吸作用、物质代谢、激素等方面分析。

【答题要点】

逆境引起植物体内水分代谢失调，体内含水量降低（1 分）；膜及膜系统受损，膜透性增大，胞内物质外渗（1 分）；光合速率下降（1 分）；呼吸代谢发生变化（1 分）；植物体内物质代谢发生变化，合成代谢减弱，水解代谢增强（1 分）；体内激素发生变化，总趋势是促进生长的激素减少，延缓或抑制生长的激素增加（1 分）。

15. 试述气孔运动的渗透调节机制。

【考点】气孔运动的调节机制。

【解析】引起气孔运动的直接原因是保卫细胞膨压的变化，膨压增大，气孔开放；膨压减小，气孔关闭。保卫细胞膨压的变化受多种机制调控，其中渗透调节机制起主要作用。

【答题要点】

目前主要有淀粉-蔗糖转化学说、K^+积累学说和苹果酸代谢学说解释气孔运动机制。

淀粉-蔗糖转化学说认为，气孔运动是由于保卫细胞中淀粉和蔗糖转化形成的渗透势改变造成的。淀粉水解转化为蔗糖会对保卫细胞的渗透势产生影响，淀粉水解转化为蔗糖时保卫细胞的渗透势降低，水进入细胞使细胞膨压增加，气孔张开。当蔗糖合成淀粉时保卫细胞的渗透势增加，水流出细胞，使细胞膨压降低，气孔关闭。(4 分)

K^+积累学说认为，保卫细胞中水势变化与K^+含量有关。在光下，保卫细胞叶绿体通过光合磷酸化合成 ATP，活化了保卫细胞质膜上的H^+-ATPase，在H^+-ATPase 作用下，质子被排出保卫细胞，保卫细胞 pH 升高，同时使保卫细胞的质膜超极化。在保卫细胞质膜H^+-ATPase 质子泵建立的质子梯度推动下，K^+从表皮细胞经保卫细胞质膜上的K^+通道进入保卫细胞，再进入液泡。保卫细胞中积累较多的K^+，水势降低，水分进入保卫细胞，气孔张开。在黑暗中，K^+从保卫细胞扩散出来，保卫细胞水势增高，失水引起气孔关闭。(4 分)

苹果酸代谢学说认为，在光下，保卫细胞内的CO_2被利用时，pH 升高，使 PEP 羧化酶活化，PE 经羧化结合CO_2形成草酰乙酸，进一步还原为苹果酸，苹果酸进入液泡，水势降低，水分进入保卫细胞，气孔张开。同时，进入液泡的苹果酸根和Cl^-共同与K^+在电学上保持平衡。(4 分)

以上 3 个学说的本质都是渗透调节，保卫细胞中溶质增加，保卫细胞水势下降，从周围细胞吸水，气孔张开。反之，气孔关闭。

16. 试述植物器官脱落与植物激素的关系。

【考点】植物激素的生理功能植物的衰老生理和器官脱落。

【解析】植物器官的脱落主要受生长素、乙烯的调控，其他激素也有一定的调控作用。

【答题要点】引起脱落的激素主要是生长素和乙烯。

植物器官的脱落主要受生长素和乙烯的调控。

叶片的脱落主要受生长素和乙烯的调控，乙烯促进器官脱落。

在叶片生长期，叶片维持正常功能，叶片中生长素含量较高，生长素从顶向基的极性运输较强，离层细胞对乙烯不敏感。在叶片进入脱落诱导期时，叶片衰老或环境信号干扰生长素的合成和运输，叶片中生长素含量降低，生长素浓度梯度不能维持，甚至形成反向的浓度梯度；同时，乙烯含量增加，离层细胞对乙烯敏感性增加。进入叶片脱落期时，离层细胞对低浓度乙烯反应敏感，乙烯促进细胞壁降解酶和细胞壁重塑蛋白的合成和分泌，包括β-1,4 葡聚糖酶、多聚半乳糖醛酸酶、木葡聚糖内糖基转移酶、水解酶和扩张蛋白等，在这些酶作用下，离层细胞细胞壁被水解，导致器官脱落。

ABA 仅能诱导少数植物器官脱落，ABA 主要功能是促进衰老。ABA 对脱落的调控作用主要与 ABA 和 IAA 或乙烯的相互作用有关，ABA 促进细胞壁降解酶的合成和分泌，与乙烯有协同作用；ABA 抑制生长素的运输，所以，ABA 对脱落的促进作用并不是 ABA 直接作用的结果。GA 和 CTK 对脱落有抑制作用，可能因其延缓衰老而减少脱落。

生 物 化 学

四、单项选择题：每小题 2 分，共 20 分。

17. 选择 A。

【解析】谷氨酸属于酸性氨基酸，酸性氨基酸的 $pI=1/2(pK_1+pK_R)$。

18. 选择 B。

【解析】其他氨基酸显色为蓝紫色。

19. 选择 D。

【解析】tRNA 的反密码子与 mRNA 密码子互补配对；tRNA 的 3′端通常是 CCA，为氨基酸结合位点；tRNA 的 5′端多为 pC。tRNA 富含稀有碱基，如二氢尿嘧啶、假尿嘧啶等。

20. 选择 A。

【解析】竞争性抑制剂和底物结构类似，与底物竞争结合酶的同一个位点，只要有足够的底物，酶的最大活性仍能发挥到原来水平，只是影响了底物与酶的亲和力，使 K_m 增加。K_m 可近似表示酶与底物的亲和力，亲和力越小，K_m 越大。

21. 选择 A。

【解析】通常所指的酶都是蛋白质，只有测定初速度才能反映酶的真实活性。酶活测定需要在最适温度进行，低温适合保存而非测定。比活指的是单位质量酶的活力(U/mg)，反应体系增加酶量不会提高酶比活。延长反应时间，酶容易失去活性。

22. 选择 C。

【解析】甘油作为葡萄糖异生的前体物质，首先在甘油激酶的作用下生成磷酸甘油，磷酸甘油在磷酸甘油脱氢酶的催化下转化为磷酸二羟丙酮而后进入葡萄糖异生途径。其他选项是陷阱。

23. 选择 D。

【解析】生物素是羧化酶的辅酶，磷酸吡哆醛通常是转氨酶的辅酶，焦磷酸硫胺素是脱羧酶的辅酶，辅酶 A 是酰基载体，是脂酰 CoA 合成酶的辅酶。

24. 选择 B。

【解析】参与 TCA 循环调节的酶是柠檬酸合酶、异柠檬酸脱氢酶和 α-酮戊二酸脱氢酶，不包括乌头酸酶。而且乌头酸酶催化的是可逆反应，本身这样的酶也不适于作调节酶。

25. 选择 B。

【解析】其他选项是陷阱。

26. 选择 A。

【解析】反密码子在与密码子配对时，反密码子的 5′端第一个核苷酸如果是 I，则可以与密码子 5′端第三个或者 3′端第一个核苷酸 A、U、G 都配对，具有摆动性。

五、实验题：13 分。

27. 新克隆出一个植物蛋白基因，对其序列和结构域进行生物信息学分析后推测该蛋白可能以多亚基形式存在。请问：试图利用 SDS-PAGE 从混合蛋白质样品中分离、鉴定出可能存在的蛋白质复合体是否可行？为什么？请指出 2 种能分离蛋白质复合体的生物化学方法。

【考点】SDS-PAGE；蛋白质亚基；天然蛋白质分离。

【答题要点】

（1）不可行。

（2）SDS-PAGE 为 SDS-聚丙烯酰胺凝胶电泳，在电泳样品制备过程中需要添加 SDS 和巯基乙醇，属于变性电泳。SDS 即十二烷基硫酸钠，是一种蛋白质变性剂，它可以破坏蛋白质分子中的氢键和疏水作用；巯基乙醇是还原剂，可以破坏二硫键。在巯基乙醇存在下，SDS 使蛋白质复合体中的各亚基分离，并且亚基多肽链充分展开，故 SDS-PAGE 只能分离蛋白质亚基。

（3）凝胶过滤柱层析、密度梯度超离心等可用于分离蛋白质复合体。

【知识扩展】这个题提到基因克隆、生物信息学分析，这些都不是考点。实际上，是"为什么可以用 SDS-PAGE 测定蛋白质亚基分子量""比较 SDS-PAGE 与凝胶过滤柱层析技术应用特点"的另一种变形考题。除了凝胶过滤柱层析、密度梯度超离心外，其他的生物化学方法如非变性凝胶电泳、免疫共沉淀等都可以用于分离蛋白质复合体。

六、问答题：28～30 小题，每小题 6 分，31～32 小题，每小题 12 分。共 42 分。

28. 什么是限制性内切酶？讨论其作用特点。

【考点】限制性内切酶；核酸酶。

【答题要点】限制性内切酶是 DNA 酶的一种，是存在于细菌细胞的一类核酸内切酶，它可以识别外源 DNA 的特征序列并与之结合，从而限制外源 DNA 表达，避免入侵 DNA 干扰本身的遗传稳定性。限制性内切酶是基因工程中常见的一类工具酶，其主要作用特点是：专一性识别具有回文特征的 DNA 序列，水解磷酸二酯键，切割 DNA 双链，形成黏性末端或平头末端。

【知识扩展】此题在回答时容易跑偏。提到内切酶，容易首先想到蛋白酶，因为蛋白酶能选择性切割蛋白质多肽链中的肽键。"限制性内切酶"特指"核酸限制性内切酶"，属于 DNA 酶的一种。限制性内切酶有多种，目前在生命科学研究中广泛应用。回答此题时，注意把"限制"的含义表述出来，而且注意"专一性识别""切割 DNA 双链""末端"等关键词。

29. 请写出参与 dNDP 合成过程的主要酶蛋白和两条电子传递路径。

【考点】脱氧核糖核苷酸的合成是核苷酸代谢部分的重点内容，本考题考查学生对该部分内容的掌握情况。

【答题要点】

（1）参与 dNDP 合成过程的主要酶蛋白有核糖核苷二磷酸还原酶，谷氧还蛋白还原酶和谷胱甘肽还原酶，硫氧还蛋白还原酶。

（2）两条电子传递路径如图所示：

【知识扩展】脱氧核糖核苷酸的合成是在二磷酸的水平上进行的，参与代谢的酶如图所示。相关的知识包括核糖核苷二磷酸还原酶，该酶的调节非常有特点，值得注意。例如："以核糖核苷二磷酸还原酶的调节方式为例，说明在 DNA 合成时生物体如何提供合适比例的脱氧核糖核苷酸。"参看赵武玲主编的教材《基础生物化学》相关内容。

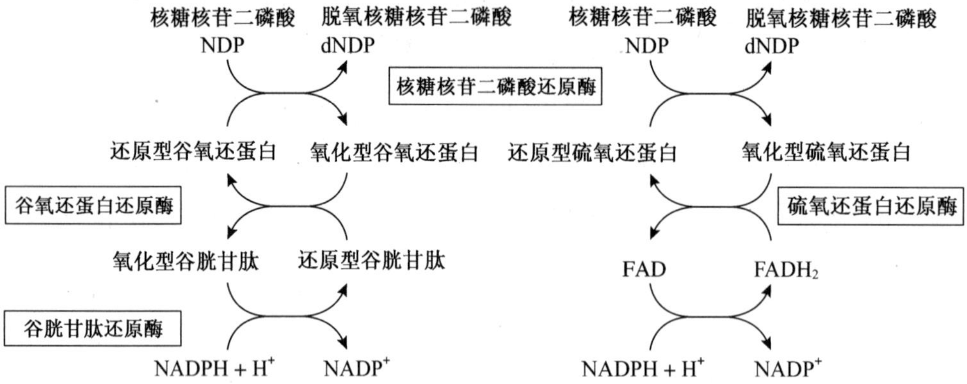

30. α-酮戊二酸是如何联系糖代谢和氨基酸代谢的？

【考点】糖代谢和氨基酸代谢的相互联系。

【答题要点】

(1)α-酮戊二酸是糖代谢 TCA 循环的一个重要中间产物。通过转氨基作用，α-酮戊二酸能够转化成谷氨酸(Glu)，由糖代谢进入氨基酸代谢。对于氨基酸合成代谢而言，Glu 可以作为谷氨酸族氨基酸的主要前体合成 Pro、His 和 Gln；同时 Glu 可以为其他氨基酸的合成提供氨基。对于氨基酸的降解而言，α-酮戊二酸在接受其他氨基酸转来的氨基形成 Glu 后，Glu 在谷氨酸脱氢酶的作用下，氧化脱氨产生 α-酮戊二酸和 NH_4^+，多余的 NH_4^+ 进入尿素循环排出体外，同时其他氨基酸的相应酮酸碳骨架也可进入糖代谢进而降解。

(2)例如，葡萄糖通过降解产生 α-酮戊二酸，通过转氨基作用形成谷氨酸后进入氨基酸代谢，用于氨基酸的合成。当葡萄糖缺乏时，蛋白质可以降解产生氨基酸，例如，Arg、Gln、Pro、His 和 Glu，它们都可以降解产生 α-酮戊二酸，α-酮戊二酸经过 TCA 循环生成草酰乙酸，草酰乙酸作为葡萄糖合成的前体合成葡萄糖，补充所需。

【知识扩展】代谢途径之间的相互联系是生物化学课程中综合性非常强的内容，也是考试的重点内容。除了糖代谢与氨基酸代谢外，还可以以脂代谢与糖代谢之间的关系为主线进行出题，或者以脂代谢与氨基酸代谢之间的关系为主线进行出题，相关的考题已经在 2008 年全国硕士研究生入学统一考试农学门类联考第 41 题中出现过。

31. 比较肌红蛋白和血红蛋白在结构和功能上的异同点。

【考点】蛋白质三级结构和四级结构；蛋白质结构与功能的关系。

【答题要点】

(1)亚基组成不同：肌红蛋白为单亚基，三级结构水平；血红蛋白为异四聚体，为四级结构水平。

(2)亚基结构相似：二者单亚基相比，在一级、二级、三级结构水平上相似度很高。

(3)辅基结构相同：二者都含有相同的血红素辅基。

(4)都有氧结合位点：二者都有可逆结合氧的能力。

(5)氧结合曲线不同：肌红蛋白与氧的结合曲线为双曲线，血红蛋白为"S"形曲线。

(6)生物功能不同：肌红蛋白在肌肉中贮存、供应氧；血红蛋白在血液中运输氧、CO_2。

【知识扩展】肌红蛋白和血红蛋白分别是蛋白质三级结构和四级结构的典型代表。二者在亚基结构、可逆氧结合能力上的共性,以及氧结合特点、生理功能上的特性,是阐述蛋白质结构与功能关系的很好例子,经常出现在考题中,有关内容要认真复习、消化。回答此类题时,要从不同角度分析,以免过于片面。

32. 比较原核生物 DNA 复制和 RNA 转录过程的异同点。

【考点】考查学生对大肠杆菌 DNA 复制和 RNA 转录的掌握情况。

【答题要点】

项目	DNA 复制	RNA 转录
酶的特性	DNA 聚合酶Ⅰ,DNA 聚合酶Ⅲ	RNA 聚合酶
	具有 5′→ 3′聚合活性 具有 3′→ 5′外切活性,校正 具有 5′→ 3′外切活性	5′→ 3′聚合活性 无校正机制
引物	需要	不需要
原料	dNTP	NTP
模板	两条 DNA 链同时为模板	某一特定时间,只有一条 DNA 链为模板
起始识别蛋白	Dna A,不是 DNA 聚合酶的成分	σ 因子,是 RNA 聚合酶的组分之一
延伸复合物	复制体	转录鼓泡
合成速度	每秒约 1 000 个脱氧核糖核苷酸	每秒 20～50 个核糖核苷酸
终止蛋白	Tus 蛋白等	Rho 蛋白等,或者依据自身结构导致终止转录过程
终产物	双螺旋 DNA	单链 RNA
出错频率	10^{-10}～10^{-9}	10^{-6}

【知识扩展】关于原核生物 DNA 复制和 RNA 转录的内容,本考题是较为综合的测试方法,相关的测试也可以每个过程单独进行。例如,请描述参与大肠杆菌 DNA 复制的酶和相关蛋白质及其功能;请阐述复制体在大肠杆菌 DNA 复制中的作用;请陈述大肠杆菌 RNA 转录起始复合物形成的过程;等等。同学们可以根据教材相关内容自己编题并给出答案。

全真模拟试题二参考答案及解析

植物生理学

一、单项选择题:每小题 2 分,共 20 分。

1. 正确答案为 D。

【考点】扩张蛋白。

【解析】扩张蛋白是细胞壁中的调节蛋白,扩张蛋白活性具有高度专一性,只有在生长迅速的细胞中才具有生理活性。扩张蛋白无水解酶活性,不能水解纤维素、半纤维素、木葡聚糖和果胶等细胞壁的结构物质。扩张蛋白可逆结合于纤维素微纤丝和多糖结合的交叉点,催化纤维素微纤丝与多糖间的氢键断裂,解除细胞壁中多糖对纤维素的制约,使细胞壁松弛。

2. 正确答案为 C。

【考点】植物的蒸腾速率。

【解析】植物的蒸腾速率主要受气孔阻力影响,气孔阻力取决于气孔开度和扩散层(界面层)阻力。当空气静止无风时,叶片表面的扩散层(界面层)较厚,这时它就成为决定水蒸气扩散阻力的主要因素,此时,植物的蒸腾速率较低。

3. 正确答案为 A。

【考点】影响植物呼吸的因素。

【解析】植物的呼吸随植物的种类和环境因素而改变。在土壤营养亏缺时,植物根的呼吸速率增强,促进根系主动吸收离子并为根系在寻找营养物质时的生长提供能量。

4. 正确答案为 C。

【考点】矿质元素的利用;渗透调节。

【解析】植物根系吸收的矿质元素只有少部分被根的生长发育和代谢活动所利用,其余大部分经木质部被运输至植物的地上部分,参与各种生理反应。K^+、Cl^- 可以作为渗透物质调节植物细胞的渗透势及水分吸收。Mg^{2+}、Zn^{2+}、Mn^{2+} 作为酶的活化剂。NO_3^- 参与合成氨基酸、蛋白质、核酸、磷脂等。SO_4^{2-} 参与合成含硫氨基酸、蛋白质等。Ca^{2+} 作为磷脂中的磷酸与蛋白质的羧基间连接的桥梁,具有稳定膜结构的功能;在液泡内与草酸形成草酸钙结晶,消除过量草酸对植物的毒害;Ca^{2+} 作为胞内第二信使,调节植物的生长、发育。

植物体内的渗透调节物质主要有两类:一类是从外界环境进入细胞内的无机离子,如 K^+、Cl^-;另一类是细胞内的有机溶质,如可溶性糖、糖醇、游离氨基酸、脯氨酸和甜菜碱等。

5. 正确答案为 B。

【考点】韧皮部运输。

【解析】韧皮部中运输的主要物质包括糖、氨基酸、激素和一些无机离子。韧皮部汁液中的无机离子主要有 K^+、Cl^-、Mg^{2+}、PO_4^{3+},但 NO_3^-、Ca^{2+}、SO_4^{2-}、Fe^{2+} 几乎完全不存在。成花刺激物在叶片中合成,通过茎韧皮部运输到茎顶端,作为信号分子促进顶端花分生组织的产生。

6. 正确答案为 D。

【考点】植物生长物质的生理功能。

【解析】下列物质中，只有 BR 和 ABA 具有增强植物抗逆性的生理功能。

7. 正确答案为 D。

【考点】向光素。

【解析】向光素是向光性反应的光受体。向光素是一种与质膜相关的自磷酸化蛋白激酶，在蓝光刺激下，向光素发生自磷酸化，磷酸化的向光素具有光受体活性，从质膜上分离，进入细胞质中，刺激 PIN 蛋白重新定位于细胞侧面，从而引起 IAA 在背光侧积累，导致下胚轴发生向光性弯曲。此外，向光素调控叶绿体的排列、气孔开放、叶片扩展等反应。

8. 正确答案为 B。

【考点】植物次生代谢物。

【解析】植物次生代谢物主要包括萜类、酚类和生物碱。植物次生代谢物主要参与植物与环境之间的相互作用，植物次生代谢物与植物抗病性、抗虫性和植物化感作用有关。许多作物在同一个地块连续栽培会造成严重减产，其主要原因是植物的化感作用，而非植物生长环境营养缺乏。

9. 正确答案为 D。

【考点】种子萌发的激素调控。

【解析】ABA 和 GA 是调控种子萌发的最主要激素，ABA 抑制种子萌发，GA 促进种子萌发。此外，CTK、BR 和乙烯也促进种子萌发。

10. 正确答案为 B。

【考点】衰老的调控。

【解析】在衰老过程中有些基因被上调表达，包括与生物和非生物胁迫、ROS 反应、金属离子的结合、细胞壁降解、脂质降解、ABA 信号、JA 信号、乙烯信号等有关的基因。在衰老过程中有些基因被下调表达，包括与物质代谢、叶绿素合成、类胡萝卜素合成、光合作用、CTK 信号等有关的基因。

Rubisco 和 PEP 羧化酶分别是光合碳同化 C_3、C_4 代谢途径的关键酶。ACC 合酶和 ACC 氧化酶是乙烯生物合成的关键酶。异戊烯基转移酶是 CTK 生物合成的关键酶。叶绿素 a 合成酶是叶绿素 a 生物合成的重要酶。超氧化物歧化酶(SOD)、过氧化氢酶(CAT)和过氧化物酶(POD)，维生素 C、维生素 E 和谷胱甘肽等是 ROS 清除剂。因此，在衰老过程中被诱导表达，酶活性增强的酶是 ACC 合酶和 ACC 氧化酶。

二、实验题：11 小题，13 分。

11. 氮肥在农业生产中对提高粮食产量起重要作用，但氮肥超量施用会导致植物氮肥利用效率降低，并引起环境污染。因此，研究农作物应对低氮环境及调控作用是降低施肥量和提高产量的有效手段。研究发现，水稻 *OsTCP*19 基因参与响应外界氮素营养条件并影响水稻的分蘖和产量，实验结果如下图所示。

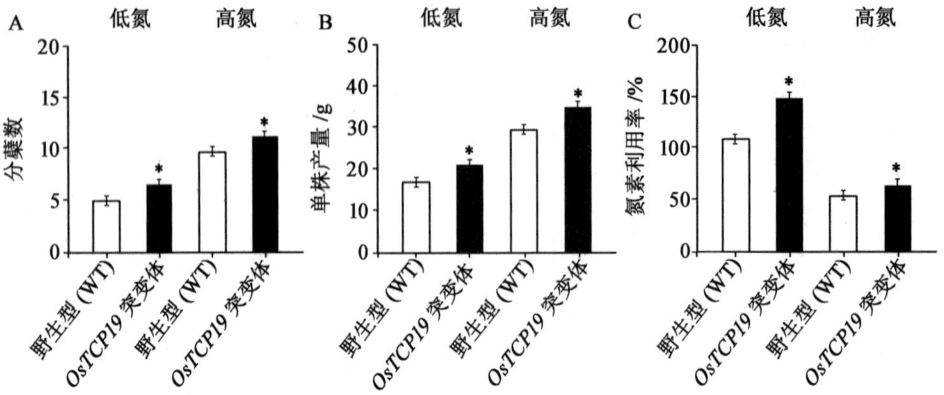

请分析实验结果并得出结论。

【考点】氮的主要生理功能。

【解析】氮肥在农业生产中对提高粮食产量起至关重要的作用,当氮肥供应充足时,植株枝繁叶茂,分蘖能力强,农作物产量高。但大量、长期施用氮肥又带来了许多负面影响,氮肥超量施用会导致植物氮肥利用效率降低,并引起温室气体排放、水体富营养化等诸多环境问题。

【答题要点】

由实验结果可以得出以下结论:

(1)水稻的分蘖数和产量与环境中的氮素含量有关,氮素含量高会促进水稻的分蘖和产量。

(2)环境中氮素含量与水稻的氮素利用效率密切相关,环境中氮素含量高会降低水稻的氮素利用效率。

(3)*OsTCP*19 突变体的分蘖、产量和氮素利用效率均高于野生型。

(4)*OsTCP*19 基因负调控水稻的分蘖、产量和氮素利用效率。

三、问答题:12～14 小题,每小题 6 分,共 18 分;15～16 小题,每小题 12 分,共 24 分。

12. 简述缺磷时植物叶片出现紫红色症状的部位及其原因。

【考点】植物的缺素症。

【解析】磷元素参与植物体内各种物质的合成和代谢,缺磷会影响植物的生长发育。

【答题要点】

磷元素参与植物体内各种物质的合成和代谢,缺磷会影响植物的生长发育。(1 分)

缺磷时,植物体内蛋白质合成下降,糖的运转受阻,从而使营养器官中糖的含量相对提高,促进植物体内花色素苷的合成,因此,缺磷时叶片呈现紫红色的典型缺磷症状。(3 分)

磷在植物体内易移动和被再利用,因此缺磷症状首先表现在老叶上。(2 分)

13. 越冬储藏的洋葱,在春季种植前用高温处理可以有效提高当年的产量。请解释其原因。

【考点】春化作用。

【解析】春化作用与花期控制有关。

【答题要点】

春化作用与花期控制有关，利用春化、去春化可以控制某些植物开花。(1 分)

越冬储藏的洋葱经历了低温春化作用，在春季种植后会提前抽薹开花。如果越冬储藏的洋葱在春季种植前用高温处理，可以去除春化作用，从而防止其在生长期抽薹开花，促进营养生长，获得大的鳞茎，可以有效提高当年的产量。(5 分)

14. 简述抗旱锻炼后，植物体内 ABA 的变化及其作用。

【考点】植物的抗旱性和 ABA 的生理功能。

【解析】ABA 是胁迫激素，抗旱锻炼后，植物体内 ABA 含量明显增加，从而增强植物的抗旱性。

【答题要点】

抗旱锻炼后，植物体内 ABA 含量明显增加(2 分)；ABA 具有促进气孔关闭(1 分)；调控逆境相关基因表达(1 分)；降低植物的蒸腾失水，保持组织内的水分平衡(1 分)的作用；从而增强植物的抗旱性(1 分)。

15. 论述 Rubisco 的特性及其活性调节。

【考点】植物的光合作用。

【解析】Rubisco 是卡尔文循环的关键酶。

【答题要点】

在植物体内，Rubisco 是催化固定 CO_2 的第一个酶。Rubisco 是叶绿体中最丰富的可溶性蛋白质。Rubisco 由 8 个大亚基和 8 个小亚基组成，大亚基由叶绿体基因编码，小亚基由核基因编码，在叶绿体中组装形成 Rubisco 全蛋白。(4 分)

Rubisco 是受光诱导表达的酶，光影响大亚基和小亚基的基因转录。Rubisco 具有钝化和活化两种存在形式，暗中 Rubisco 处于钝化形式；光调节 Rubisco 酶活性，光照下 Rubisco 被活化，其构象发生变化，从而具有催化活性。(4 分)

Rubisco 具有双重催化活性，其底物分别是 CO_2 和 O_2，两者竞争同一活性位点，Rubisco 催化反应的方向决定于 CO_2/O_2 值。在相同 CO_2 和 O_2 浓度条件下，Rubisco 与 CO_2 的亲和力比与 O_2 的亲和力高。(4 分)

16. 论述植物体内生长素的运输特点。

【考点】生长素的运输。

【解析】生长素是目前已知唯一具有明确极性运输性质的植物激素。

【答题要点】

(1)生长素在植物体内的运输是单方向的，即极性运输。(3 分)

(2)在茎中，生长素主要从茎顶端向茎基部运输；在根中，生长素从根基部向根顶端运输。(2 分)

(3)质膜上生长素内向转运载体和生长素外向转运载体参与生长素极性运输，这些载体蛋白在质膜上不均匀分布。(4 分)

(4)生长素的极性运输是一个需能的过程，缺氧和呼吸抑制剂影响生长素的极性运输。(2 分)

(5)生长素的极性运输是以“细胞—细胞壁空间—细胞”的形式进行的，即一个细胞中的生长素跨过质膜流出到细胞壁空间，然后再跨过质膜流入到下一个细胞内。(1 分)

生 物 化 学

四、单项选择题:17～26 小题,每小题 2 分,共 20 分。下列每题给出的四个选项中,只有一个选项是符合题目要求的。

17. 选择 B。

【考点】TCA 循环回补反应及催化反应的相关的酶等内容。

【解析】该反应的功能是通过生成苹果酸或者草酰乙酸维持 TCA 循环正常进行。除选项 B 外,其他选项都是不正确的描述。

18. 选择 D。

【考点】考察丙酮酸的氧化脱羧和 TCA 循环过程中还原性辅酶和 ATP 生成的情况。

【解析】丙酮酸的氧化脱羧生成 1 mol NADH,而 1 mol 乙酰 CoA 经过 TCA 循环能够生成 3 mol NADH,1 mol $FADH_2$ 以及 1 mol ATP。所以,只有选项 D 是正确的。

19. 选择 C。

【考点】考察三酰甘油和磷脂的合成前体。

【解析】选项 C 磷脂酸是两者合成的共同前体,而选项 A、B 是磷脂合成的前体,而 CTP 以 CDP-胆碱和 CDP-二酰甘油等形式参与磷脂合成。所以,选项 C 是正确的。

20. 选择 B。

【考点】本题目涉及四氢叶酸与一碳单位的关系。

【解析】选项 A 脂酰基团的载体通常是 CoA 和 ACP。氢离子和电子的主要载体不是四氢叶酸,而四氢叶酸及其衍生物主要是负责转化一碳基团的,所以选择 B。

21. 选择 A。

【考点】该题目是有关尿素循环反应的。

【解析】选项简单,容易判断。只有 A 正确。

22. 选择 C。

【考点】脂肪酸从头合成途径。

【解析】该题目比较简单,只有选项 C 即 $FADH_2$不参与脂肪酸从头合成途径。

23. 选择 D。

【考点】考察原核生物蛋白质合成延伸过程。

【解析】氨酰-tRNA、EF-Tu 和 GTP 都参与蛋白质合成延伸过程,只是 IF-2 参与的是起始过程,所以选择 D。

24. 选择 D。

【考点】呼吸链质子流方向。

【解析】根据化学渗透理论,伴随线粒体呼吸链电子传递过程,质子从线粒体基质泵到线粒体内、外膜间隙中,这将降低膜间隙的 pH。

25. 选择 B。

【考点】蛋白质变性沉淀技术。

【解析】蛋白质沉淀技术不同,获得的蛋白质样品活性不同。利用“等电沉淀”“盐析”“有机溶剂沉淀”可以获得有活性的蛋白质,但三氯乙酸沉淀的蛋白质处于变性状态。

26. 选择 D。

【考点】生物化学著名科学家的成就。

【解析】Hoppe-Seyler 是生物化学学科建立之初贡献最大的科学家之一，他于 1877 年创办《生理化学杂志》。DNA 测序开始于 20 世纪 70 年代，著名的科学家有 Sanger 等。

五、实验题:27 小题,13 分。

27. 有一个蛋白质干粉样品，其具有水溶性。请设计一个实验来证明该样品是否为纯品，并阐述实验的基本原理。

【考点】蛋白质性质与鉴定。

【答题要点】

(1)用缓冲液将蛋白质干粉在低温(通常为 4℃)下溶解。原理:蛋白质为生物大分子，溶液变性降解。缓冲液、低温对蛋白质有保护作用，保证多肽链不被很快破坏。(2 分)

(2)将蛋白质溶液制成 SDS-样品，进行 SDS-PAGE 分析。原理:SDS-PAGE 是变性电泳，可以用来鉴定蛋白质纯度。如果电泳结果是 1 条带，证明样品纯度达到电泳纯;如果 SDS-PAGE 结果出现 2 个以上条带，则表示两种可能性:或是样品为单一蛋白，但由多亚基组成;或是样品不纯，含有多种蛋白。需要进一步鉴定。(6 分)

(3)将蛋白质溶液制成活性样品，然后利用 PAGE 分析蛋白质条带。原理:PAGE 为非变性电泳，多亚基纯蛋白应该为 1 条带;如果电泳结果为多条，则证明样品不纯(也可选择分子筛柱层析技术或其他可行流程)。(2 分)

【知识拓展】蛋白质是生物大分子，在分离、分析过程中，要结合实验目的严格控制条件。高温、极端 pH 等容易破坏蛋白质，对这种样品进行 SDS-PAGE 分析，即便是很纯的单亚基蛋白也有可能出现多条带。相反，对于结构完整的天然蛋白质，即使 SDS-PAGE 出现多条带，也不能下结论说不纯，因为有些蛋白质天然结构本来就是多亚基的，在这种情况下，需要结合其他技术进行验证。

六、问答题:28～30 小题,每小题 6 分,共 18 分;31～32 小题,每小题 12 分,共 24 分。

28. 请写出丙酮酸脱氢酶复合体的三个辅因子，并说明它们是该复合体中哪一种酶的辅因子。

【考点】丙酮酸脱氢酶复合体的组成及酶的辅因子。

【答题要点】

(1)丙酮酸脱氢酶复合体由三个酶和五个辅因子组成，酶的活性还依赖于 Mg^{2+}。

(2)三个酶分别是丙酮酸脱氢酶、其辅因子是 TPP，是维生素 B_1 的活性形式;二氢硫辛酰胺乙酰转移酶，辅因子是 HS-CoA，是泛酸的活性形式;二氢硫辛酰胺脱氢酶，其辅因子是 FAD 和 NAD^+。

29. 请从 ATP 的结构特征分析其产生大量自由能的原因。

【考点】ATP 与能量。

【答题要点】

(1)ATP 结构的不稳定性:ATP 有 3 个磷酸基团，有 4 个相邻的负电荷，电荷相互排斥，结构不稳定。

(2)ATP 水解产物具有较好的稳定性:ATP 水解产物 HPO_4^{2-} 容易形成共振杂化体，

相对稳定;同时 ADP 在溶液中立即离子化,释放质子,拉动 ATP 水解的平衡。如图所示。

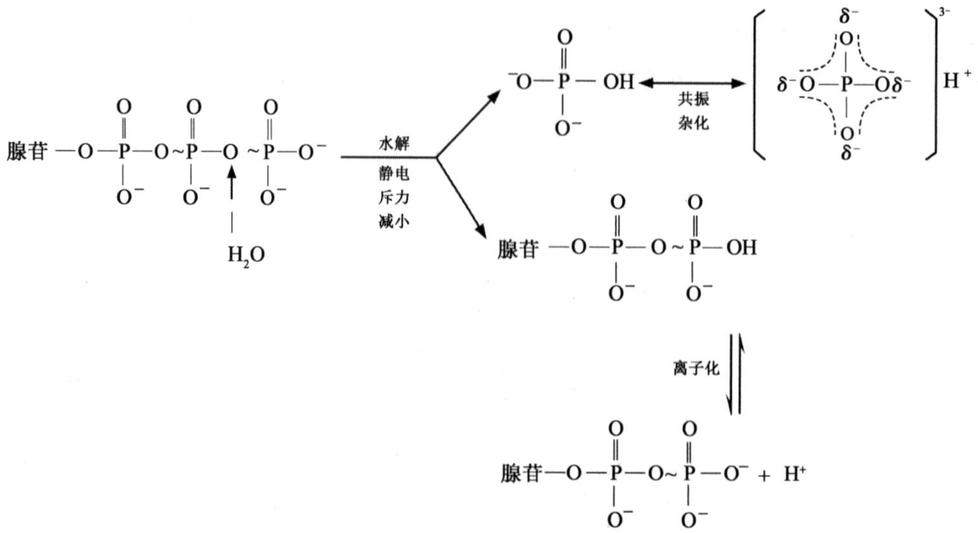

30. 根据你的认识,请说明核苷酸及其衍生物的生物学功能,并举例说明其在糖和脂类物质代谢中的作用。

【考点】核苷酸及其衍生物的功能。

【答题要点】

(1)生物学功能:信号分子;能量分子;调节分子;直接参与化学反应,作为底物分子;等等。

(2)UDPG 参与蔗糖和糖原合成;ADPG 参与淀粉合成;CDP 参与脂肪合成;NADH、NADPH、$FADH_2$ 等都参与了糖和脂类物质的代谢;另外,如 cAMP 可以作为信号分子调节糖、脂物质代谢。可以举几个例子说明它们的作用。

【知识拓展】这类题目比较简单,针对的是一些具体的知识点,但是由于核苷酸及其衍生物的特殊作用,该题目也同样涉及一些代谢途径,只是知识点比较零散,可通过核苷酸及衍生物构成联系,同学们可以找类似的化合物进行回答。

31. 什么是蛋白质辅基?以肌红蛋白为例,阐述辅基与蛋白质结构、功能的关系。

【考点】蛋白质辅基;缀合蛋白质(结合蛋白质)的结构与功能。

【答题要点】

(1)蛋白质辅基是缀合蛋白质(结合蛋白质)分子中的非蛋白质部分。相对于辅酶而言,辅基与蛋白质分子结合紧密,以共价键相连,不能被普通透析技术除去。辅基是整个分子的一部分,是蛋白质实现功能所必需的,脱辅基蛋白会部分甚至完全丧失活性。

(2)肌红蛋白的完整结构由 1 个血红素辅基和 1 个珠蛋白(或多肽链)组成。血红素辅基由卟啉环和 Fe 原子两部分组成,位于珠蛋白分子表面裂缝的疏水微环境中。血红素辅基本身有结合氧的能力,但结合能力很强;当它与多肽链结合后,Fe 原子除了与卟啉环上的 4 个 N 原子分别形成 4 个配位键外,在环一侧与附近多肽链上的 His 形成 1 个配位键,在环另一侧则与氧以一定角度形成 1 个配位键。这种结合方式赋予肌红蛋白可逆结合氧的能力。

【知识扩展】蛋白质有单体蛋白质和结合蛋白质之分。蛋白质辅基有多种，如糖蛋白的糖基，核蛋白的核酸部分，磷蛋白的磷酸基团，脂蛋白的脂类部分等。它们不仅参与蛋白质结构的形成，还与蛋白质功能有关。谈到蛋白质辅基，不能只写一句话“蛋白质辅基是结合蛋白质分子中的非蛋白质部分”，而应展开一些。辅基是相对于辅酶而言的，将辅酶与蛋白质的结合特点作一简单比较，并指出“脱辅基蛋白会部分甚至完全丧失活性”则显得理解更深刻。

32. 原核生物基因表达调控通常发生在转录水平。以大肠杆菌为例，请分析说明当乳糖和葡萄糖都存在于培养基上时大肠杆菌细胞的乳糖操纵子是如何被调节的。

【考点】原核生物基因转录调控、乳糖操纵子、诱导物。

【答题要点】

(1)简述乳糖操纵子的结构。

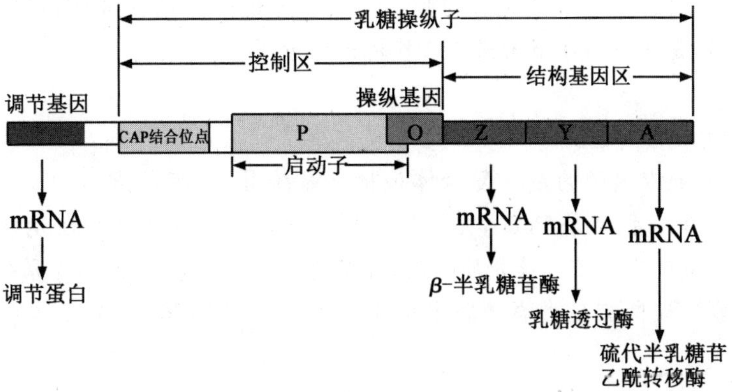

细菌的乳糖操纵子具有控制基因转录的正调节蛋白 CAP 结合序列(CAP 结合位点)、RNA 聚合酶结合的启动子序列(P)、阻遏蛋白结合的操纵基因序列(O)以及结构基因序列 Z、Y 和 X。对该操纵子而言，调节基因产生的阻遏蛋白具有活性，可以与操纵基因结合关闭操纵子。

(2)培养基中乳糖能够导致大肠杆菌细胞中产生少量别乳糖，其作为诱导物，与阻遏蛋白结合，诱发阻遏蛋白空间构象发生变化，从而无法与操纵序列结合，这种情况下，操纵子开启。此外，乳糖操纵子开启后，还需要 cAMP 与乳糖操纵子的正调控蛋白 CAP 结合形成有活性的 cAMP-CAP 复合物募集 RNA 聚合酶以加速转录。但是，当葡萄糖存在时，细胞中的 cAMP 含量会降低，不能形成一定量的 cAMP-CAP 复合物，虽然操纵子开启，但是缺乏正调控，转录水平处于比较低的状态。这种情况下，大肠杆菌先利用葡萄糖。当葡萄糖消耗殆尽后，随着 cAMP 含量的升高，cAMP-CAP 复合物含量增加，发挥其募集 RNA 聚合酶的功能，加速转录，产生利用乳糖的酶，利用乳糖。

【知识拓展】原核生物基因调控的操纵子相关内容包括：①简述乳糖操纵子的正负调节方式；②阐述什么是葡萄糖效应；等等。

全真模拟试题三参考答案及解析

植物生理学

一、单项选择题：每小题 2 分，共 20 分。

1. 正确答案为 D。

【考点】植物细胞信号转导。

【解析】参与植物细胞跨膜及胞内信号转导过程的主要因子包括受体、G 蛋白、第二信使系统、蛋白激酶/蛋白磷酸酶等。受体和 G 蛋白是参与细胞跨膜信号转导的主要因子，三磷酸肌醇、钙离子、pH 和活性氧等是参与胞内信号转导的第二信使物质，蛋白激酶和蛋白磷酸酶是胞内信号，是第二信使下游进一步作用的靶分子。

2. 正确答案为 C。

【考点】光合电子传递链。

【解析】光合电子传递链的蛋白复合体包括光系统Ⅱ、细胞色素 b_6/f 复合体和光系统Ⅰ。光系统Ⅱ反应中心色素是 P680，光系统Ⅰ反应中心色素是 P700，在光系统Ⅱ和细胞色素 b_6/f 复合体之间的电子传递体是质体醌，在细胞色素 b_6/f 复合体和光系统Ⅰ之间的电子传递体是质蓝素。质体醌是类囊体膜上最丰富的电子传递体，在类囊体膜上可以进行扩散运动。

3. 正确答案为 C。

【考点】光合产物的合成。

【解析】叶绿体中的光合产物主要以丙糖磷酸的形式运输到细胞质基质中。在叶绿体被膜上存在有丙糖磷酸转运体，它是丙糖磷酸和无机磷酸的反向转运体，将丙糖磷酸运到细胞质基质的同时将无机磷酸运入叶绿体。丙糖磷酸转运到细胞质基质合成蔗糖。

4. 正确答案为 C。

【考点】氮的同化。

【解析】植物体内的亚硝酸还原酶催化亚硝酸还原为铵的过程。在细胞质中，硝酸根被还原成亚硝酸根，然后亚硝酸根被运输至叶绿体中被进一步还原为铵。亚硝酸还原酶受光照和硝酸根的诱导而合成。在正常条件下，植物体内的亚硝酸还原酶活性高，因此，植物体内亚硝酸盐被迅速还原，很少在植物体内积累。

5. 正确答案为 C。

【考点】光对植物生长的影响。

【解析】茎和下胚轴的伸长生长受抑制是植物对蓝光的典型反应。

6. 正确答案为 D。

【考点】光敏色素的生理作用。

【解析】光敏色素调控植物的发育过程，包括种子萌发、幼苗生长、根的生长、花芽分化、器官休眠和衰老等。光敏色素调控植物的光周期成花诱导。光敏色素调控植物的避阴反应。

7. 正确答案为 C。

【考点】植物成花诱导。

【解析】成花诱导是在植物内在因素和环境因素共同作用下完成的，诱导植物开花的环境因素主要是光和温度，其中，光周期和低温是诱导植物开花的主要因素。

8. 正确答案为 D。

【考点】花器官发育的 ABC 模型。

【解析】花器官的发育由三种类型的转录因子基因调控，A 型基因调控萼片和花瓣的发育，B 型基因调控花瓣和雄蕊的发育，C 型基因调控雌蕊的发育。A 型基因功能缺失突变体花的结构只具有雄蕊和雌蕊，B 型基因功能缺失突变体花的结构只具有萼片和雌蕊，C 型基因功能缺失突变体花的结构只具有萼片和花瓣。

9. 正确答案为 A。

【考点】LEA 蛋白的特性和功能。

【解析】LEA 蛋白是在胚胎发育后期高丰度表达的蛋白，在种子萌发早期迅速消失。LEA 蛋白具有保护生物大分子，维持细胞结构和代谢的功能，LEA 蛋白可以作为渗透调节物质，具有缓解干旱、盐等环境胁迫的作用。

10. 正确答案为 B。

【考点】植物响应逆境的生理机制。

【解析】在逆境条件下植物体内激素的含量和活性发生变化，总的变化趋势是乙烯和脱落酸含量增加，生长素和赤霉素含量减少。

二、实验题：11 小题，13 分。

11. 盐胁迫会对植物造成多种伤害，其中，会导致植物体内 ROS 代谢系统的平衡发生改变。利用水稻野生型和 *OsPRR*73 突变体为材料，研究水稻的耐盐性。实验用 180 mmol/L NaCl 分别处理水稻野生型和 *OsPRR*73 突变体幼苗，处理 3 天后测定幼苗体内的 H_2O_2 含量（一种主要的 ROS）和过氧化氢酶活性（CAT，一种 ROS 清除酶），实验结果如下图所示：

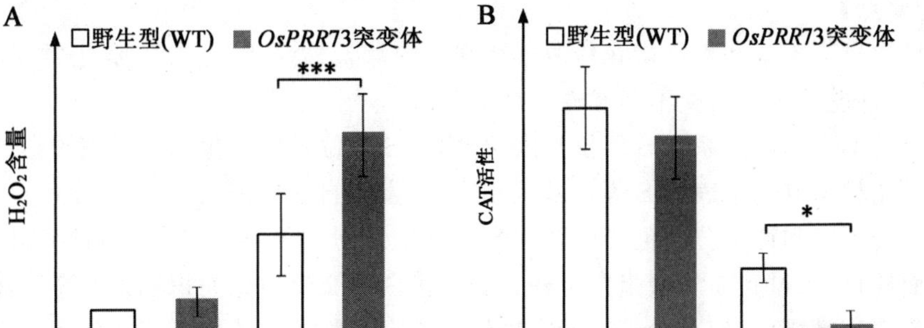

请分析实验结果并得出结论。

【考点】盐胁迫对植物的影响。

【解析】盐胁迫会对植物造成多种伤害，影响植物体内 ROS 代谢系统的平衡发生改变，导致 ROS 合成增加，ROS 清除系统的活性和含量降低，最终导致植物体内积累高浓度 ROS。ROS 会引起膜脂过氧化，使膜的完整体被破坏，膜透性增加，造成代谢紊乱。

【答题要点】

根据实验结果可得出如下结论：

(1)盐胁迫导致水稻体内 ROS 含量增加。

(2)与野生型相比，盐胁迫下 *OsPRR*73 突变体的 ROS 含量增加更明显。

(3)盐胁迫导致水稻体内 CAT 活性降低，ROS 清除系统被破坏。

(4)与野生型相比，盐胁迫下 *OsPRR*73 突变体的 CAT 活性降低更明显。

(5)*OsPRR*73 基因调控水稻的耐盐性。

三、问答题：12～14 小题，每小题 6 分，共 18 分；15～16 小题，每小题 12 分，共 24 分。

12. 简述油菜素甾醇的生理功能，并分析其与生长素、赤霉素作用的相似性。

【考点】油菜素甾醇的生理功能。

【解析】油菜素甾醇具有促进细胞分裂和细胞伸长，抑制根系生长的生理功能，并与生长素、赤霉素的生理功能具有相似性。

【答题要点】

油菜素甾醇具有促进细胞分裂和细胞伸长，抑制根系生长的生理功能。油菜素甾醇合成和信号功能缺失突变体的细胞分裂和伸长受抑制，根系生长受抑制。(2 分)

油菜素甾醇促进细胞伸长的机制与生长素促进细胞壁伸长的酸生长机制类似，两者都刺激质膜上的 ATP 酶活性，促进 H^+ 向细胞壁分泌，增加细胞壁的伸展性。(2 分)

油菜素甾醇与赤霉素均促进细胞伸长，两者都诱导 XET 酶活性的增加，XET 调节细胞伸长过程中多糖链的重新排列和新合成的多糖链在细胞壁中的沉积。(2 分)

13. 简述植物的自交不亲和性。

【考点】植物的自交不亲和性。

【解析】植物的自交不亲和性由一系列 S 等位基因控制，由 S 等位基因产生的特异糖蛋白的识别作用决定。

【答题要点】

植物自交不亲和性是指花粉散落在同花的雌蕊柱头上，不能完成正常受精，不能获得种子，这种现象称为自交不亲和性。(2 分)

自交不亲和由一系列 S 等位基因控制，由 S 等位基因产生的特异糖蛋白的识别作用决定。当花粉与雌蕊中表达 S 等位基因相同时，发生自交不亲反应。(2 分)

自交不亲和性可分为孢子体型和配子体型。孢子体型自交不亲和性的识别一般在柱头表面进行，通过花粉外壁蛋白与柱头表膜蛋白的交流信息而识别。S 等位基因在柱头乳突细胞表达糖蛋白，使花粉管不能穿透柱头乳突细胞的角质层。配子体型自交不亲和性的识别一般在花柱中进行，S 等位基因表达的糖蛋白存在于花柱中，花粉萌发和生长进入花柱，在花柱组织内被抑制生长。(2 分)

14. 何谓渗透调节？简述渗透调节的主要功能。

【考点】渗透调节。

【解析】植物与环境之间由于渗透势的不平衡而形成对植物的胁迫。

【答题要点】

渗透胁迫是指植物与环境之间由于渗透势的不平衡而形成对植物的胁迫。多种逆境都会对植物产生渗透胁迫。在一定的胁迫范围内,植物体内通过积累各种有机和无机物质,提高细胞液浓度,降低其渗透势,保持一定的压力势,从而抵抗外界的渗透胁迫,这种现象被称为渗透调节。(2 分)

渗透调节的主要功能:

(1)维持细胞膨压,有利于其他生理生化过程进行。(2 分)

(2)维持气孔开放,以保证光合作用正常地进行。(2 分)

15. 试述气孔运动对光的反应。

【考点】气孔运动。

【解析】光作为一种重要的环境信号,能调控气孔运动。

【答题要点】

在无水分胁迫的环境中,光是最主要的控制气孔运动的环境信号。(2 分)

气孔对光的反应包括两个方面:(1)保卫细胞的光合作用;(2)保卫细胞的蓝光反应。(2 分)

除景天酸代谢植物外,大多数植物的气孔在光照下张开,黑暗中关闭。用光合电子传递链抑制剂二氯苯基二甲脲(DCMU)处理叶片,气孔在光下的张开反应被部分抑制,说明保卫细胞叶绿体的光合作用参与光下的气孔张开反应。(3 分)

蓝光刺激气孔张开,用蓝光照射保卫细胞的原生质体,保卫细胞原生质体会发生膨胀,保卫细胞的膨压会发生改变,膨压的改变正是气孔运动的原因。蓝光引起的气孔张开是通过活化质膜上的 H^+-ATPase,将细胞内的 H^+ 不断泵出细胞,形成的跨膜电化学势梯度为离子吸收提供驱动力,推动 K^+ 的吸收,从而引起气孔张开。(5 分)

16. 试述植物叶片脱落的激素调控。

【考点】叶片脱落的激素调控。

【解析】叶片脱落受植物体内激素的调控。

【答题要点】

在叶片脱落过程中,发生脱落的时间主要受生长素和乙烯的调控。(2 分)

在维持生长期,叶片维持正常功能,叶片中生长素含量高,离层细胞对乙烯不敏感。在脱落诱导期,叶片衰老或环境信号干扰生长素的合成和运输,叶片中生长素含量降低,同时,乙烯含量增加,离层细胞对乙烯敏感性增加。在脱落期,离层细胞对低浓度乙烯反应敏感,乙烯促进细胞壁降解酶和细胞壁重塑蛋白的合成和分泌,包括 β-1,4 葡聚糖酶、多聚半乳糖醛酸酶、木葡聚糖内糖基转移酶、水解酶和扩张蛋白等,在这些酶作用下,离层细胞细胞壁被水解,导致器官脱落。(4 分)

ABA 仅能诱导少数植物器官脱落。ABA 主要功能是促进衰老。ABA 对脱落的调控作用主要与 ABA 和 IAA 或乙烯的相互作用有关,ABA 促进细胞壁降解酶的合成和分泌,与乙烯有协同作用;ABA 抑制生长素的运输,所以 ABA 对脱落的促进作用并不是 ABA 直接作用的结果。(4 分)

GA 和 CTK 对叶片脱落有抑制作用,可能因其延缓叶的衰老而减少脱落。(2 分)

生物化学

四、单项选择题：17～26 小题，每小题 2 分，共 20 分。下列每题给出的四个选项中，只有一个选项是符合题目要求的。

17. 选择 C。

【解析】Tyr 为酪氨酸，含有共轭双键。Val 为缬氨酸，Met 为甲硫氨酸，Ser 为丝氨酸，都不含共轭双键，在 280 nm 附近没有特征光吸收峰。

18. 选择 A。

【解析】EB 为溴化乙锭，用于核酸荧光显色；茚三酮是氨基酸显色剂；甲醛不能与蛋白质产生显色反应。

19. 选择 B。

【解析】本题考点是专门的甲基供体。选项 A 和 B 都可以携带甲基，四氢叶酸以 N_5，N_{10}-亚甲基四氢叶酸作为甲基供体，也能够以 N_{10}-甲酰四氢叶酸提供甲酰基（如嘌呤核苷酸合成），四氢叶酸是一碳单位的载体/供体；而选项 B 通常提供甲基，是专门的甲基供体（如卵磷脂的合成）。选项 C 是脂酰基载体（如脂肪酸 β-氧化），选项 D 是脂肪酸从头合成途径中脂酰基的载体蛋白。

20. 选择 C。

【解析】硫酸铵是中性盐，不是酶，不能打断肽键，导致蛋白质降解产生氨基酸，也不能打断二硫键，不能调节蛋白质提取缓冲液的 pH。硫酸铵由于能够破坏蛋白质表面的水化层，导致蛋白质互相聚集沉淀，常被用来进行蛋白质的初级分离。不同的蛋白质在不同浓度硫酸铵溶液中的溶解度不同，因此在蛋白提取液中加入特定量的固体硫酸铵或者硫酸铵溶液可以沉淀目标蛋白。所以选项 C 是对的。

21. 选择 D。

【解析】选项内容主要涉及膜的流动性。影响生物膜流动性的因素包括脂肪酸链的长度、饱和度以及胆固醇含量。脂肪酸链越长，饱和度越高，膜的流动性相对越差。胆固醇对膜流动性的调节与相变温度有关，相变温度以下，胆固醇有助于增强膜的流动性，相变温度以上，作用相反。生物膜不是生物大分子，是由磷脂和蛋白质等形成的超分子复合体，所以 D 选项是对的。

22. 选择 A。

【解析】2,4-二硝基苯酚为弱酸性疏水分子，既可以在膜中运动，还可以解离质子，能破坏线粒体内膜跨膜质子梯度，使氧化磷酸化不能进行，但线粒体电子传递可照常进行；寡霉素是氧化磷酸化抑制剂；一氧化碳和氰化物可以抑制线粒体电子传递，同时导致氧化磷酸化无法进行。

23. 选择 B。

【解析】丙氨酸可以通过转氨基作用产生丙酮酸；乙酸通过硫激酶的作用生成乙酰 CoA；甘油通过甘油激酶催化生成 3-磷酸甘油，而后在 3-磷酸甘油脱氢酶的催化下生成磷酸二羟丙酮；之后这些物质可以进入葡萄糖异生途径。目前没有乙醇可以作为糖异生前体物质的说法。

24. 选择 A。

【解析】核糖核苷酸转化为脱氧核糖核苷酸是在二磷酸的水平上进行的，因此该题的关键是 UDP 转化为 dUDP 的过程是正确的，其次 dTMP 是通过 dUMP 进行甲基化生成。因此，只有 A 顺序是正确的。

25. 选择 C。

【解析】丝氨酸族氨基酸合成的碳骨架来源于 3-磷酸甘油酸。其他选项是用来做陷阱的，目的是考查学生对氨基酸合成的几个碳骨架的掌握情况。

26. 选择 B。

【解析】DNA 聚合酶Ⅰ具有 5′→3′核酸外切酶活性，而 DNA 聚合酶Ⅲ没有。

五、实验题:27 小题,13 分。

27. 实验室中有一个含有 Lys、Ala 和 Glu 三种氨基酸的混合样品。学生将采用离子交换柱层析进行 Lys 的分离。请简述离子交换层析的原理和具体操作过程。如果学生采用阴离子交换柱层析进行氨基酸分离，请分析说明三种氨基酸被洗脱出的顺序。

【考点】离子交换柱层析原理及操作过程。

【答题要点】

(1)原理:离子交换柱层析是以离子交换剂作为固定相，洗脱液体为流动相，依据待分离样品各组分与柱中离子交换剂结合能力的差别进行各组分分离的一种层析技术。离子交换剂由惰性高分子聚合物和可解离的基团构成。交换剂中可解离基团解离后剩余的部分为带电基团，解离出来的离子为平衡离子。如果平衡离子是阳离子，该交换剂为阳离子交换剂，反之亦然。离子交换层析分离样品混合物是依据样品中各组分与离子交换剂的结合能力差异进行的，结合能力弱的组分先行被洗脱出来，结合能力强的组分被最后洗脱下来。

(2)操作过程包括准备层析柱、平衡层析柱、上样、洗脱和收集目标组分。

(3)本实验中，学生采用阳离子交换剂，样品中的三种氨基酸中 Glu 是酸性氨基酸、Ala 是中性氨基酸、赖氨酸是碱性氨基酸。在一定 pH 条件下，假如样品溶液的 pH 为 6 时，Glu 带负电、Ala 几乎不带电荷，而 Lys 带正电荷。三者与阳离子交换剂的结合紧密程度是 Lys>Ala>Glu，所以洗脱顺序是 Glu>Ala>Lys。

【知识拓展】分离混合样品中蛋白质时，也是类似的原理，此时要考虑不同蛋白质与离子交换剂的结合程度，还要考虑使用的是什么类型的交换剂。

六、问答题:28～30 小题,每小题 6 分,共 18 分;31～32 小题,每小题 12 分,共 24 分。

28. 在蛋白质和 DNA 这两种生物大分子的研究中，经常需要进行变性处理。讨论蛋白质和 DNA 变性后分子构象、活性及理化性质变化，并举一例说明变性处理在生物大分子研究中的用途。

【考点】蛋白质变性;核酸变性。

【答题要点】

(1)蛋白质变性后，维持高级结构的次级键被破坏，蛋白质天然构象解体、生物活性丧失、溶解度降低、黏度增加。

(2)DNA 变性后，氢键断裂，双螺旋区解体变成单链，生物活性丧失，紫外光吸收升高，黏度下降。

(3)如 SDS-PAGE。在制备蛋白质样品时，蛋白质变性剂 SDS 的加入可改变蛋白质分子形状和带电状况，使各蛋白质多肽链仅存在分子大小的差异，这样经过凝胶电泳后，蛋白质亚基便可按分子量分开；与标准蛋白相比，即可测定蛋白质亚基的分子量。

【知识扩展】无论蛋白质还是 DNA，变性后都会出现构象破坏和生物活性丧失，这是生物大分子变性的共同点。除此之外，人们对蛋白质变性后的溶解度变化比较关注。蛋白质溶液放置时间过长出现沉淀，就是变性后溶解度下降引起的。蛋白质变性沉淀还可用于终止酶反应。DNA 变性后一个重要现象是增色效应，即紫外吸收增加。核酸变性在现代生命科学研究中应用广泛，如 PCR 中的热变性步骤，Southern 杂交过程中 DNA 分子的变性处理等。黏度与分子的不对称性成正比。可溶性蛋白质变性后由球状变为絮状，黏度增加；DNA 分子变性后由长形分子变为絮状，黏度减小。

29. 在遗传密码簿中，UUA、UUG、CUU、CUG、CUC、CUA 这 6 个密码子都编码亮氨酸，这反映了密码子的什么特性？请解释这种特性，并简要说明这种特性的生物学意义。从理论上分析，识别这些密码子需要多少种 tRNA？为什么？

【考点】密码子的简并性和变偶性/摆动性。

【答题要点】

(1)这反映了密码子的简并性。多个密码子编码同一种氨基酸的现象被称为密码子的简并性，简并性的存在能够消除单碱基突变对生物造成的伤害。

(2)密码子的变偶性/摆动性是指密码子 3′端第一个核苷酸碱基与 tRNA 反密码子 5′端第一个核苷酸碱基配对时不是简单的 A、U 和 G、C 配对，存在 U、C、A 都可以与 I 对应的非一对一配对的变偶规则，因此针对这 4 个密码子 CUU、CUG、CUC、CUA，至少需要有 2 种 tRNA 的识别，对于 UUA、UUG 密码子需要至少一种 tRNA 识别，所以对于亮氨酸，至少需要 3 种 tRNA 与之识别。

30. 请简述什么是底物水平磷酸化反应，并写出参与糖酵解途径中两步底物水平磷酸化反应的底物、产物和酶。

【考点】底物水平磷酸化、糖酵解途径的反应。

【答题要点】

(1)磷酸基团通过酶的催化从非核苷酸底物转移到 ADP 并形成 ATP 的过程，被称为底物水平磷酸化。

(2)糖酵解途径有两步底物水平磷酸化反应，如下所示。

$$\text{1,3-二磷酸甘油酸} + \text{ADP} \xrightarrow{\text{磷酸甘油酸激酶}} \text{3-磷酸甘油酸} + \text{ATP}$$

$$\text{PEP} + \text{ADP} \xrightarrow{\text{丙酮酸激酶}} \text{丙酮酸} + \text{ATP}$$

31. 论述柠檬酸-丙酮酸循环是如何为脂肪酸从头合成途径提供支持的。

【考点】柠檬酸-丙酮酸循环，脂肪酸从头合成的过程。

【答题要点】

(1)真核细胞脂肪酸从头合成途径在细胞质中进行，需要的原料有乙酰 CoA 和 NADPH 等。

(2)细胞中乙酰 CoA 主要在线粒体中生成,因此需要转运系统(柠檬酸-丙酮酸循环)将其转运到细胞质。

(3)柠檬酸-丙酮酸循环如下图所示。

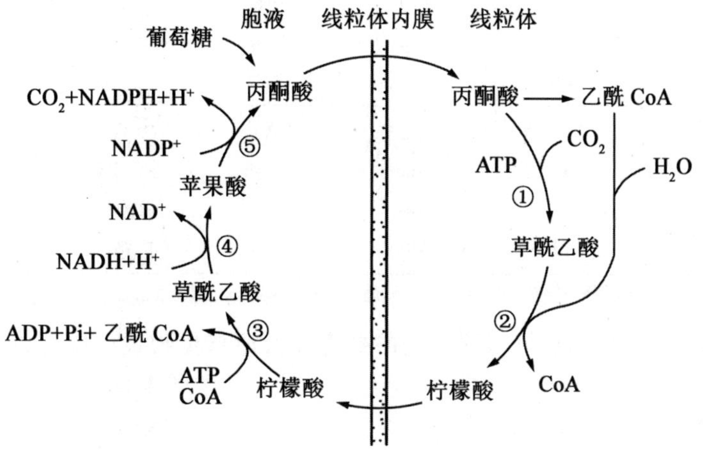

(4)从图中可以发现,通过该循环乙酰 CoA 在线粒体中形成柠檬酸,之后被转运到细胞质中,在柠檬酸裂合酶的催化下,产生了乙酰 CoA;同时,在细胞质中,苹果酸向丙酮酸的转化过程中生成了 NADPH,这为脂肪酸从头合成途径提供了原料。

32. 大肠杆菌 *E. coli* 某一基因 A 的非模板链序列如下,(+1)表示转录起始,该基因至少编码 5 个氨基酸。

(+1) (10) (20) (30) (40) (50)

TATAATAGACAGAATTTGGAGGTTGACCTTATGCGTAACGACGCTATTGGCTAGTAAGCTCTAA

↑

(1)利用上面的序列信息以及下面的密码表,写出 A 基因编码的多肽链的氨基酸序列。

(2)当用溴化乙锭处理该大肠杆菌后,A 基因突变为 X 基因,突变位点如箭头所示,即在 GT 之间插入一个核苷酸 A,请写出此突变菌株 X 基因编码的多肽链的氨基酸序列。

First position	Second position				Third position
(5′end)	U	C	A	G	(3′ end)
U	phe	Ser	Tyr	Cys	U
	Phe	Ser	Tyr	Cys	C
	Leu	Ser	STOP	STOP	A
	Leu	Ser	STOP	Trp	G
C	Leu	Pro	His	Arg	U
	Leu	Pro	His	Arg	C
	Leu	Pro	Gin	Arg	A
	Leu	Pro	Gin	Arg	G

First position	Second position				Third position
(5′end)	U	C	A	G	(3′ end)
A	Ile	Thr	Asn	Ser	U
	Ile	Thr	Asn	Ser	C
	Ile	Thr	Lys	Arg	A
	Met	Thr	Lys	Arg	G
G	Val	Ala	Asp	Gly	U
	Val	Ala	Asp	Gly	C
	Val	Ala	Glu	Gly	A
	Val	Ala	Glu	Gly	G

【考点】RNA 转录中模板链与编码链的概念以及原核生物蛋白质合成中的起始以及密码子的相关内容。

【答题要点】

(1)确定给定的链是编码链序列,从(+1)开始向右基因的下游找起始密码子 ATG(+19 的 A 开始)和终止密码子 TAA、TAG 和 TGA,确定该基因的读码框。在此读码框中终止密码子为 TAG(+40 开始)。

(2)依据密码簿写出氨基酸序列,由于是原核生物,第一个甲硫氨酸是甲酰化的,因此序列为 fMet-Arg-Asn-Asp-Ala-Ile-Gly。

(3)当基因核苷酸序列中插入一个核苷酸 A 后,发生移码突变,终止密码子提前出现,原基因转化为 ATG-CGA-TAA,因此氨基酸序列也转化为 fMet-Arg。

【知识拓展】这类题目综合性强一些,是 DNA、RNA 和蛋白质三章结合较为紧密的题目,并且具有一定的难度。其中任何一个小的知识点没有掌握,将影响到正确结果的得出,值得重视。

全真模拟试题四参考答案及解析

植物生理学

一、单项选择题：每小题 2 分，共 20 分。

1. 正确答案为 D。

【考点】植物细胞壁的成分与功能。

【解析】植物细胞壁中存在许多种类的蛋白质和酶，纤维素酶是其中之一。虽然纤维素是细胞壁的组成成分，但在正常细胞壁中，多数纤维素以纤维素微纤丝的结晶形式存在，纤维素酶较难接近。木葡聚糖具有葡聚糖的主链，覆盖在纤维素微纤丝的表面。因此，细胞壁中的纤维素并非纤维素酶的主要底物，而木葡聚糖是纤维素酶在正常细胞壁中的主要底物。

2. 正确答案为 B。

【考点】种子萌发。

【解析】水分是影响种子萌发的主要因素。一般情况下，种子萌发及萌发后的吸水过程可分为三个阶段：阶段Ⅰ，快速吸水。干种子通过吸胀作用迅速吸水。吸胀作用则依靠种子内细胞壁物质、蛋白质及其他亲水性物质对水的吸附作用。阶段Ⅱ，吸水速度减慢。种子的代谢活动包括转录和翻译过程重新活化，胚扩大生长，胚根突破种皮。阶段Ⅲ，吸水速度重新加快。种子萌发后，由于幼苗的生长导致水势明显降低，从而引起再次快速吸水

3. 正确答案为 C。

【考点】光能吸收与传递。

【解析】爱默生效应包括红降和双光增益现象，说明了在光合系统中存在两个相互串联的光反应中心(系统)。如果仅一个反应中心(系统)活化，光合效率下降，两个反应中心(系统)都被激发时，电子传递效率就会提高。

4. 正确答案为 B。

【考点】C_4 途径。

【解析】C_4 植物中，二氧化碳的固定在叶肉细胞中进行，三碳糖的合成在维管束鞘细胞中进行。

5. 正确答案为 D。

【考点】植物必须元素的主要生理功能及缺素症。

【解析】一般，缺素症首先在植物的老叶上表现出来的是缺乏一些容易重复利用的元素，如 N、P、K、Mg、Zn。缺素症首先在植物的幼叶上表现出来的是缺乏一些难以重复利用的元素，如 B、Ca、Fe、Mn、S、Cu。

6. 正确答案为 D。

【考点】赤霉素的生理作用。

【解析】赤霉素能诱导禾谷类植物种子的糊粉层产生 α-淀粉酶，促使淀粉糖化。

7. 正确答案为 D。

【考点】乙烯的生物合成。

【解析】植物体几乎所有器官都能合成乙烯，但乙烯合成的速率随不同组织和不同发育阶段而有所不同。果实成熟会促进乙烯合成，逆境条件也会诱导植物体内乙烯合成增强。乙烯的合成依赖甲硫氨酸的代谢循环，这一系列过程被命名为“杨氏循环”。

8. 正确答案为 C。

【考点】植物生长的相关性。

【解析】不同物种或同一物种在不同生育期根冠比不同。小麦、玉米、水稻等作物在生育后期，同化物主要用于繁殖器官，同时作物的根系逐渐衰老，使得根冠比降低。甘薯、甜菜、马铃薯等作物在生育后期，同化物主要运向根部，储藏根迅速膨大，根冠比增大。

9. 正确答案为 C。

【考点】向光性。

【解析】向光性反应受蓝光调节，向光素是向光性反应的光受体。向光素接受蓝光信号后调控 IAA 的运输发生改变，导致 IAA 不均匀分布，从而引起植物茎或下胚轴发生向光性弯曲生长。

10. 正确答案为 C。

【考点】植物成花的光周期反应类型。

【解析】黄瓜、茄子、番茄、辣椒的光周期反应类型是日中性植物。

二、实验题：11 小题，13 分。

11. 大豆(*Glycine max* L. Merr.)野生型和 *g* 突变体在相同条件下萌发率有明显不同，实验结果如图所示：

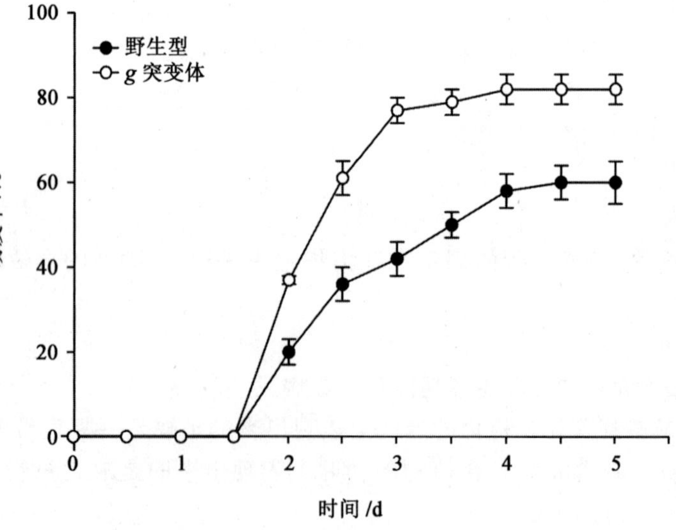

请回答下列问题：

1. 下列说法不正确的是(　　)

A. *G* 基因调控大豆的休眠

B. G 基因是显性基因

C. G 基因参与调控 ABA 的生物合成

D. G 基因参与调控 GA 的生物合成

2. 对所得结论进行解释。

【考点】种子萌发的调控

【解析】GA 和 ABA 调控种子的萌发。

【答题要点】

(1)下列说法不正确的是(D)。(4 分)

(2)对所得结论进行解释。

大豆(*Glycine max* L. Merr.)野生型和 g 突变体在相同条件下萌发率有明显不同,野生型萌发率低于 g 突变体,结果表明,G 基因调控大豆的休眠,G 基因是显性基因。(5 分)

ABA 抑制种子萌发,GA 促进种子萌发。g 突变体萌发率高于野生型,表明,G 基因参与调控 ABA 的生物合成,g 缺失影响了 ABA 的生物合成,g 突变体萌发率提高。(4 分)

三、问答题:12～14 小题,每小题 6 分,共 18 分;15～16 小题,每小题 12 分,共 24 分。

12. 简述水势与气孔开放的关系。

【考点】气孔运动。

【解析】气孔运动主要与保卫细胞的水势(或膨压)变化相关,保卫细胞中溶质增加,保卫细胞水势下降,从周围细胞吸水,气孔张开。反之,气孔关闭。

【答题要点】

气孔运动的直接原因是保卫细胞的水势发生改变,保卫细胞内水分得失引起气孔运动。当保卫细胞中溶质增加、保卫细胞水势下降时,保卫细胞从周围细胞吸水而膨大,气孔张开。(3 分)

保卫细胞中水势变化与淀粉-蔗糖的转化、K^+ 和苹果酸积累等有关,这些渗透调节物质的积累使保卫细胞中溶质增加,保卫细胞的水势发生改变,细胞膨压改变。(3 分)

13. 植物体如何应对吸收的多余能量?

【考点】光合作用光能的分配调节和光保护。

【解析】光能是光合作用的基本要素,捕光色素复合体使光能有效地传递到光反应中心,当传递到光反应中心的激发能超过光合系统可以使用的能量时,多余的能量将损伤光合系统。多数情况下,植物不能利用所吸收的全部光能,因此植物的光保护机制对植物的生存是很重要的。

【答题要点】

植物体内有多层次的光保护机制如阻抑机制和清除机制,以保障植物光合作用的高效进行,同时又保护植物不受光的伤害。(2 分)

植物通过形态上或代谢上的变化,以减少光能的吸收。(2 分)

植物通过体内保护酶系统清除活性氧的破坏。类胡萝卜素可以猝灭激发态的叶绿素并以热耗散的方式消除多余的能量,减少了向光反应中心输送的能量,保护光系统免受多余激发能的破坏。类胡萝卜素也是活性氧清除剂。叶黄素在光保护反应中也起非常重要

的作用。(2 分)

14. 从植物生长相关性角度简述果树修剪的作用。

【考点】植物生长相关性。

【解析】从植物主茎与侧枝相关性和营养生长与生殖生长相关性加以分析。

【答题要点】

果树修剪是通过调控植物主茎与侧枝相关性,对顶端优势加以利用,果树修剪可调节营养生长,合理分配养分。(3 分)

在果树生产中,适当疏花、疏果,使果树营养收支平衡,并有积余,以便年年丰产,消除"大小年"现象。(3 分)

15. 何谓光形态建成? 阐述光对植物生长发育的影响。

【考点】光对植物生长的影响。

【解析】光作为一种重要的环境信号,调控植物的生长发育。

【答题要点】

在光下生长的植物,下胚轴弯钩伸直,叶片展开,叶绿体发育完善,合成叶绿素,叶片转绿,能正常进行光合作用以获得碳素和能量,使植物生长正常且强壮。

光通过对膜功能的影响、诱导基因表达等一系列细胞反应,导致植物体明显的细胞分化,以及结构和功能的变化,表现出植物的光形态建成。(2 分)

植物接受不同的光,表现出不同的生理反应和光形态建成。

光由植物的光受体接受,光受体包括三类:(1)光敏色素;(2)蓝光受体和紫外光-A 受体;(3)紫外光-B 受体。

光受体感知光信号后,通过胞内信使的传导,将光信号转换为生理反应,调控植物的生长发育,最终影响光形态建成。(5 分)

光敏色素接受红光、远红光信号,在体内以 Pr 和 Pfr 两种相互转化的构象形式存在。Pr 型是光敏色素的钝化形式,Pfr 型是光敏色素生理活跃形式。Pfr 通过一系列的机制调节光响应基因的表达,最终引起光形态建成。光敏色素调控种子萌发、幼苗生长、地上部发育、根的生长、花芽分化、器官休眠和衰老等。光敏色素也有助于植物适应生态环境,如叶运动、植株的避阴反应等。

蓝光反应的受体是隐花色素和向光素。蓝光反应包括对下胚轴伸长的抑制、向光性反应、气孔运动、细胞内叶绿体运动、趋光性、叶绿素和类胡萝卜素等色素的生物合成、刺激呼吸代谢、离子吸收、影响跨膜电位、基因表达的活化等。

紫外光-B (UV-B)影响植物的光合作用、物质代谢、离子运输等过程,使植物的叶面积减小、植株矮化、作物产量下降、色素合成改变等。(5 分)

16. 论述植物体内活性氧的平衡。

【考点】植物的光保护,植物衰落的调控,逆境胁迫对植物的影响。

【解析】植物细胞内存在活性氧的产生和清除系统,调控植物体内活性氧的平衡。

【答题要点】

活性氧(ROS)是较 O_2 的化学性质更为活跃的 O_2 代谢产物及其衍生的含氧物质的统称,包括超氧阴离子自由基(O_2^-)、羟自由基(·OH)、单线态氧($^1O_2$)和过氧化氢(H_2O_2)。(2 分)

在正常代谢过程中,植物体内会产生 ROS。例如,在植物光合作用中,叶绿素吸收光能后，会迅速将光能传递到反应中心，发生光化学反应。叶绿素吸收光能后成为激发态的叶绿素，激发态叶绿素通过能量转移和光化学反应等方式回到基态，称为猝灭。如果没有及时猝灭，激发态叶绿素就会与环境中的分子氧作用，产生单线态氧。植物体内生物大分子的降解会导致ROS的释放。氧在参与新陈代谢的过程中会被活化成活性氧。在逆境条件下，植物的活性氧的产生增加。(4分)

活性氧具有很强的氧化能力，活性氧的大量积累必然导致对细胞的伤害，如活性氧对许多大分子的结构具有破坏作用；活性氧促进许多重要酶，如Rubisco和谷氨酰胺合成酶等的降解；诱导脂质过氧化反应，影响膜的结构和功能；加速乙烯的生成；参与衰老基因表达的信号转导过程等，从而促进植物的衰老。活性氧还对蛋白质和核酸产生破坏作用。(2分)

在正常情况下，植物体内的活性氧的产生和清除处于动态平衡。植物体内活性氧的清除机制包括酶系统和非酶系统。酶系统包括超氧化物歧化酶(SOD)、过氧化物酶(POD)、过氧化氢酶(CAT)、谷胱苷肽过氧化物酶(GPX)、谷胱苷肽还原酶(GR)等。在酶保护系统中，SOD处于核心地位。非酶系统是指生物体内具有清除自由基和活性氧功能的一些非酶物质，如抗坏血酸、类有胡萝卜、谷胱甘肽等。类胡萝卜素可以直接猝灭单线态氧。(4分)

生 物 化 学

四、单项选择题：17～26小题，每小题2分，共20分。下列每题给出的四个选项中，只有一个选项是符合题目要求的。

17. 选择C。

【考点】嘌呤和嘧啶核苷酸的合成 。

【解析】Gly和Asp是嘌呤核苷酸合成的前体，Asp是嘧啶核苷酸合成的前体。所以正确选项是C。

18. 选择C。

【考点】蛋白质的分子量。

【解析】通常在计算蛋白质分子量时，氨基酸残基分子量按照110进行计算。本题中多肽有400个氨基酸残基，所以分子量大约是44 000。

19. 选择B。

【考点】剪切体。

【解析】真核细胞mRNA内含子的剪切是在剪切体(RNA-蛋白质复合物)参与下完成的。其他选项都是干扰选项。选项A参与DNA复制。选项C参与RNA连接、修复等过程。选项D参与蛋白质翻译。

20. 选择A。

【考点】SD序列。

【解析】SD序列是原核生物mRNA 5′端起始密码子前的富含嘌呤的序列，可以和核糖体小亚基中的16S rRNA上的反SD序列互补结合，与起始密码子正确定位于核糖体P位点有关。选项A是错误的，应该是富含嘌呤的序列。

21. 选择C。

【考点】氨基酸的结构以及蛋白质α-螺旋的稳定性。

【解析】脯氨酸是20种蛋白质基本氨基酸中唯一一个亚氨基酸，其酰胺氮上缺乏氢原子，无法提供氢原子形成链内氢键以稳定 α-螺旋结构。

22. 选择D。

【考点】影响血红蛋白与氧结合能力的因素。

【解析】选项A是血红蛋白的别构效应物，它的浓度增高将降低血红蛋白与氧的结合能力；血液pH降低和 CO_2 浓度增高将会降低血红蛋白结合氧的能力，这就是所谓的波尔效应。

23. 选择D。

【考点】酶的分类。

【解析】溶菌酶的催化机制通常生化教材中都会进行介绍，从催化机制可知该酶催化的反应属于水解反应。

24. 选择C。

【考点】糖酵解途径的调节。

【解析】只有选项C不是调控糖酵解途径的关键酶。

25. 选择C。

【考点】EMP/糖酵解途径的中间产物，氨基酸合成的碳骨架。

【解析】选项A丙酮酸是丙氨酸族氨基酸合成前体；选项B不是任何氨基酸合成的直接前体；选项D是芳香族氨基酸合成的前体之一。

26. 选择B。

【考点】电子传递体的特征，氧化磷酸化的机理。

【解析】电子传递复合物Ⅱ没有质子泵的功能。

五、实验题：27小题，13分。

27. 某研究人员发现一个新酶，并设计实验对此酶进行分离纯化，具体步骤如下表：

步骤	总蛋白/mg	总活力/IU	比活力	纯化倍数
粗酶提取液	20 000	4 000 000		
硫酸铵沉淀	5 000	3 000 000		
等电点沉淀	400	1 000 000		
离子交换柱层析	200	800 000		
亲和层析	50	750 000		

(1)计算该酶纯化各步骤的比活力以及纯化倍数，填在表中的空格中。

(2)分析数据说明以上哪一个纯化步骤最有效，哪一个步骤纯化效果最差，为什么？

【考点】酶和蛋白质的分离纯化、酶的比活力及纯化倍数计算。

【答题要点】

首先，要掌握酶活性/酶活力、比活力、纯化倍数等概念。酶活力：也称酶活性，是指酶催化某一反应的能力。酶的比活力是指每毫克酶制剂中所含的酶活力单位数(IU/mg)。其次，要能够计算酶的比活力和纯化倍数。酶的比活力 = 酶活性/酶蛋白含量(mg)；纯化倍数 = 酶制剂比活力/粗酶比活力。

(1)纯化倍数如下表所示。

步骤	总蛋白/mg	总活力/IU	比活力	纯化倍数
粗酶提取液	20 000	4 000 000	200	1
硫酸铵沉淀	5 000	3 000 000	600	3
等电点沉淀	400	1 000 000	2 500	12.5
离子交换柱层析	200	800 000	4 000	20
亲和层析	50	750 000	15 000	75

(2)亲和层析最有效,因为在离子交换层析之后通过亲和层析纯化倍数从 20 倍增加到 75 倍。而硫酸铵沉淀的纯化效果最差,因为相较粗酶提取液的纯化倍数变化只有 3 倍。

六、问答题:28～30 小题,每小题 6 分,共 18 分;31～32 小题,每小题 12 分,共 24 分。

28. 比较原核生物 DNA 聚合酶Ⅰ和 DNA 聚合酶Ⅲ的差别,并说明它们在 DNA 复制延伸过程中的作用。

【考点】原核生物 DNA 复制的延伸过程及 DNA 聚合酶Ⅰ和Ⅲ的功能。

【答题要点】

(1)原核生物 DNA 复制的延伸过程包括前导链和滞后链的合成。

(2)DNA 聚合酶Ⅰ由一条肽链组成,当用胰蛋白酶处理该多肽链时,可以获得 C 端大片段,即 Klenow 片段,它具有 $5'\to3'$聚合活性和 $3'\to5'$外切活性,而 N 端小片段具有 $5'\to3'$外切活性。

(3)DNA 聚合酶Ⅲ由多个亚基组成,它具有 $5'\to3'$聚合活性和 $3'\to5'$外切活性。

在 DNA 复制的延伸阶段, DNA 聚合酶Ⅲ参与前导链和滞后链的核苷酸聚合延伸,而 DNA 聚合酶Ⅰ主要参与滞后链引物切除和空隙填补。

29. 某米氏酶,催化 A→B 的反应。反应体系中酶的浓度是 1 nmol/L,底物浓度是 5 μmol/L,测得的 V_{max} 为 2 μmol/(L·s)。请计算(1)该酶的 K_{cat} 值;(2)当反应体系中加入一定量的非竞争性抑制剂,V_{max} 将会发生怎样的变化,为什么?

【考点】K_{cat} 值的概念及计算,非竞争性抑制剂的特点。

【答题要点】

(1)当底物过量时,$V_{max}=K_{cat}\times[E]$。此题中,底物浓度是 5 μmol/L,相对于[E]浓度 1 nmol/L 是极大过量的,因此,依据公式,$K_{cat}=V_{Max}/[E]$,V_{max} 为 2 μmol/(L·s),即 2 000 nmol/(L·s),代入公式,可知 $K_{cat}=2\,000\ s^{-1}$。

(2)依据非竞争性抑制剂特点可知,非竞争性抑制剂不仅能够结合游离的酶,而且能够与 ES 复合物结合从而降低[ES],所以 V_{max} 会降低。

30. 参与真核细胞尿素循环的氨基酸有哪些?其分别参与了哪些反应?

【考点】尿素循环。

【答题要点】

(1)参与尿素循环的氨基酸有鸟氨酸、瓜氨酸、天冬氨酸、精氨酸。前两者是非蛋白质氨基酸,后两者是组成蛋白质的基本氨基酸。

（2）鸟氨酸从细胞质进入线粒体，在鸟氨酸转氨甲酰酶的作用下与氨甲酰磷酸反应产生瓜氨酸；瓜氨酸进入细胞质后与天冬氨酸在精氨基琥珀酸合成酶的催化下产生精氨基琥珀酸，后者在精氨基琥珀酸裂合酶的催化下释放延胡索酸，生成精氨酸。精氨酸在精氨酸酶的催化下水解释放尿素，转化为鸟氨酸。

31. 请举例说明如果人体缺乏维生素 B_1，哪些生化反应将受到影响，为什么？

【考点】辅酶及各代谢途径中以焦磷酸硫胺素为辅酶的酶。

【答题要点】

（1）维生素 B_1 是硫胺素，其活性形式是焦磷酸硫胺素，简称 TPP。TPP 是很多酶的辅酶，例如，丙酮酸脱氢酶复合体中的丙酮酸脱氢酶、α-酮戊二酸脱氢酶复合体中的 α-酮戊二酸脱氢酶以及参与 PPP 途径非氧化阶段反应的转酮酶等。

（2）如果人体缺乏维生素 B_1，丙酮酸脱氢脱羧产生乙酰 CoA 的反应以及 α-酮戊二酸脱氢脱羧产生琥珀酰 CoA 的反应将受到抑制。同时，PPP 途径中转酮酶的辅酶也是 TPP，其活性也会由于维生素 B_1 缺乏而受到影响，因此 5-磷酸核糖和 5-磷酸木酮糖生成 3-磷酸甘油醛和 7-磷酸景天庚酮糖的反应，以及 4-磷酸赤藓糖和 5-磷酸木酮糖生成 6-磷酸果糖和 3-磷酸甘油醛的反应也将受到抑制。著名的“脚气病”就是人体缺乏维生素 B_1 的结果。

32. 请举例说明什么是酶的别构调节，并简述别构酶的特点。

【考点】别构调节的概念及别构酶的特点。

【答题要点】

（1）一些代谢物与酶活性中心以外的部位可逆结合、通过使酶构象发生变化来改变酶催化活性的调节方式称为别构调节。

（2）以天冬氨酸氨甲酰转移酶为例，该酶能够催化天冬氨酸与氨甲酰磷酸合成氨甲酰天冬氨酸的反应，它含有 12 个亚基，其中调节亚基由 3 个二聚体组成，催化亚基由 2 个三聚体组成。ATP 是该酶的别构激活剂，CTP 是该酶的别构抑制剂。

（3）别构酶分子结构比较复杂，一般为寡聚酶，除了催化中心，还有调节部位。与调节部位结合的代谢物称为别构效应物，它们与酶以非共价键结合，可逆调节酶活性。如果该调节物具有激活酶活性的作用，则称之为正效应物；反之，称之为负效应物。别构酶的酶促反应动力学曲线通常为 S 型。

全真模拟试题五参考答案及解析

植物生理学

一、单项选择题：每小题 1 分，共 15 分。

1. 正确答案为 C。

【考点】植物细胞壁的组分。

【解析】植物细胞壁并不是“僵死”的结构，由于其各组分的存在使其成为一个相对动态的结构体系。细胞壁主要成分为纤维素、半纤维素、果胶质和蛋白质。细胞壁中的蛋白质又可分为结构蛋白、酶蛋白、调节蛋白以及起防御反应的植物类凝集素。在结构蛋白中，有一类蛋白为伸展蛋白，富含羟脯氨基酸类的糖蛋白，在植物受到病原微生物浸染时能够从细胞壁释放果胶质碎片从而启动植物的防卫反应。

2. 正确答案为 C。

【考点】植物细胞水势的组分。

【解析】成熟植物细胞的水势由压力势和溶质势组成，压力势表现为正值。当压力势和溶质势的绝对值相等时，植物细胞的水势为零，处于水势较高的状态，而纯水的水势也为零，因此植物细胞与纯水间的水分流动为动态平衡，植物细胞就不再吸水。

3. 正确答案为 C。

【考点】作物因种类不同其需水量各异，同一作物在不同生育期对水分需求也不同。

【解析】随着植物的生长，对水分的需求量不同。在植物生长到某几个重要阶段，如果缺少水分，就会直接导致产量和品质的下降。如小麦，其生育期可分为苗期、分蘖期、拔节期、抽穗期、开花期和成熟期。如果在分蘖期、抽穗期、开花期这 3 个时期缺水，小麦的产量肯定会受到影响，这 3 个时期均为小麦的水分临界期。水分临界期的概念就是植物对水分供应不足最为敏感、最易受到伤害的时期。

4. 正确答案为 D。

【考点】锌的生理作用。

【解析】锌是色氨酸合成酶的必要成分，缺锌时植物合成色氨酸受阻，而色氨酸又是合成吲哚乙酸的前体，所以如果缺锌植物体内因生长素不足而导致植株矮小，通常在果树中出现的“小叶病”就是如此。

5. 正确答案为 D。

【考点】光合作用与呼吸作用过程中产生能量的细胞器。

【解析】只有光合作用和呼吸作用才能通过磷酸化产生能量 ATP。在光合作用过程中，在叶绿体的类囊体中发生光合磷酸化，而在呼吸作用中，线粒体中发生了氧化磷酸化，都是通过叶绿体内类囊体膜或线粒体内膜上的 ATP 合成酶产生 ATP 的。

6. 正确答案为 B。

【考点】光合电子传递链。

【解析】在光合电子传递链中，存在较多的电子传递体，它们按电子传递的顺序和氧化还原电位进行排列。在光合电子传递链中，有两个反应中心，即光系统Ⅱ P680 和光系统Ⅰ P700。电子传递体都是围绕这两个中心排列，进而将两个中心串联起来，形成一个完整的电子传递链。在光系统Ⅱ P680 的最后即为双电子双质子的电子传递体 PQ，一方面它负责把两个电子分两次传递给细胞色素 b_6/f 复合体，另一方面它还负责把两 H^+ 输入类囊体腔中，对类囊体内质子电化学势做了一部分贡献。

7. 正确答案为 C。

【考点】植物激素的生理作用。

【解析】呼吸跃变型果实，在成熟过程中出现呼吸跃变，乙烯促进果实的呼吸跃变，从而促进果实的成熟。

8. 正确答案为 A。

【考点】呼吸熵与呼吸底物的关系。

【解析】在呼吸过程中被氧化分解的有机物称为呼吸底物。呼吸底物在呼吸过程中所释放的 CO_2 的量和吸收的 O_2 的量的比值为呼吸熵。呼吸底物不同，呼吸熵也各异。当以碳水化合物为底物时，呼吸熵为 1；当以油脂或蛋白质为呼吸底物时，呼吸熵小于 1；当以含氧原子数较多的有机酸为底物时，呼吸熵大于 1。因为葡萄糖为碳水化合物，所以呼吸熵为 1。

9. 正确答案为 A。

【考点】叶绿体中同化物的合成与输出。

【解析】无论是 C_3 植物，还是 C_4、CAM 植物，最终 CO_2 的同化都要归到 C_3 途径。C_3 途径发生在叶肉细胞叶绿体的基质中，第一个产物为 3-磷酸甘油酸，再经过两步反应形成 3-磷酸甘油醛(可异构为磷酸丙糖)，磷酸丙糖是叶绿体光合碳同化的重要产物。在叶绿体内膜上的磷酸转运器的帮助下，磷酸丙糖与无机 P 交换进入叶肉细胞的胞质中，经过一系列反应形成蔗糖。

10. 正确答案为 C。

【考点】激素间的相互作用。

【解析】在植物生长发育过程中，需要激素间的平衡调节，这种调节涉及植物生长发育的各个环节，如种子萌发和休眠、营养生长阶段、器官分化、成花的诱导、性别的分化、成熟与衰老，还有顶端优势。在顶端优势方面，生长素诱导和维持顶端优势，细胞分裂素则抑制顶端优势，促进侧芽的生长。

11. 正确答案为 D。

【考点】极性概念。

【解析】极性是指植物器官、组织或细胞在形态结构、生化组成以及生理功能上的不对称性。植物形态学的上端与下端的分化是两种不同的器官，因为称为极性现象。

12. 正确答案为 C。

【考点】向光性运动及机制。

【解析】目前所知植物的光受体包括三类：①光敏色素；②蓝光/紫外光-A 受体；③紫外光-B 受体。植物对蓝光的反应包括植物的向光性反应。

13. 正确答案为 A。

【考点】种子发育过程中物质的变化。

【解析】种子的发育包括胚的发育和胚乳的发育。胚的发育始于受精卵即合子，合子再经不均等分裂形成胚和胚柄，胚经球形胚、心形胚、鱼雷形胚、子叶期，最后为成熟胚；胚乳的发育始于受精极核，为核型胚乳和细胞型胚乳。胚乳的主要功能是积累贮藏物质，为胚的发育提供营养。不论是淀粉类种子还是油料种子，首先累积的是碳水化合物，然后再转为脂肪或蛋白质。

14. 正确答案为 C。

【考点】花粉与柱头的识别作用。

【解析】植物开花后，花粉会落到柱头上，二者间相互识别，如果是亲和的花粉就会在柱头上萌发。花粉和柱头的识别需要通过糖蛋白来完成。

15. 正确答案为 C。

【考点】植物的抗性锻炼。

【解析】植物在自然界中受到多种逆境的胁迫，如温度、水分、盐碱等。面对各种逆境，人们往往采取多种不同的逆境锻炼方法来提高植物对抗逆境的本领。低温锻炼、适应盐胁迫和使用延缓剂与抗蒸腾剂都是帮助植物提高逆境的措施。而施 N 肥只能增加植株的徒长，却不能提高抗逆能力。

二、简答题：每小题 8 分，共 24 分。

16. 简述提高根系吸收矿质元素的主要因素。

【考点】影响根系吸收矿质元素的因素。

【解析】植物吸收矿质元素的过程受各种环境条件的影响，其中以土壤温度、土壤通气状况、土壤酸碱度和土壤溶液浓度的影响最为显著。

【答题要点】植物根系受土壤各种因素的影响，主要有以下几个方面：

(1)土壤温度：根系的正常吸收来自一定的适宜温度范围，过高或过低都会影响根系的活动。(2 分)

(2)土壤通气状况：通气好，根系呼吸代谢旺盛，吸收矿质速度快。(2 分)

(3)土壤溶液浓度：在一定的浓度范围内，根系吸收矿质的速度随浓度增高而加快。(2 分)

(4)土壤 pH：不同的 pH 有利于不同的矿质的吸收。(1 分)

(5)土壤微生物或土壤内离子间的相互作用：根系受到某些真菌感染后可能会形成菌根，菌根的形成增强了根系对矿质的吸收；而离子间的相互作用则直接影响根系对某一类矿质的吸收。(1 分)

17. 植物体内水分存在的形式与植物的代谢、抗逆性有什么关系？

【考点】植物体内水分状况与抗逆性的关系。

【解析】水是生命的源泉，所有生命活动过程都离不开水。

【答题要点】植物体内水分的作用很大，它是植物细胞原生质的最主要组成成分，是光合作用的基本原料，直接参与多种代谢反应，也是各种反应的介质，同时它还决定细胞的膨压，还可调节植物的体温和生态环境(4 分)。在植物体内，水分以自由水和束缚水两种状态存在，二者的比例直接决定细胞的代谢强度与抗逆性质(2 分)。当细胞中自由水含量多时，代谢旺盛，生长快，抗逆性弱，反之抗逆性强(2 分)。

18. 大棚栽培是保证冬季蔬菜供应的一项有力措施，如要提高蔬菜产量应采取哪些农业措施？

【考点】呼吸作用与植物栽培。

【解析】从影响呼吸作用的因素和呼吸消耗两方面分析。

【答题要点】提高蔬菜的产量本质上要降低呼吸消耗，而呼吸消耗的量与温度有关。因此如正常情况，白天温度高，利于光合作用，同化物合成较多，夜晚温度低，则呼吸降低，有机物消耗少，因此一般利用温差来提高干物质积累。大棚栽培就是为了保证植物在冬天提高温度，保证正常生长所需要的温度，但另一方面还需要注意通风，这样人为地调节昼夜温差，尽可能降低呼吸消耗，多积累干物质(6 分)；当然还需要保证土壤中的肥力或病虫害的问题(2 分)。

三、实验题：10 分。

19. 设计实验证明 GA 诱导 α-淀粉酶是大麦种子发芽所必需的。

【考点】植物激素的常用测定方法。

【解析】GA 能诱导大麦种子糊粉层 α-淀粉酶合成的研究是 GA 测定典型的生物学方法。在谷类种子发芽过程中，胚乳中贮存的淀粉和蛋白质分别由淀粉酶和蛋白酶水解成小分子供幼苗生长，其中水解淀粉的酶类主要有 α-淀粉酶和 β-淀粉酶。前者主要将淀粉水解成为 α-1,4-葡萄糖苷键连接的寡聚糖，后者将寡聚糖水解为麦芽糖。而 α-淀粉酶是在谷类种子的盾片和糊粉层中合成并分泌到胚乳中去，开始分解淀粉的。因此，α-淀粉酶是大麦类种子发芽所必需的。

【答题要点】

(1)实验材料的选择：选用籽粒饱满的大麦种子，并用刀片将其切成有胚和无胚的两半。

(2)措施：将这两类半片种子分别放入(a)不含 GA 的溶液中培养；(b)含 GA 的溶液中培养。一段时间后，在胚乳中检测 α-淀粉酶的活性。

(3)结果：在有胚的半粒种子中能检测到 α-淀粉酶的活性，而无胚的半粒种子因在含有 GA 的溶液中也能检测到该酶的活性。而在不含 GA 溶液中培养的有胚种子中则无法检测到 α-淀粉酶的活性。

四、分析论述题：每小题 13 分，共 26 分。

20. 高光能利用率是提高作物产量的关键，但常常作物光能利用率低，试述其降低的原因及光能利用率提高的途径。

【考点】提高植物光能利用率的途径。

【解析】光能利用率是指单位面积上的绿色植物光合产物中所积累的化学能量与照射在这块面积上的日光能的比值。太阳的总辐射能很高，但不能被植物所完全吸收与利用。因此，会有一部分被反射或透射，一部分热损失，还有其他栽培等方面的因素使吸收的光能损失，因此只有 0.5%～1%的光能真正被光合作用所利用，其他光能的损失无法人工控制，只有通过一些栽培措施提高作物群体的光能利用率，提高作物产量。

【答题要点】光能利用率降低的原因有自然和栽培两大原因。

自然原因：①太阳能中有45%光不能参与光合作用；②有30%的光能也没有照射到植物上；③照射到植物上的也有15%～20%的光被反射和透射；④在能够固定的太阳能中，也有1/3的光合产物被呼吸消耗了。（5分）

栽培原因：由于栽培措施不当，使叶片过早衰老、CO_2供应不足、病虫为害、水分亏缺、矿质营养不足等都会影响植物对光能的利用。（3分）

提高光能利用率的措施，主要是针对栽培方面：①增加光合面积，合理密植或改善株型；②延长光合时间，提高复种指数、延长生育期或补充人工光照；③提高光合速率，增加田间CO_2浓度，降低光呼吸；④提高经济系数，通过育种或其他栽培措施促进光合产物向经济器官中运送；⑤减少呼吸消耗，培育光呼吸低的作物品种，室内栽培尽可能降低温度等。（5分）

21. 亚麻是南方栽培的一种经济作物，既可取其籽油，也可取其纤维，但二者不能同时获得高产，为什么？试分析可以用什么措施来获得高产油量或纤维产量。

【考点】光周期理论在农业生产上的应用。

【解析】植物成花的光周期反应有3种基本类型：长日植物、短日植物和日中性植物。既然亚麻是南方栽培的经济作物，它肯定是短日性植物。而短日性植物开花就需要足够的暗期，如果没有足够的暗期，那它只能长营养体，而不能开花结籽。因此要针对光照时间的长短来决定收获亚麻的籽粒或营养体。

【答题要点】首先要说明亚麻是一种短日植物，然后根据不同的措施获取不同部位的产量。（3分）

（1）若取亚麻油为目的，则要收获亚麻的籽粒，此时应选择在原产地栽培，因为南方才具有满足亚麻开花的短日光照，早开花、早结籽，以籽榨油。（5分）

（2）若取亚麻纤维为目的，则应在北方栽培。因为北方处于长日照条件，营养体生长时间长，开花很晚，从而可以收获较多的麻类纤维。（5分）

生 物 化 学

五、单项选择题：每小题1分，共15分。

22. 选择B。

【解析】H即组氨酸单字母符号，侧链含有咪唑基团。在酶分子中，组氨酸的α-氨基和α-羧基参与形成肽键，而侧链咪唑基团仍然存在，它的pK_R接近中性，在生理条件下既能解离给出质子，又能结合质子。

23. 选择C。

【解析】肌红蛋白是单亚基蛋白，其多肽链的折叠可以提供一个疏水、还原性环境，使肌红蛋白血红素辅基中的Fe保持二价。只有二价铁时肌红蛋白才有结合氧的能力。血红素辅基在体外能结合氧，但结合能力太强，不利于氧的可逆释放。多肽链的贡献是使血红素辅基与氧的结合能力下降，赋予肌红蛋白在生理条件下可逆结合氧的功能。

24. 选择 A。

【解析】三级结构是指一条多肽链折叠成的球状结构，可能含有多种二级结构，至少 2 种，但并非 α-螺旋和 β-折叠一定同时存在。蛋白质三级结构可以是单结构域的，也可以是多结构域的。

25. 选择 A。

【解析】DNA、tRNA 和 rRNA 核酸分子中核苷酸的连键性质相同，只是前者由脱氧核苷酸构成，后两者为核苷酸。

26. 选择 D。

【解析】限制性内切酶是一类特殊的 DNA 酶，专一性水解 DNA 双链，产生平末端或黏末端。

27. 选择 C。

【解析】调节酶有多种，特点不一。别构调节是可逆的、非共价的；共价调节可逆进行，只是所需要的酶不同；酶原激活反应是单向蛋白质水解激活，不可逆。

28. 选择 C。

【解析】细胞色素 c 是线粒体呼吸链中的组分，为结合蛋白质，含有铁卟啉，故在可见光下有颜色。

29. 选择 C。

【解析】驱动力源于跨线粒体内膜的质子梯度，而质子梯度除了能形成跨膜 pH 差这种化学梯度外，还产生外正内负的电势差。

30. 选择 B。

【解析】其他选项为陷阱。

31. 选择 D。

【解析】引物酶是用来合成引物的；拓扑异构酶是在超螺旋解旋和形成过程中起作用；端粒酶是一种核糖核蛋白酶，它催化端粒中重复单元的合成，用以维持端粒长度及功能。

32. 选择 C。

【解析】除 HMG-CoA 还原酶外的其他 3 种酶参与了胆固醇合成途径，但不是关键调控酶。

33. 选择 C。

【解析】生物体内有多种胸腺嘧啶二聚体的修复方式，因此这种 DNA 的损伤可以被修复；而转换和颠换造成的损伤，通常影响一个密码子，加之密码子具有简并性，因此这类突变造成的 DNA 损伤相对也不是十分严重。由于密码子阅读具有通读、无标点的特性，插入一个核苷酸将引起移码突变，导致蛋白质功能丧失，所以这种因素造成的 DNA 损伤引起生物体致死的可能性最大。

34. 选择 B。

【解析】在尿素生成的所有反应中，只有选项 B 的两个反应需要 ATP 参与。

35. 选择 B。

【解析】其他选项并不是嘌呤核苷酸 AMP 和 GMP 合成的调节方式。

36. 选择 A。

【解析】溴化乙锭是 DNA 模板抑制物；利福平抑制 RNA 合成过程；链霉素抑制原核生物蛋白质的合成。

六、简答题：每小题 8 分，共 24 分。

37. 不同来源的生物膜在结构上有哪些共性（至少指出 4 点）？

【考点】生物膜片层结构；脂双层；膜的不对称性和流动性。

【答题要点】

(1)生物膜是一层厚为 6～10 nm 的片层结构；

(2)磷脂分子以脂双层形式排列；

(3)生物膜具有不对称性；

(4)生物膜中的膜蛋白和磷脂分子均具有流动性。

【知识扩展】不同来源的生物膜在组成、结构、功能上都有特殊性，这里强调的是结构上的共性。生物膜结构有多个特点，其中脂双层、片层是基本的。虽然不对称性和流动性实质上是生物膜的特性，但通常也纳入结构特点中。生物膜还有一些共性，如生物膜是自我融合形成的封闭结构，生物膜具有极化特性等。

38. 请描述脂肪酸合成与降解过程的物质运输情况。

【考点】脂肪酸合成与降解过程的细胞定位、物质来源及运输。

【答题要点】画图并说明。

(1)脂肪酸降解时，肉碱转运系统将脂肪酸从细胞质运输到线粒体内，如下图所示。

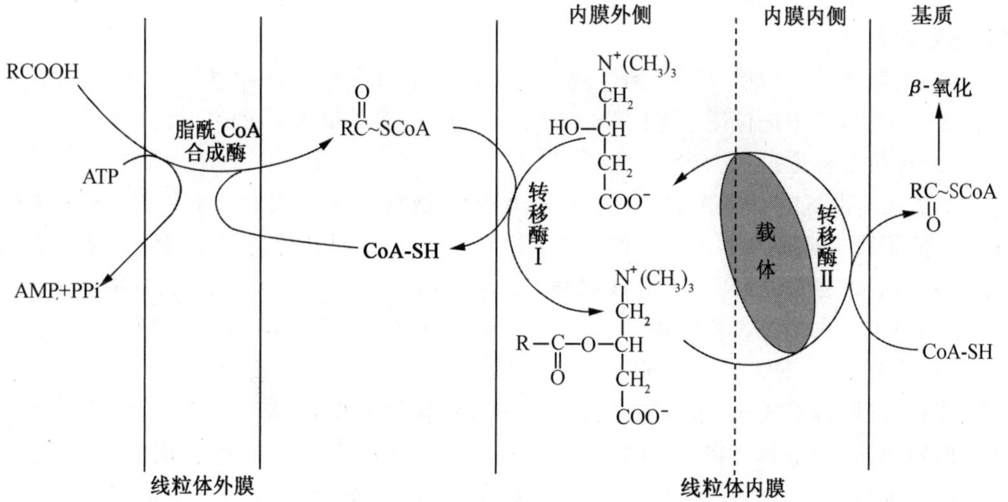

(2)脂肪酸从头合成时需要的底物乙酰 CoA 从线粒体向细胞质的转运系统柠檬酸-丙酮酸循环，如下图所示。

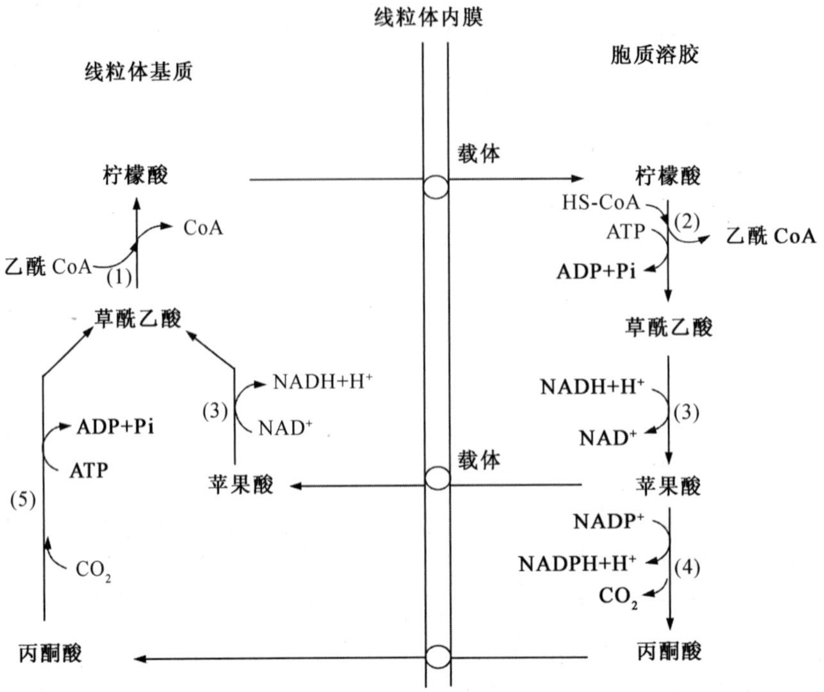

【知识扩展】饱和脂肪酸的合成和降解过程是生物化学脂类物质代谢部分的核心内容，本题考查的重点是细胞定位、物质运输。事实上，相关的内容还包括比较饱和脂肪酸合成和β-氧化的异同。这类题目只限于某一物质代谢，属于小范围的综合，是比较常见的一类题目。同学们可以沿用这条思路，自己总结类似的题目，尝试出题并给出答案。

39. 请简述 EF-Tu、EF-Ts 和 EF-G 在大肠杆菌蛋白质合成延伸过程中所起的作用。

【考点】大肠杆菌蛋白质合成延伸过程。

【答题要点】

(1)大肠杆菌蛋白质合成延伸过程。大肠杆菌蛋白质合成延伸过程包括进位、转肽和移位 3 个过程，其中进位需要 EF-Tu 和 EF-Ts 参与，而移位需要 EF-G 参与。

(2)进位和移位过程。

①进位：指氨酰-tRNA 进入蛋白质合成复合物核糖体的 A 位点，并完成反密码子与密码子的识别。氨酰-tRNA 的进位是在 EF-Tu、EF-Ts、GTP 帮助下完成的。具体表现为 EF-Tu-GTP 将氨酰-tRNA 带至核糖体 30S 亚基的 A 位点，反密码子与密码子识别，tRNA 的 CCA 末端进入核糖体 50S 亚基的 A 位点；GTP 水解，导致 EF-Tu 的构象改变，EF-Tu-GDP 释放，循环再生。EF-Ts 参加 EF-Tu 的再生。

②移位：肽键形成后，蛋白质合成复合物核糖体沿 mRNA 链 $5'\rightarrow3'$ 方向移动一个密码子的距离，这个过程是在移位酶 EF-G 的催化下，由 GTP 提供能量完成的，结果位于 A 位点的肽酰链在核糖体移位后进入了核糖体的 P 位点，核糖体 A 位点空出等待下一个氨酰-tRNA 的进入。

【知识扩展】大肠杆菌的肽链合成过程、参与合成的体系(包括 mRNA、tRNA、rRNA、蛋白质因子以及相关的酶等)是蛋白质合成一章的重点内容。本题只涉及其中的延伸过程，涉及的蛋白质因子也只限于 EF-Tu、EF-Ts 和 EF-G。相关的内容还包括大肠杆菌肽链合成的起始过程，IF1、IF2 和 IF3 等。同学们可以根据不同的内容给出相应的答案。

七、实验题：10 分。

40. 在测定酶的活力时，除了配制所需要的底物、缓冲溶液外，许多情况下还要配制高浓度的“三氯乙酸”试剂。请问：在酶活测定中，三氯乙酸的生物化学作用是什么？如果样品“测定管”中加入各试剂的顺序是：缓冲液→酶→底物（保持反应时间）→三氯乙酸，请问在“对照管”中三氯乙酸何时加入合适？

【考点】酶活力测定；酶变性失活；实验对照设计。

【答题要点】

（1）三氯乙酸是有机酸，高浓度有机酸可使蛋白质变性沉淀。在到达酶反应时间后，加入高浓度三氯乙酸，不仅可以使酶蛋白变性，终止酶反应，还能使酶蛋白形成沉淀，便于利用离心技术除去，从而有利于酶反应产物的定量测定。

（2）在对照管中，三氯乙酸应先于酶加入，使酶彻底变性失活；然后再加入底物，反应相同时间。

【知识扩展】科学研究需要严格设计对照实验。对于酶促反应，最重要的空白对照实验是先将酶变性失活，再加入底物，保持相同反应时间。仅设计不加入酶的空白对照是不完全的。空白对照的操作顺序通常是：缓冲液→酶→三氯乙酸→底物（保持反应时间）。这样，整个反应系统的组成是一样的，只是“测定管”中用的是活性酶，而“对照管”中用的是变性酶。

八、分析论述题：每小题 13 分，共 26 分。

41. 什么是 Western Blot 和 Southern Blot？请分析二者在技术上的 3 个共同点和应用上的主要区别。

【考点】蛋白质免疫印迹技术；DNA 印迹技术；有关操作技术要点。

【答题要点】

（1）Western Blot 就是蛋白质免疫印迹。将经过凝胶电泳分离的蛋白质条带，原位电转移至能吸附蛋白质且有一定机械性能的薄膜上，然后分别与目标蛋白的特异抗体以及酶标二抗进行孵育结合，最后加入酶底物进行反应，使与抗体特异结合的蛋白质条带显色，从而使目标蛋白得到鉴定。

（2）Southern Blot 即 DNA 印迹。将 DNA 样品进行限制性内切酶处理，并用琼脂糖凝胶电泳将不同长度的 DNA 进行分离，然后将 DNA 变性并原位电转移至硝酸纤维素膜，与带有标记的核酸探针（已知序列）进行杂交反应，从而使能与探针互补的 DNA 片段得到检测。

技术相同点：都涉及凝胶电泳分离；都有分离条带向膜的转移；都需要特异反应。

应用区别：Western Blot 用于蛋白质鉴定；Southern Blot 用于 DNA 鉴定。

【知识扩展】Western Blot 和 Southern Blot 是两种不同的生物化学技术。前者用于蛋白质鉴定，后者用于 DNA 鉴定。另外还有一种类似技术是 Northern Blot，适用于 RNA 分析。这几种技术在应用上虽然相差很远，但操作环节上有许多共同点，如上所述。其中，特异反应指的是 Western Blot 需要用能识别目标蛋白质的特异抗体进行膜的孵育；而 Southern Blot 和 Northern Blot 需要与目标核酸互补的特异核酸探针。至于凝胶种类、电泳槽形状、显色系统、检测方法等虽有不同，但不是主要的。

42. 请论述酶的磷酸化共价修饰在糖原代谢、葡萄糖降解的 EMP 途径及葡萄糖异生中所起的调节作用。

【考点】糖代谢的调节。

【答题要点】

（1）糖原合成与糖原分解过程是分别在糖原合酶和糖原磷酸化酶的作用下完成的。这两个酶都受到磷酸化与脱磷酸化的共价修饰调节。

糖原合酶和糖原磷酸化酶的磷酸化和脱磷酸过程受到相同酶的催化，如图所示。当外界信号传递给激酶，则该酶催化糖原合酶和糖原磷酸化酶同时磷酸化。但是，磷酸化形式的糖原合酶没有活性，不能合成糖原，而磷酸化形式的糖原磷酸化酶却活性较高，催化糖原的降解；反之，当磷酸酶催化两者脱磷酸化时，脱磷酸化的糖原合酶有活性，催化糖原的合成，而脱磷酸化的糖原磷酸化酶没有活性，不降解糖原。这种共价修饰保证了生物体内糖原合成和降解两个过程不同时进行，避免无效循环。

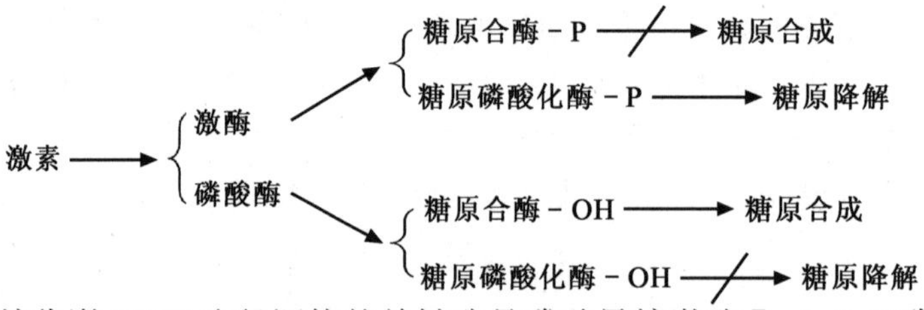

（2）葡萄糖代谢 EMP 途径调控的关键酶是磷酸果糖激酶Ⅰ，2,6-二磷酸果糖是该酶的别构激活剂，同时 2,6-二磷酸果糖又是葡萄糖异生途径的调节酶果糖-1,6-二磷酸酶的别构抑制剂。2,6-二磷酸果糖是由磷酸果糖激酶Ⅱ催化生成的，该酶的活性是通过磷酸化与脱磷酸化的共价修饰方式进行调节的。

磷酸果糖激酶Ⅱ有两种活性，如图所示。当该酶被蛋白激酶 A 催化而磷酸化后发挥

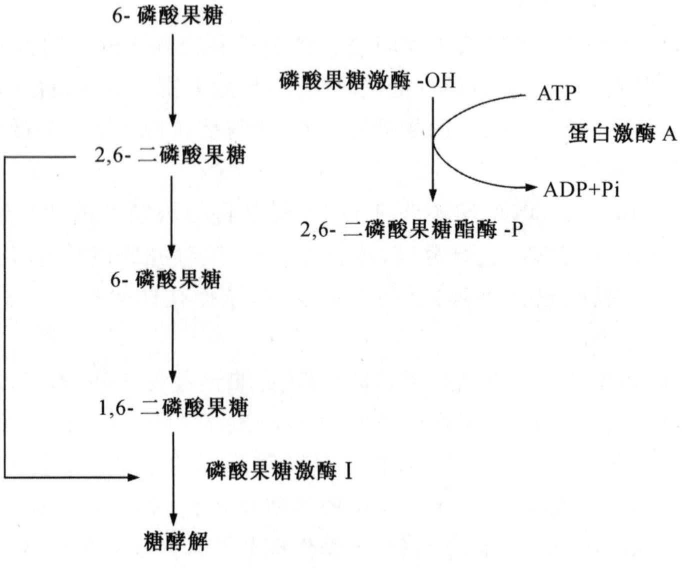

2,6-二磷酸果糖酯酶的活性,水解2,6-二磷酸果糖,降低其含量,从而抑制EMP途径,同时促进葡萄糖异生途径;当该酶脱磷酸化后发挥磷酸果糖激酶的活性,促使6-磷酸果糖产生2,6-二磷酸果糖,提高其含量,从而促进EMP途径,同时抑制葡萄糖异生途径。EMP途径的调节酶除磷酸果糖激酶Ⅰ外还包括丙酮酸激酶。丙酮酸激酶同样受到磷酸化与脱磷酸化的共价修饰调节。丙酮酸激酶在磷酸化时活性较差,而脱磷酸化时活性较高,而且丙酮酸激酶的磷酸化也受到蛋白激酶A的催化,因此外界信号可以通过调节磷酸果糖激酶Ⅰ和丙酮酸激酶两个酶的活性来调节EMP途径。

【知识扩展】酶的共价调节方式是酶调节较为普遍的形式之一,在代谢调节中起非常重要的作用。本考题是结合这些内容,考查学生对糖代谢中糖原合成与降解、EMP途径以及葡萄糖异生途径酶共价修饰调节的掌握。该题要求学生在了解单个途径调节的基础上,找到共性调节方式——酶的磷酸化修饰调节。同学们可以根据相似的思路自己比较总结,以便对相似的题目给出明确的答案。

全真模拟试题六参考答案及解析

植物生理学

一、单项选择题:每小题 1 分,共 15 分。

1. 正确答案为 A。

【考点】硝酸还原反应及其部位。

【解析】多数植物虽能吸收 NH_4^+,但在一般土壤条件下,NO_3^- 是植物吸收的主要形式。NO_3^- 进入细胞后被硝酸还原酶和亚硝酸还原酶还原为铵。大部分硝酸还原酶在起作用时的供氢体是 NADH,在非绿色组织中则可以 NADH 或 NADPH 为供氢体。该还原过程是在细胞质中进行的。

2. 正确答案为 B。

【考点】光呼吸。

【解析】光呼吸代谢是在叶绿体、过氧化物酶体和线粒体三种细胞器中完成的。该过程主要依赖于 Rubisco,此酶有双重催化特性:既能催化 RuBP 的羧化反应,又能催化 RuBP 的加氧反应,加氧反应的结果是磷酸乙醇酸脱去磷酸而生成乙醇酸。

3. 正确答案为 D。

【考点】光周期与春化作用在开花诱导中的作用。

【解析】光周期现象与春化作用是诱导植物开花的两个重要的对光照和温度季节性变化的应答机制。光周期现象是植物通过感应白昼或是黑夜的长短变化来调节开花时间的机制,而春化是低温促进植物开花的机制。

4. 正确答案为 C。

【考点】物质运输的形式。

【解析】筛管分子是活细胞,有质膜,膜上有载体,但其内多数物质的供应是靠与之相伴的伴胞分子。在所有的双子叶及许多单子叶植物的筛管分子中都存在一类筛管所特有的蛋白质,这些蛋白质有多种不同的存在形式,如管状、丝状、颗粒状、结晶状等,这类蛋白的存在主要防止筛管中汁液的流失,起堵漏作用。这种蛋白叫 P 蛋白。

5. 正确答案为 A。

【考点】植物生理学发展简史。

【解析】在植物生理学的发展历程中,荷兰人 J. van Helmont 通过柳枝条实验否定了当时起统治作用的“腐殖质学说”,是第一个用科学实验来探讨植物营养的人。

6. 正确答案为 D。

【考点】植物激素的生理作用。

【解析】油菜素内酯的生理作用主要是促进细胞伸长和分裂。BR 处理菜豆幼苗引起节间显著伸长、弯曲,细胞分裂加快,节间膨大,甚至开裂。

7. 正确答案为A。

【考点】植物细胞信号转导。

【解析】植物生活在自然界，需要感受不同的环境信号，信号的传送遵循信号转导的模式。细胞信号转导是偶联各种胞外信号与其所引起的特定生理效应之间的一系列分子反应机制。具体包括细胞的感受、传导、放大各种刺激信号，以及放大后的次级信号所产生的能调控细胞生理生化反应的体系。在放大系统中，存在两种重要的成员即蛋白激酶和磷酸化酶。胞内许多功能蛋白只有通过磷酸化或去磷酸化才能被激活，而蛋白激酶的作用是通过磷酸化某些功能蛋白来完成相应的生化功能的。

8. 正确答案为D。

【考点】植物细胞的水势。

【解析】成熟植物细胞的水势由溶质势和压力势组成。压力势是膨压所贡献的。当植物处于质壁分离状态，膨压消失，即压力势也消失，此时水势则由溶质势来决定，溶质势即渗透势。

9. 正确答案为B。

【考点】C_4 途径。

【解析】在研究碳同化的途径中，有一类植物为 C_4 植物，不同于 C_3 植物。因为该类植物 CO_2 的固定需要两种不同类型的细胞，即叶肉细胞和维管束鞘细胞。CO_2 首先在PEPC的催化下形成 C_4-二羧酸，然后再转移到维管束鞘细胞中去脱羧产生游离的 CO_2，在维管束鞘细胞叶肉细胞的叶绿体中进行 C_3 途径。高粱、玉米是 C_4 植物，水稻、棉花、小麦是 C_3 植物。

10. 正确答案为C。

【考点】叶的脱落机制。

【解析】植物器官衰老的结局最终是脱落，但某一特定器官脱落了并不代表整株植物都衰老了。叶片、花、果实、种子或枝条等植物的部分器官脱离母体的过程称为脱落。引起脱落的原因有3个：正常脱落、胁迫脱落和生理脱落。若植物本身生理活动引起的，如果树、棉花或大豆等的营养生长和生殖生长竞争、源与库不协调等引起的脱落为生理脱落。

11. 正确答案为A。

【考点】植物的运动。

【解析】植物的运动按其与外界刺激的关系可分为向性运动和感性运动。向性运动主要指植物器官对环境因素的单方向刺激所引起的定向运动。因此按照刺激因素可分为向光性、向重力性、向触性、向化性等。感性运动也是植物对环境刺激的反应，它与刺激的方向无关，多数在特殊的结构部位，有膨压运动和生长运动之分。按刺激的性质可分为感震性、感夜性、感温性等。花生、大豆等植物的小叶昼开夜闭，含羞草叶片受到机械刺激时成对合拢，属于膨压运动，也就是感性运动。

12. 正确答案为A。

【考点】光周期现象及光周期反应的类型。

【解析】小麦、油菜是长日性植物，番茄是日中性植物，大豆是短日性植物。

13. 正确答案为A。

【考点】种子休眠的原因。

【解析】许多植物的延存器官是种子，有些种子不休眠，更多的种子在成熟收获后需要进入深休眠，即使提供了合适的水、氧气、温度等条件，也不会萌发。这种深休眠状态的维持主要有四个方面的原因：种皮限制、种子未完成后熟、胚未完全成熟以及化学抑制物质的存在。

14. 正确答案为 D。

【考点】逆境和抗逆性。

【解析】原生质膜的透性对逆境非常敏感，如果超过植物所能对抗的程度，会对植物造成不同程度的伤害。因为逆境胁迫时，原生质透性增大，内膜系统出现膨胀、收缩或破损。

15. 正确答案为 C。

【考点】植物抗逆性的研究方法。

【解析】植物在自然界中生长会受到各种环境因子的影响，如干旱、低温、盐渍等胁迫。在胁迫开始时，植物还能承受这种胁迫，是因为植物体内启动了它的两种防御体系：酶促防御体系和非酶促防御体系。非酶促防御体系主要是一些维生素类物质，如维生素 A、维生素 C、维生素 E 等；酶促防御体系主要是一些酶类，如 SOD、CAT、POD 等。

二、简答题：每小题 8 分，共 24 分。

16. 举出三种测定光合速率的方法，并简述其原理及优缺点。

【考点】光合速率及测定方法。

【解析】目前测定光合速率的方法有多种，常用的主要为 3 种：改良半叶法、红外线 CO_2 分析法和氧电极法等。这 3 种方法操作较简便，但还存在一定的优缺点。

【答题要点】测定光合速率的方法有多种，在大田主要使用便携式光合测定仪，而在实验室主要使用如下 3 种，即改良半叶法、红外线 CO_2 分析法和氧电极法。

(1)改良半叶法：应选择生长健壮、对称性较好的大豆叶片，在其一半叶片打取小圆片若干，烘干称重，并用三氯醋酸对叶柄进行化学环割，以阻止光合产物外运，用同样方法对另一半叶片的相对称部位取相同数目的小圆片，烘干称重，两者之差即为这段时间内这小圆片累积的有机物质量。此法简便易行，不需贵重设备，但精确性较差。(2 分)

(2)红外线 CO_2 分析法：CO_2 对红外线有吸收作用，CO_2 浓度与红外线的吸收强度成正比，植物进行光合作用时，环境中 CO_2 浓度会逐渐降低，通过红外线气体分析器的仪表迅速获得，即为植物的光合速率。此法迅速而准确、安全而灵敏、整体而连续测定是其优点，但仪器比较昂贵，目前基层还较难实现。(2 分)

(3)氧电极法：氧电极是由嵌在绝缘棒上的铂和银所构成，以氯化钾为电解质并覆盖一层聚乙烯薄膜，两极间加一定的电压。溶氧即可透过薄膜进入电极在铂阴极上还原，同时在极间产生微电流，此电流与溶解氧浓度成正比，记录电流的变化，能换算出相应的氧分压值。当温度恒定时，植物叶片在反应液中照光时释放的氧量，即为该叶片的光合速率。此法灵敏度高，操作简便，可以连续测定水溶液中溶解氧量及其变化过程，但只能测离体叶片。目前也受仪器限制。(2 分)

17. 试述影响乙烯生物合成的因素。

【考点】乙烯的代谢及其调控。

【解析】在乙烯合成过程中受到许多因素的调节，如发育状态、环境情况、物理或化学伤害以及植物激素等。乙烯的合成主要有两种关键酶：ACC 合酶和 ACC 氧化酶。这些因素主要是通过促进或抑制两种关键酶的活性来调控乙烯合成的。

【答题要点】乙烯的生物合成有两个关键酶：ACC 合成酶和 ACC 氧化酶。在影响乙烯合成的因素中，一类起促进作用，一类起抑制作用。抑制或促进主要调控这两个关键酶的活性。(2 分)

起促进作用的因素(4 分)：

①果实成熟诱导乙烯产生。果实成熟时，乙烯合成迅速增加，此时这两种酶的活性升高。如将未成熟的果实外施 ACC，也可促进少量乙烯的形成。

②逆境诱导乙烯产生。许多逆境如干旱、淹水、冷害或机械损伤等都会增加乙烯的生物合成，这种由逆境诱导产生的乙烯主要是由 ACC 合酶主导的。

③生长素诱导乙烯的合成。在菠萝开花、抑制茎的伸长生长方面都是由于生长素增加了 ACC 合酶的转录，更多地合成了 ACC，从而促进了乙烯的合成。

起抑制作用的因素(2 分)：乙烯合成的抑制剂主要由两种，即 AVG 和 AOA。它们是以磷酸吡哆醛为辅基的酶的特异抑制剂，而 ACC 合酶也是一以磷酸吡哆醛为辅基的酶，它们的存在直接抑制了 ACC 的合成。另外一些金属离子如钴离子能够抑制乙烯合成的最后一步。

18. 植物进入休眠期后体内会发生一些生理上的变化，请试述之。

【考点】植物的休眠。

【解析】休眠是植物在遭遇到周期性恶劣环境因子之前生长暂时处于停顿状态。因此，在休眠时生长非常缓慢甚至停止，即各种代谢都非常低；同时一些内源的激素也会参与休眠过程，一些与生长相关的激素会降低，而一些与诱导休眠有关的激素则会升高。

【答题要点】休眠是植物在遭遇到周期性恶劣环境因子之前生长暂时处于停顿状态。进入休眠时，植物体内的代谢与激素水平都会有所变化。(2 分)

(1)代谢过程降低，呼吸速率下降。休眠器官贮存大量糖、淀粉、脂肪或蛋白质等物质。积累的脂肪不仅作为一种贮藏物质，而且有重要的保护作用，使休眠芽顺利度过严寒的冬季。核酸和蛋白质的生物合成受阻。(3 分)

(2)内源激素的相对含量和平衡关系发生变化。ABA 含量增加，IAA 和 GA 含量降低。ABA 是诱导种子休眠和抑制萌发的重要物质。ABA/GA 比值高，诱导休眠。(3 分)

三、实验题：10 分。

19. 植物吸水的方式有哪些？如何用实验证明植物吸水的方式？

【考点】植物根系对水分的吸收。

【解析】植物吸收水分主要通过根系，根系吸水的方式有两种：主动吸水和被动吸水。根压是植物主动吸水的动力，蒸腾拉力是植物被动吸水的动力。因此可针对这两个方面设计实验。

【答题要点】植物吸收水分主要通过根系，根系吸水的方式有两种：主动吸水和被动吸水。一般情况下，植物吸水的主要方式是以蒸腾拉力推动的被动吸水。只有短距离的细胞间的吸水涉及主动吸水，它是指植物根系本身生理活动而吸收的水分。(2 分)

针对这两个方面设计实验：

(1)以蒸腾拉力推动的被动吸水：取生长旺盛的植物，切去根系后立即插入带有颜色的水中，使叶片保持挺立，一段时间后，可观察到带颜色的水柱沿着茎的导管和叶脉上升，排除了根系的生理活动，仅靠蒸腾拉力使水分不断上升。(4 分)

(2)根系的主动吸水：在植物茎基部近地面部分切去茎，不久就会有液滴从伤口流出。由于切去的枝叶没有蒸腾作用所导致的被动吸水，但仍有伤流流出，可证明这部分伤流是由根系的生理活动而需要的主动吸水。(4 分)

四、分析讨论题：每小题 13 分，共 26 分。

20. 讨论种子形成、种子萌发过程中物质的变化及环境条件的影响。

【考点】种子发育、休眠与萌发。

【解析】种子的发育始于合子的分裂，发育过程包括胚、胚乳发育，营养物质积累和种子的成熟干燥。种子的萌发需要在多种合适的环境因素下才能进行，该过程伴随着种子内部有机物的各种代谢、激素变化及基因表达调控。

【答题要点】种子的发育始于合子的分裂，发育过程包括胚、胚乳发育，营养物质积累和种子的成熟干燥。(1 分)

种子的形成其实质就是胚的发育与胚乳的发育。成熟的胚包括胚根、胚芽、胚轴和子叶。胚的发育开始于合子，合子经过不均等分裂形成胚和胚柄。胚经过球形胚、心形胚、鱼雷形胚、子叶期，最后才形成完整的胚，在合适的条件下，胚形成完整的植株。而胚乳的发育是来自另一个精子与胚囊中的两个极核形成的三核胚乳。胚乳发育有两种类型：核型胚乳和细胞型胚乳。胚乳的主要功能就是积累贮藏物质，为胚的发育提供营养，也决定籽粒的重量和品质。胚和胚乳完成发育后就进入了成熟期，大多数就会进一步进入休眠期。(5 分)

种子的萌发需要多种因素：水分是种子萌发的首要条件，种子萌发首先是吸胀，有足够的水分才能恢复细胞的各种代谢功能。适宜的温度和足够的氧气有利于种子萌发，适宜的温度有利于提高种子萌发过程中各种代谢所需酶类的活性；足够的氧气有利于呼吸作用的进行，从而提供更多的代谢物质和能量；对于需光种子，在其萌发时也需要一定的光照才能保证种子的萌发。(4 分)

种子萌发过程中的物质变化：种子在萌发过程中伴随着剧烈的物质变化，主要涉及三个方面：

①有机物的变化。种子中贮存的大量碳水化合物或脂肪或蛋白质在三大代谢的分解下逐渐形成构建新的生命的原料。

②内源激素的变化。在籽粒形成过程中，GA 和 IAA 先增加，而后下降；ABA 或乙烯则在后期上升。

③基因表达调控。与胚或胚乳发育调控有关的基因在种子形成、成熟或种子萌发时都有一套相应的基因在调控着。(3 分)

21. 源、库以及其间同化物的运输直接影响到农业产量，如何调控这三者关系为农业生产服务？

【考点】同化物的运输与分配。

【解析】同化物的流向直接关系到最终的农业产量问题，协调好源、库及其间同化物的运输是关键。源是制造、输出有机物的部位或器官，库是消耗或贮藏有机物的部位或器官。同化物的运输主要指光合产物从源至库的流向。这三者的形成及其功能的发挥是相互联系、相互促进的。源是库的供应者，是产量形成的重要物质基础。库同样反过来也会影响源的活性。

【答题要点】同化物的流向直接关系到最终的农业产量问题，协调好源、库及其间同化物的运输是关键。源是制造、输出有机物的部位或器官，库是消耗或贮藏有机物的部位或器官。同化物的运输主要指光合产物从源至库的流向。这三者的形成及其功能的发挥是相互联系、相互促进的。二者的输导系统称为源-库单位。（2 分）

①源对库的影响：源是库的同化物供应者，源是产量形成的物质基础。通过人为地减少叶面积或降低叶片的光合速率，造成源的亏缺，均会引起库器官的减少（如花器官退化、不育或脱落等），或库器官发育不良（如籽粒增多、粒重下降等）。（2 分）

②库对源的影响：一方面，库依赖于源，库接纳同化物的多少，直接与源的同化效率及输出数量有关。另一方面，库对源的光合活性具有明显的反馈作用。再者，库对源还可以发挥“动员”和“征调”作用，迫使其内含物向库转移。（2 分）

③源、库对同化物运输的影响：库、源的大小及其活性对同化物运输的方向、速率、数量有明显影响。（2 分）

要提高作物产量，必须在栽培和育种上从源、库方两面着手。从源方面，合理地增加叶数和叶面积，提高叶面积指数，提高成熟期叶片净同化率，防止叶片早衰，延长源对库的供应时间，还应抑制营养体生长速度，使同化物优先向籽粒分配；在库方面，主要是保持单位面积有足够的穗数及粒数（如颖花数量），提高库容能力，提高籽粒充实程度；还应使茎秆粗壮，运输流畅，采取各种措施促进有机物运输分配。三者的发展水平及其平衡状况决定着作物产量的高低。在实际生产中，作物同一品种植株的输导系统一般不会成为限制产量的主要因素，而源、库往往是决定产量的关键。实践证明，只有使作物群体和个体的发展达到源足、库大、流畅的要求时，才可能获得高产。源小于库，超过了源的负担能力，引起库的空秕和叶片早衰；反之，源大于库，则限制光合产物的输送分配，降低源的光合效率；若源、库皆小，也同样难以获得高产。（5 分）

生物化学

五、单项选择题：每小题 1 分，共 15 分。

22. 选择 C。

【解析】赖氨酸为碱性氨基酸，pI 在碱性范围，pK_R 也在碱性范围。在远离 pI 的中性溶液中，氨基酸的大部分 α-羧基带负电，大部分 α-氨基带正电。对于赖氨酸的 R 侧链氨基来说，中性 pH 时，低于其等电点，因此发生质子化带正电，使整个分子带正电。

23. 选择 A。

【解析】L-α-氨基酸是构成自然界蛋白质的基本结构单位。我们一般说的 20 种氨基酸是蛋白质常见氨基酸，从原核生物到真核细胞，它们的蛋白质组成单元是相同的，都是这 20 种氨基酸，均为 L-氨基酸，除脯氨酸外都含有 α-氨基。

24. 选择 D。

【解析】同源蛋白主要指起源上的关系，同源蛋白在一级结构氨基酸顺序上具有相似性，相似性越高，亲缘关系越近。氨基酸残基组成或数目相同，不一定顺序相似。

25. 选择 B。

【解析】巯基乙醇是还原剂，可打断二硫键；尿素和 SDS 为蛋白质变性剂，能破坏次级键，而不是共价键；溴化氰能选择水解 Met 羧基形成的肽键。

26. 选择 A。

【解析】β 亚基发生了单个氨基酸突变，由谷氨酸变成了缬氨酸。

27. 选择 D。

【解析】EB 为扁平小分子荧光染料，可嵌入核酸分子双螺旋中，在紫外线照射下发出荧光，常用于电泳凝胶中核酸分离条带的显示或密度离心时分离核酸的显示。

28. 选择 A。

【解析】DNA 为高度不对称的线形分子，黏度很大。变性后双螺旋打开，碱基外露，紫外吸收增加。变性后的多核苷酸链局部相互作用缠绕，不对称性减少，黏度下降。变性不会使磷酸二酯键发生断裂。

29. 选择 C。

【解析】内膜上有呼吸链成分，可以将高还原力物质的电子和氢传递给氧。四者中只有 NADH 是高还原力物质。

30. 选择 B。

【解析】其他 3 种酶都是以 NAD^+ 为辅酶的。

31. 选择 D。

【解析】棕榈油酸是 16 ∶ 1 的不饱和脂肪酸，进行 β-氧化时要经过 7 轮反应，13 次脱氢，产生 7 个 NADH、6 个 $FADH_2$ 和 8 个乙酰 CoA，计算能量为 26.5 个 ATP。

32. 选择 B。

【解析】根据大肠杆菌 DNA 连接酶的催化机理，是 NAD^+ 参与形成活性腺苷酰酶，而后完成连接作用，其他选项是陷阱。

33. 选择 C。

【解析】尿素循环中的 NH_4^+ 通常是由谷氨酸氧化脱氨提供的，其他氨基酸如 Asp 和 Arg 参与尿素循环。

34. 选择 D。

【解析】其他选项是陷阱。

35. 选择 C。

【解析】巴斯德效应是指糖的有氧氧化对糖酵解的抑制作用。

36. 选择 D。

【解析】本题是区分几个概念，反转录的概念就是题目。

六、简答题：每小题 8 分，共 24 分。

37. 简述解偶联剂(DNP)使线粒体氧化磷酸化和电子传递链解偶联的作用实质。

【考点】氧化磷酸化偶联；解偶联剂；解偶联机理。

【答题要点】

(1)DNP 即 2,4-二硝基苯酚，是一种疏水性物质，可以在膜中自由移动。

(2)DNP 又是一种弱酸，可以解离出质子。

(3)DNP 通过在线粒体内膜上的自由移动，将线粒体电子传递过程中泵出的质子再带回线粒体内，严重破坏跨线粒体内膜的质子梯度，从而切断氧化磷酸化合成 ATP 的驱动力。

(4)由于 DNP 不影响电子传递链本身的功能，因此 DNP 存在时线粒体电子传递可以照常进行。

【知识扩展】有关线粒体电子传递和氧化磷酸化的抑制剂、解偶联剂是容易考试的内容之一。有关抑制剂分三类：电子传递链抑制剂、氧化磷酸化抑制剂、解偶联剂。鱼藤酮(抑制 NADH-Q 还原酶活性，使 NADH 上的电子不能传递给 CoQ)、抗霉素 A（抑制电子从 QH2→Cyt c_1)、氰化物等(抑制电子从 Cyt c→O_2)可抑制电子传递，但氧化磷酸化因失去驱动力也不能正常进行；寡霉素能抑制氧化磷酸化，但电子传递照常进行；DNP 是典型的解偶联剂，使用后电子传递可进行，但不能产生 ATP。

38. 右面是利用双脱氧法对未知 DNA 序列进行测定的电泳凝胶图，请根据电泳结果写出被测 DNA 的序列。

【考点】双脱氧法测定 DNA 序列的原理。

【答题要点】

(1)写出测序凝胶上的核苷酸序列：5′-AGGCTGACGGA -3′

(2)写出上述序列的互补序列：3′-TCCGACTGCCT-5′

(3)按照 5′→ 3′写出被测序列：5′-TCCGTCAGCCT-3′

【知识扩展】从样品在电泳琼脂糖凝胶中运动速度与分子大小的关系可知，分子量较小的核苷酸走在凝胶的底部，因此第一步读取凝胶中核苷酸的序列，我们也可以从上往下读，只是注意写出的序列与常规写法不同，此时左边是 DNA 的 3′，而右边是 5′，即

3′-AGGCAGTCGGA-5′

而后直接对应写出其互补序列，该序列正好是 5′在左边，即

5′-TCCGTCAGCCT-3′

这个方法比答题要点给出的方法更为简单，只需要两步，而且不易出错。

39. 请描述糖核苷酸的合成过程，并举例说明 UDPG、ADPG 分别参与了哪些物质的合成代谢。

【考点】糖核苷酸的概念、合成过程及作用。

【答题要点】

(1)糖核苷酸的合成：

1-磷酸葡萄糖 + NTP → NDPG + 焦磷酸　由核糖核苷二磷酸葡萄糖焦磷酸化酶催化

(2)ADPG 参与淀粉的合成：

ADPG + (葡萄糖)$_n$→ ADP + (葡萄糖)$_{n+1}$　由淀粉合酶催化

(3)UDPG 参与蔗糖、糖原、纤维素的合成：

UDPG + 6-磷酸果糖 → 磷酸蔗糖 + UDP　由蔗糖-6-磷酸合酶催化

磷酸蔗糖 → 蔗糖 + Pi　由磷酸蔗糖酯酶催化

UDPG + (葡萄糖)$_n$→ UDP + (葡萄糖)$_{n+1}$　由糖原合酶催化

UDPG + (葡萄糖)$_n$→ UDP + (葡萄糖)$_{n+1}$　由纤维素合酶催化

【知识扩展】糖核苷酸在二糖和多糖合成过程中起非常重要的作用。首先了解什么是糖核

苷酸，其次是参与糖核苷酸合成的底物和催化反应的酶，再次需要了解糖核苷酸的种类和功能。这些知识可以单独也可以结合在一起作为考点。

七、实验题：10 分。

40. 如何用动物细胞融合技术证明生物膜的流动性？

【考点】生物膜流动性；细胞融合；细胞表面抗原。

【答题要点】

(1)不同物种动物细胞表面具有特异蛋白。分别针对特异蛋白对两种细胞如人细胞和鼠细胞进行不同荧光基团(如红色和绿色)标记，使人细胞呈现红色荧光，鼠细胞呈现绿色荧光，然后合适条件下保温，促进两种标记细胞的融合。

(2)在不同时间取样置于荧光显微镜下观察。如果在融合初期看到的杂合细胞的两半分别呈现不同颜色荧光，而当融合到一定时间后，两种颜色的荧光点转变为均匀分布，即可证明膜蛋白在脂双层中发生了“流动”。

【知识扩展】动物细胞没有细胞壁，膜表面有特异蛋白，可直接进行免疫荧光标记。有不同的荧光标记物，分别呈现红色、绿色、黄色、蓝色等，它们需要一定波长的紫外光激发才能看到。利用细胞融合技术证明膜蛋白流动，必须用不同荧光标记不同细胞。如果用植物细胞，需要首先去掉细胞壁，然后用原生质体操作。由于大多数本科生尚未直接接触过此类实验，在回答时，常出现关键技术错误，如“进行放射性标记后进行光学显微观察”。殊不知放射性标记是不能用光学显微镜直接观察的。有的虽然提到用抗体标记，但没有明确针对不同细胞膜特异抗原(或蛋白)标记，显得思路不清。证明膜蛋白的流动性还可用光漂白技术，就是先将活细胞的某种蛋白进行荧光标记，荧光显微镜下可见整个细胞呈现均匀荧光；然后再用激光对细胞某一点进行连续照射，使发生光漂白。此时，可见照射点的荧光被猝灭，显示为无荧光区。之后将细胞在合适的温度下放置一定时间再观察。如果整个细胞表面又呈现均匀分布的荧光，则可证明生物膜上的蛋白质发生了流动。

八、分析论述题：每小题 13 分，共 26 分。

41. 比较 mRNA、tRNA、rRNA 在功能上的共性和特性，并结合前沿进展讨论核酶与 rRNA 的关系及发现核酶的重要意义。

【考点】RNA 功能的多样性；分析综合能力；核酶。

【答题要点】

(1)功能上的共性：都参与蛋白质合成。

(2)功能上的特性：mRNA 携带着来自基因的遗传密码，决定多肽链的氨基酸顺序，是蛋白质合成的模板。tRNA 通过反密码子识别 mRNA 上的密码子，在蛋白质合成中携带特异的氨基酸掺入到蛋白质特定序列中。rRNA 是构成核糖体的重要骨架组分，为蛋白合成提供合适的场所。

(3)核酶是具有催化活性的核酸分子，它具有底物专一性、高效性等酶特征。近些年发现 rRNA 不仅与蛋白质一起构成核糖体，而且有的 rRNA 具有核酶功能，在肽键合成中发挥一定作用，并参与肽键的形成。

(4)核酶的发现具有重要的科学意义：①拓展了酶的概念，改变了“酶一定是蛋白质”的传统观念。②揭示了内含子自我剪接的奥秘，促进了 RNA 加工机理的研究。③为生命起源和分子进化提供了新的依据。

【知识扩展】过去一直认为 rRNA 只是构成核糖体的"骨架"，生物合成蛋白质的主角是核糖体中的蛋白质，自从发现 23S rRNA 能作为"核酶"催化肽键形成，rRNA 在核糖体中的作用越来越受到关注。20 世纪 80 年代，T. Cech 等在研究四膜虫 26S rRNA 前体(6 400 bp)成熟过程时首先发现了核酶。

42. 在无细胞翻译体系中，按照 4∶1 的比例加入 A 和 G。如果以 A、G 形成的 mRNA 为蛋白质合成模板，则有哪些氨基酸参与蛋白质合成？请写出这些氨基酸的密码子，并指出哪种氨基酸掺入的频率最高，哪种氨基酸掺入的频率最低。(密码字典请参考相关教材)

【考点】密码子的特性，特别是简并性。

【答题要点】

(1)如果以 A、G 形成的 mRNA 为蛋白质合成模板，则模板中密码子应该包括 AAA、AAG、AGA、GAA、AGG、GAG、GGA 和 GGG，它们分别是氨基酸 Lys、Lys、Arg、Glu、Arg、Glu、Gly 和 Gly。

(2)由于底物 A 与 G 的比例是 4∶1，因此在形成模板时，AAA 密码子出现的频率应该是 4×4×4，即 64；AAG、AGA、GAA 出现的频率应该是 4×4×1，即 16；AGG、GAG、GGA 出现的频率应该是 4×1×1，即 4；GGG 出现的频率应该是 1×1×1，即 1。所以，在氨基酸掺入时，Lys 出现的频率最高，而 Gly 出现的频率最低。

【知识扩展】密码子的特点是生物化学蛋白质合成一章中的重要内容。除密码子的简并性外，识别密码子的反密码子，其碱基的摆动性在与密码子识别时也非常有特点，通常人们也认为是密码子的摆动性。利用这个知识点，请同学以"生物体内有 20 种氨基酸，编码这 20 种氨基酸的密码子有多少个？同时在蛋白质合成时，推测至少应该有多少种 tRNA 运输这些氨基酸？请写明理由"为题目进行练习。

全真模拟试题七参考答案及解析

一、单项选择题:每小题 1 分,共 15 分。

1. 正确答案为 D。

【考点】植物细胞信号转导。

【解析】细胞信号转导过程中的初级信号是胞间信号,也称为第一信使。胞间信号与细胞表面的受体结合后,通过受体将信号转导进入细胞的过程是跨膜信号转导。参与跨膜信号转导的主要因子是受体和 G 蛋白。胞内信号是次级信号,也称为第二信使。第二信使包括钙离子、三磷酸肌醇、环化单磷酸腺苷等。胞内信号转导是指由第二信使进一步传递和放大的信号系统,最终引起细胞反应的过程。将由钙离子、三磷酸肌醇、环化单磷酸腺苷传递的信号系统分别称为钙信号系统、磷酸肌醇信号系统和环核苷酸信号系统。

2. 正确答案为 B。

【考点】植物细胞壁的组成、结构和生理功能。

【解析】细胞壁中的蛋白质可分为两大类,一类为结构蛋白,植物细胞壁中最重要的结构蛋白是伸展蛋白,它是一类富含羟脯氨酸的糖蛋白。这些蛋白参与植物防御和抵抗逆境有关。

3. 正确答案为 D。

【考点】水的运动。

【解析】细胞膜上存在水孔蛋白(aquaporin)组成的、对水具有特异通透性的孔道,称为水通道。水通道可以加速水跨膜运动的速率,但是并不能改变水运动的方向。

4. 正确答案为 A。

【考点】植物对氮的同化。

【解析】NO_3^- 是植物吸收氮素的主要形式,但 NO_3^- 必须经过硝酸还原酶、亚硝酸还原酶将 NO_3^- 还原成 NH_4^+ 才能被植物利用。硝酸还原酶是植物氮素同化过程中的限速酶,也是底物诱导酶。谷氨酰胺合成酶、谷氨酸合酶和谷氨酸脱氢酶参与氨的同化过程。

5. 正确答案为 A。

【考点】光合电子传递抑制剂。

【解析】敌草隆(DCMU)和百草枯(paraquat)是光合电子传递抑制剂,敌草隆(DCMU)竞争性结合 PSⅡ中 D1 蛋白的 QB 位点,阻止其还原,因而阻断了电子传递过程。百草枯抑制电子向铁氧还蛋白的传递。这些除草剂通过阻断电子传递从而抑制光合作用,杀除杂草。

6. 正确答案为 A。

【考点】光能的分配调节与光保护。

【解析】叶绿素吸收光能后成为激发态的叶绿素,激发态叶绿素通过能量转移、光化学反应等回到基态,称为猝灭。如果激发态叶绿素不能及时猝灭,就会与环境中的分子氧作用,产生单线态氧。单线态氧氧化性极强,会对细胞组分产生破坏。类胡萝卜素可以直接猝灭单线态氧。类胡萝卜素可以猝灭激发态的叶绿素并以热耗散的方式消耗多余的能量,减少了向光反应中心输送的能量,保护光系统免受多余激发能的破坏。所以,类胡萝卜素具有光保护的作用,防止光下单线态氧的产生。

7. 正确答案为 C。

【考点】影响光合速率的因素。

【解析】在高温高光强下,植物叶片萎缩、气孔导性下降,CO_2 吸收减少,光呼吸增加,产生了光抑制,光合速率明显下降。由于 C_4 植物的光饱和点高于 C_3 植物。因此,在干热、高光强的中午,C_3 植物常出现光饱和现象,光合速率明显下降,出现"光合午休"现象,而 C_4 植物仍可保持较高的光合速率。玉米、高粱、甘蔗是 C_4 植物,小麦是 C_3 植物。

8. 正确答案为 A。

【考点】呼吸电子传递链。

【解析】在呼吸电子传递链的末端,电子最终经末端氧化酶传递给氧,形成水。末端氧化酶具有多样性,包括存在于线粒体膜上的细胞色素氧化酶、交替氧化酶和存在于细胞质中的、非线粒体末端氧化酶如酚氧化酶、抗坏血酸氧化酶、乙醇酸氧化酶。细胞色素氧化酶是植物体内最主要的末端氧化酶,与氧的亲和力最高。交替氧化酶是抗氰呼吸链的末端氧化酶,与氧的亲和力比细胞色素氧化酶低,但比非线粒体末端氧化酶高。

9. 正确答案为 C。

【考点】筛管的结构和功能。

【解析】成熟筛管分子缺少正常细胞中应有的细胞器,如细胞核、高尔基体、液泡、核糖体、微管及微丝等,但仍存在一些变形的质体、线粒体和滑面内质网,同时还有一类韧皮部特有的蛋白质,称为 P 蛋白,呈丝状,在筛管受伤后的堵漏过程中起重要作用。筛管中还存在胼胝质,胼胝质是一类 β-1,3-葡聚糖。胼胝质也参与筛管的堵漏。植物在遭受高温或受机械损伤时,可以诱发胼胝质的合成和聚合,沉积在筛孔上,使韧皮部汁液不外流。

10. 正确答案为 C。

【考点】乙烯的生理作用。

【解析】乙烯引起叶片偏上生长,导致偏上生长的原因是叶柄的上侧细胞生长快于下侧细胞。

11. 正确答案为 A。

【考点】逆境生理。

【解析】植物处于逆境时,植物的代谢也发生相应的变化,应对逆境的到来。在这些代谢过程中,一些参与渗透调节的物质增加,脯氨酸和甜菜碱是主要的渗透调节物质。逆境下,植物体内的蛋白质降解加剧,合成降低。促进生长的激素含量降低。

12. 正确答案为 C。

【考点】植物细胞全能性和组织培养技术。

【解析】组织培养过程中通过在培养基中加入不同种类和比例的生长调节剂,调控愈伤组织的发育的方向。培养基中 IAA 和 CK 比值较高促进愈伤组织分化根,IAA 和 CK 比值较低促进愈伤组织分化芽。

13. 正确答案为 C。

【考点】生长素极性运输。

【解析】生长素的极性运输与细胞质膜上生长素流入载体(auxin influx carriers)和生长素流出载体(auxin efflus carriers) 的不对称分布有关。生长素流入载体 AUX1 蛋白定位于细胞的上端质膜上，生长素流出载体包括 PIN 蛋白和 PGP 蛋白，PIN 蛋白不均匀分布在细胞质膜上，主要定位于细胞的基端质膜上。PGP 蛋白是非极性的、均匀分布在细胞质膜上。PIN 蛋白与 PGP 蛋白协同作用介导生长素的外向运输。

14. 正确答案为 D。

【考点】植物衰老的调控。

【解析】衰老是植物发育进程中自身遗传程序控制的一个阶段，是一种主动控制的过程。在衰老过程中编码与光合作用有关的多数蛋白质的基因，随叶片衰老而其表达急剧下降。而催化乙烯生物合成的 ACC 合酶和 ACC 氧化酶的基因在衰老时表达增强，植物衰老时体内产生大量乙烯，乙烯是诱导衰老的主要激素。

15. 正确答案为 C。

【考点】干旱对植物的伤害。

【解析】植物遇到干旱时，植物内源激素平衡受到破坏，变化的总趋势是促进生长的激素减少，而延缓或抑制生长的激素增多，即 ABA 和乙烯含量增加，而生长素、赤霉素和细胞分裂素含量减少，正常激素平衡的破坏使植物生长受到抑制。ABA 能有效地促进气孔关闭，缓解植物体内水分亏缺；细胞分裂素的作用则恰好相反，它使气孔在失水时不能迅速关闭，因而加剧体内的水分亏缺。

二、简答题：每小题 8 分，共 24 分。

16. 简述细胞水分和原生质的胶体状态与细胞生理代谢的关系。

【考点】水分在植物生命活动中的意义。

【解析】从水分和原生质体的溶胶性和凝胶性两个方面分析。

【答题要点】水是原生质的最主要组成成分，生活细胞原生质是亲水胶体，原生质胶体的稳定是生命活动的保证。原生质胶体有溶胶和凝胶两种状态，两者间可以可逆变化，这种可逆变化随外界条件和内部生理状态而变化，是植物正常生活所必需的，也是调节生命活动适应环境变化的基础。（4 分）

原生质的水分以自由水和束缚水两种形式存在并动态变化，其比值对原生质胶体状态和细胞生理生化活性具有决定性作用。原生质胶体含自由水高时为溶胶状态，保证生命活动旺盛、生理代谢有序进行。自由水减少，处于凝胶状态时，降低细胞代谢活性，增强对逆境抵抗能力。（4 分）

17. 简述光呼吸的生理意义。

【考点】光呼吸。

【解析】从光呼吸的概念与作用加以分析。

【答题要点】光呼吸是伴随光合作用发生的吸收 O_2 并释放 CO_2 的过程，由叶绿体、过氧化体和线粒体三个细胞器协同完成。（2 分）

Rubisco 是 C_3 途径的关键酶，具有羧化与加氧双重催化活性。CO_2/O_2 值影响其催化方向，当 CO_2 充分时，催化羧化反应而固定 CO_2；当 O_2 分压增高时，催化加氧反应，而发生光呼吸代谢。（2 分）

光呼吸是 C_3 植物一个不可避免的生理过程，植物在高光强和低 CO_2 浓度时，光呼吸释放的 CO_2 进入 C_3 循环而被再利用，以维持光合碳还原循环的运转，同时，光呼吸反应中所需要的 ATP 来自叶绿体光合磷酸化，在干旱和高光强下，光呼吸也可以帮助消耗光反应产生的过剩 ATP 与还原力，避免光抑制、防止光合机构受损的一种保护机制。因此，光呼吸对保护光合机构免受强光的破坏具有一定的功能。(4 分)

18. 简述光敏色素在植物成花诱导中的作用。

【考点】光敏色素在光周期反应中的作用。

【解析】从光敏色素的特性和在成花诱导中的作用加以分析。

【答题要点】光敏色素在植物体内以两种可以互相转化的构象形式存在，红光吸收型 Pr 和远红光吸收型 Pfr。光敏色素的 Pr 型在 660～665 nm 处有最大吸收，Pfr 型在 725～730 nm 处有最大吸收。Pr 型是光敏色素的钝化形式，Pfr 型是光敏色素的生理活跃形式。照射白光或红光后，Pr 型转化为 Pfr 型；相反，照射远红光使 Pfr 型转化为 Pr 型。(4 分)

光敏色素在植物成花诱导中的作用与 Pfr 和 Pr 的相互转化有关，当 Pfr/Pr 比值达到一定水平时，会诱导某些特殊植物的开花。即当 Pfr 大于 Pr 时，会促进长日植物开花，抑制短日植物开花，而当 Pfr/Pr 比值低时，会促进短日植物开花，抑制长日植物开花。(4 分)

三、实验题：10 分。

19. 设计实验证明 GA 具有促进雄花分化的作用。

【考点】GA 的生理作用。

【解析】GA 对决定雌雄异花植物的性别分化具有重要作用，GA 促进雄花分化。

【答题要点】选用黄瓜等雌雄异花同株植物，在花芽分化初期分别进行以下处理：(1)喷施 GA 溶液；(2)喷施 GA 生物合成抑制剂溶液；(3)对照，喷施蒸馏水。一段时间后，观察植株的花发育结果。与对照相比，喷施 GA 溶液的植株雄花发育增多，而喷施 GA 生物合成抑制剂的植株雌花发育增多。结果证明，GA 具有促进雄花分化的作用。

四、分析讨论题：20～21 小题，每小题 13 分，共 26 分。

20. 论述乙烯与果实成熟的关系。

【考点】乙烯的生理功能。

【解析】乙烯促进果实成熟。

【答题要点】乙烯是启动和促进果实成熟的激素。低水平乙烯即可诱导 ACC 合酶和 ACC 氧化酶的大量表达。(4 分)

乙烯诱导呼吸跃变，促进跃变型果实成熟。乙烯对非跃变型果实的成熟也有促进作用。(3 分)

乙烯促进与成熟有关的许多酶的合成及酶活性的提高，促进果实成熟过程中的生理生化变化。在果实发育过程中，多聚半乳糖醛酸酶(PG)基因表达加强，酶活性提高。PG 催化果胶降解，果肉细胞壁中层分开。同时，纤维素酶活跃，使纤维素链部分降解，其他如甘露糖酶、糖苷酶、木葡聚糖酶、半乳糖苷酶等都参与细胞壁的水解，使果实变软。(3 分)

乙烯增强膜透性，加速气体交换，诱导呼吸酶的合成，促进呼吸速率的提高，引起水解酶外渗，催化有机物迅速转化。(3 分)

21. 论述逆境胁迫对植物体内活性氧平衡的影响。

【考点】逆境胁迫对植物的影响。

【解析】逆境胁迫改变植物体内活性氧平衡，活性氧的产生增加，活性氧清除系统受损。

【答题要点】活性氧(ROS)是指在化学反应性能方面比氧更活泼的含氧物质，包括超氧物自由基(HOO·和 ROO·)、羟自由基(·OH)、烃氧基(RO·)、超氧阴离子自由基(O_2^-·)、单线态氧($^1O_2$)和过氧化氢(H_2O_2)等。ROS 具有很强的氧化能力，对许多生物大分子有破坏作用。(5 分)

植物细胞内存在活性氧的产生与清除系统。在正常代谢过程中，植物体会自然产生 ROS，但细胞内活性氧的产生与清除处于一种动态平衡，不会引起细胞的伤害。植物体内清除 ROS 的系统可分为酶促保护系统和非酶促保护系统：酶促保护系统包括超氧化物歧化酶(SOD)、过氧化氢酶(CAT)、过氧化物酶(POD)等；非酶促保护系统包括还原型谷胱甘肽(GSH)、维生素、类胡萝卜素、铁氧还蛋白、类黄酮化合物等。(4 分)

当植物受到逆境胁迫时，活性氧的产生与清除平衡遭到破坏，自由基产生和积累超过正常水平，从而导致膜脂过氧化水平增加，膜脂成分改变，膜的相对透性增加，引起细胞伤害。(4 分)

生 物 化 学

五、单项选择题：每小题 1 分，共 15 分。

22. 选择 C。

【考点】标准氨基酸。

【解析】蛋白质标准氨基酸是指具有自己的密码子，直接参与蛋白质合成的氨基酸，它们在蛋白质中出现频率很高。标准氨基酸有 20 种，在蛋白质行驶功能时有些发生修饰。

23. 选择 C。

【考点】氨基酸特征及其三字母符号。

【解析】第 1 个为甲硫氨酸，含有甲硫基；第 2 个为异亮氨酸；第 6 个为丝氨酸残基，含有羟基；第 7 个为苯丙氨酸，侧链不含极性基团。

24. 选择 B。

【考点】酶的本质。

【解析】核酶也属于酶，本质是核酸。

25. 选择 B。

【考点】维持蛋白质构象的作用力。

【解析】并非所有蛋白质三维结构中都含二硫键；三维结构包括各类二级结构，氢键和疏水力都是必需的。

26. 选择 B。

【考点】蛋白质显色定量原理。

【解析】根据比尔定律进行显色反应并利用分光光度计测定含量时，一方面方法的灵敏度不同，另一方面分光光度计所限，只有在一定浓度范围内才会使显色深度与蛋白质浓度成正比。

27. 选择 D。

【考点】生物化学常用单位。

【解析】米氏常数的单位和底物浓度相同，都是 $mol \cdot L^{-1}$；从比尔定律 $A = \varepsilon cl$，c 为浓度，单位是 $mol \cdot L^{-1}$，l 为比色杯光径，单位是 cm，可以推算出：摩尔消光系数的单位是“$L \cdot mol^{-1} \cdot cm^{-1}$”。

28. 选择 B。

【考点】蛋白质柱层析介质。

【解析】蛋白质柱层析介质有各种，但都是在含水的溶液中进行的，因此要求介质必须具有亲水性。亲和层析介质含有特异配基，离子交换层析再生时有酸碱处理。流动相和固定相不能相互转化。

29. 选择 D。

【考点】EMP 途径中的底物水平磷酸化反应。

【解析】在 EMP 途径中有两步底物水平磷酸化反应，除答案外，还有 PEP 到丙酮酸的那步反应。另外，在 TCA 循环中还有琥珀酰 CoA 生成琥珀酸的反应。

30. 选择 D。

【考点】脂肪酸 β-氧化过程中的脱氢反应。

【解析】脂肪酸 β-氧化过程中有两步脱氢反应，分别是脂酰 CoA 生成烯脂酰 CoA，L-β-羟脂酰 CoA 生成 β-酮脂酰 CoA 的过程，受氢体分别是 FAD 和 NAD^+。因此，计算能量时，一次 β-氧化生成 4 个 ATP(按照 $FADH_2$ 生成 1.5 个和 $NADH+H^+$ 生成 2.5 个 ATP 进行计算)，18∶0 脂肪酸需要 8 次 β-氧化，因此生成 32 个 ATP。

31. 选择 C。

【考点】核苷酸参与生物分子合成的过程，本题是有关磷脂的合成。

【解析】常见的核苷酸参与生物分子合成的过程有以下几类：UTP 以 UTPG 的形式参与糖原的合成，ATP、GTP 参与蛋白质的合成，CTP 以 CDP-胆碱参与卵磷脂(磷脂酰胆碱)，或者以 CDP-乙醇胺参与脑磷脂(磷脂酰乙醇胺)的合成。

32. 选择 B。

【考点】科学家与逆转录酶。

【解析】本考点涉及逆转录酶的发现。在配套的辅导书中有科学家与其重大发现的内容，便于大家参阅。

33. 选择 D。

【考点】DNA 的修复类型。

【解析】了解 DNA 修复类型特点，可以发现胸腺嘧啶二聚体引发的 DNA 损伤，其修复是不能通过错配修复完成的。

34. 选择 D。

【考点】酶的分类。

【解析】通过了解各类酶的特点，判断酶的分类地位。转氨酶属于基团转移，因此选 D。

35. 选择 A。

【考点】磷酸戊糖途径，即 PPP 途径的调节。

【解析】6-磷酸葡萄糖脱氢酶是 PPP 途径的关键调节酶。

36. 选择 A。

【考点】EMP 途径脱氢反应和乳酸发酵的还原反应。

【解析】3 分子葡萄糖经过 EMP 途径脱氢生成 6 个 $NADH+H^+$ 和 6 分子丙酮酸，而当 6 分子丙酮酸再生成 6 分子乳酸时需要耗费 6 个 $NADH+H^+$，因此整个反应过程净生成 0 个 $NADH+H^+$。

六、简答题：每小题 8 分，共 24 分。

37. 蛋白质的生物功能通常分为六大类。请列出这六大功能，并分别举一例。

【考点】蛋白质生物功能多样性。

【答题要点】

(1)酶催化作用。如蛋白酶，能加速蛋白质水解，这不仅可使氨基酸得以有效利用，还有助于细胞中无用蛋白质的清除。(1.5 分)

(2)运输和储藏。如血液中的血红蛋白，能将氧气从肺部运输到身体的各组织。(1.5 分)

(3)细胞运动。如肌动蛋白和肌球蛋白，是参与肌肉收缩运动的主要组分。(1.5 分)

(4)机械支撑作用。如胶原蛋白，广泛存在于脊椎动物骨骼中，有助于骨骼承受和传送力。(1.5 分)

(5)免疫保护。如脊椎动物免疫反应所产生的抗体，能特异识别并排除外来入侵物。(1 分)

(6)调控作用。如胰岛素，可以调节血糖水平。(1 分)

38. 简述原核生物大肠杆菌蛋白质合成 70S 起始复合物的形成过程。

【考点】原核生物蛋白质合成的起始过程。

【答题要点】该过程包括 30S 起始复合物和 70S 起始复合物形成两个阶段，涉及三个起始因子。

(1)30S 起始复合物形成：核糖体小亚基有三个位点 E、P 和 A。IF1、IF2 和 IF3 分别是 3 个起始因子。

当 IF1 和 IF3 与核糖体结合后，核糖体解聚。IF1 和 IF3 分别结合在核糖体小亚基的 A 位点和 E 位点。在 GTP 参与下，IF2 引导起始 $fMet\text{-}tRNA_f^{Met}$ 进入核糖体小亚基的 P 位点，同时 mRNA 通过其 SD 序列与核糖体小亚基的 16S rRNA 上的反 SD 序列识别与核糖体小亚基结合，结果 30S 起始复合物形成。mRNA 的起始密码子位于核糖体小亚基 P 位点处。

(2)70S 起始复合物形成：30S 起始复合物形成之后，IF1、IF2 和 IF3 完成其作用被释放，此时的核糖体 50S 大亚基易于与 30S 起始复合物结合，结果 70S 起始复合物形成。此时，核糖体 A 位点空缺，等待下一个氨酰 tRNA 的进入，蛋白质合成起始过程完成。

【知识拓展】大肠杆菌蛋白质的合成涉及 9 种蛋白质因子。分别是 IF1、IF2 和 IF3 3 种起始因子，EF-Tu、EF-Ts 和 EF-G 3 种延伸因子以及 RF1、RF2 和 RF3 3 种终止因子。该题主要涉及起始因子、核糖体的功能位点、mRNA 与核糖体的识别等一些知识点。相关的考题还包括大肠杆菌蛋白质合成的延伸过程，答题关键点类似，这里不再赘述。

39. 请论述原核生物大肠杆菌 DNA 滞后链的合成过程。

【考点】原核生物 DNA 的复制。

【答题要点】原核生物大肠杆菌 DNA 复制包括前导链和滞后链的合成，由于滞后链的合成更为复杂，根据题目这里只涉及滞后链的合成过程。

(1)参与 DNA 复制的酶和蛋白质

主要包括引物酶、DNA 聚合酶Ⅰ、DNA 聚合酶Ⅲ、连接酶以及 SSB 蛋白等。

引物酶：用于引物的合成，通常负责短的 RNA 引物合成，该引物为后续 DNA 聚合酶Ⅲ引入核苷酸提供连接位点。

DNA 聚合酶Ⅰ：切除引物并填补空隙。

DNA 聚合酶Ⅲ：是原核生物大肠杆菌 DNA 复制中的主要复制酶。它负责前导链和滞后链的合成。

DNA 连接酶：将 DNA 双螺旋中的单链 DNA 片段连接起来。

SSB 蛋白：保护单链模板不重新形成双螺旋，不被核酸酶降解。

(2)冈崎片段的合成

1968 年日本科学家冈崎发现在 DNA 复制时新合成的两条 DNA 链中一条由短的 DNA 片段连接而成，后将这些短 DNA 片段称为冈崎片段，由冈崎片段连接而成的长的 DNA 链被称为滞后链。DNA 聚合酶Ⅲ以 RNA 引物 3′端为连接位点，催化新的脱氧核糖核苷酸不断掺入。当新合成的 DNA 片段长度达到一定时，由 DNA 聚合酶Ⅰ切除引物填补空隙，此时冈崎片段合成完成。

(3)滞后链的合成

DNA 连接酶将冈崎片段连接起来产生 DNA 滞后链。与前导链相比，滞后链的合成是不连续的。

【知识拓展】原核生物 DNA 的复制是农学门类生物化学中的一个重要知识点。在考题中它可以以各种形式出现。简单直白的出题方式就是本题的形式，或者以“请论述参与原核生物 DNA 复制的酶和相关蛋白质”；或者“论述原核生物 DNA 的半不连续复制”等，目的在于考核同学们对原核生物 DNA 复制过程和参与该过程的酶与相关蛋白质功能的掌握情况。

七、实验题：10 分。

40. 蛋白质电泳是实验室常用技术之一。请阅读下述一段文字，结合蛋白质电泳原理和具体实验操作过程完成填空。

【考点】SDS-PAGE 技术。

【答题要点】

在进行蛋白质变性电泳时，常用的蛋白质变性剂是 SDS，即十二烷基硫酸钠，它是一种非离子型去污剂，能破坏蛋白质的疏水力，使非极性基团暴露。在制备 SDS-PAGE 电泳凝胶时，除了需要丙烯酰胺、甲叉双丙烯酰胺、过硫酸铵、SDS 溶液外，还需要加入一种具有浓烈味道的微量液体试剂 TEMED 以加速凝胶聚合反应。凝胶制备很简单，通常将事先配制好的电泳胶储液按一定比例混合,但过硫酸铵需要新鲜配制。对于不连续电泳,在双层垂直玻璃板之间首先灌入分离胶,然后在胶上再加一薄层水,这不仅能使胶表面整齐,而且可以加速凝胶的聚合反应,因为丙烯酰胺凝胶的聚合需要无氧条件。当在凝胶和水之间出现界面时表明凝胶已经聚合好,就可以除去水层,加入浓缩胶了。(每空 1 分)

八、分析论述题:每小题 13 分,共 26 分。

41. 一个蛋白质分子的某些氨基酸残基明明发生了突变,但在功能上并没有表现出明显变化。请结合这一现象,用辩证的观点讨论蛋白质一级结构与功能的关系。

【考点】氨基酸突变与蛋白质结构、功能关系。

【答题要点】

(1)一级结构是蛋白质的重要结构,一级结构决定高级结构,高级结构决定生物功能。(3 分)

(2)蛋白质多肽链在折叠为天然构象时,不同位点氨基酸的贡献是不同的。(3 分)

(3)有些位点的氨基酸残基在进化上比较保守,称为不变残基或保守残基,它们对蛋白质特定结构和功能非常重要,如果发生突变,蛋白质极易丧失正常功能;有些位点的氨基酸残基可以发生改变,称为可变残基,它们对蛋白质的结构和功能没有特殊影响,一般只在物种进化中起作用,与免疫性有关。(5 分)

(4)另外,有时虽然发生了突变,但氨基酸性质相近,属于氨基酸替代,也不会表现出蛋白质功能的差别。可见,蛋白质的一级结构与生物功能的关系是辩证的,既具有保守、严格的对应关系,又有一定变异性,以适应物种进化的需要。(2 分)

42. 请讨论在葡萄糖经过糖酵解和 TCA 循环彻底氧化分解为 CO_2 和 H_2O 这个过程中有哪些代谢调控酶,并写出这些酶催化的反应。

【考点】葡萄糖有氧代谢的调节。

【答题要点】分成 EMP 途径、丙酮酸脱氢以及 TCA 循环三个阶段,分别说明参与代谢调节的酶及其催化的反应。

(1)EMP 途径:

己糖激酶

葡萄糖 → 6-磷酸葡萄糖

磷酸果糖激酶

6-磷酸果糖 → 1,6-二磷酸果糖

丙酮酸激酶

PEP → 丙酮酸

其中磷酸果糖激酶的调节最为关键。

(2)丙酮酸脱氢:

丙酮酸脱氢酶复合体(丙酮酸脱氢酶为主)

丙酮酸 → 乙酰 CoA

(3)TCA 循环：

柠檬酸合酶

草酰乙酸 + 乙酰 CoA → 柠檬酸

异柠檬酸脱氢酶

异柠檬酸 → α-酮戊二酸

α-酮戊二酸脱氢酶

α-酮戊二酸 → 琥珀酰 CoA

其中柠檬酸合酶的调节最为关键。

【知识拓展】上述考题为非常基础的题目，主要目的是考查学生对葡萄糖有氧代谢的掌握情况，也可以以“请讨论在葡萄糖有氧代谢彻底生成 CO_2 和 H_2O 的过程中，哪些反应产生 CO_2，并写出催化反应的酶及酶活性的调节”命题。同学们可以自己设计相关的问题并尝试给出答案。

全真模拟试题八参考答案及解析

一、单项选择题：每小题 1 分，共 15 分。

1. 正确答案为 B。

【考点】胞间连丝。

【解析】胞间连丝是植物细胞间由质膜和内质网构成的管状延伸，是相邻细胞间通过细胞壁的细胞质通路。

2. 正确答案为 D。

【考点】离子跨膜运输蛋白。

【解析】跨膜离子运输蛋白有三类：离子通道，离子载体和离子泵。迄今为止，在植物细胞膜上已经确认的离子泵包括质膜 H^+-ATP 酶和 Ca^+-ATP 酶、液泡膜 H^+-ATP 酶和 Ca^+-ATP 酶、内膜系统上的 H^+-焦磷酸酶。

3. 正确答案为 C。

【考点】植物的必需元素。

【解析】植物必需元素有 17 种，包括大量元素和微量元素。Co、Ag 和 Se 都不是必需元素。

4. 正确答案为 D。

【考点】光合电子传递链和光合磷酸化。

【解析】非环式电子传递链和光合磷酸化终产物。

5. 正确答案为 B。

【考点】C_4 途径。

【解析】在 C_4 植物中，进入叶肉细胞中的 CO_2 首先在细胞质中被碳酸酐酶催化形成 HCO_3^-，在 PEPC 催化下，被磷酸烯醇式丙酮酸(PEP)接收而羧化，形成草酰乙酸(OAA)。

6. 正确答案为 B。

【考点】呼吸跃变。

【解析】跃变型果实和非跃变型果实的不同在于乙烯生成的特性和对乙烯的反应不同。跃变型果实存在两个乙烯生成系统，具有自我催化作用，乙烯生成的速率较高。非跃变型果实只有一个乙烯生成系统，没有乙烯自我催化作用，乙烯生成的速率较低。

7. 正确答案为 C。

【考点】向性运动。

【解析】Cholodny-Went 假说认为，生长素是转导重力的主要信号，生长素在植物根部的不对称分布，诱导根的向重力性生长。生长素的不对称分布与根部细胞中介导生长素进入和流出细胞的生长素流入载体(auxin influx carriers)和生长素流出载体(auxin efflus carriers)的分布有关。根的下侧积累了超最适浓度的生长素，因此根下侧伸长生长受抑制，而根的上侧伸长生长较快，从而导致根发生向重力性生长。

8. 正确答案为 A。

【考点】植物生长调节剂在生产上的应用。

【解析】植物生长调节剂有多种，缩节胺(Pix)是一类生长延缓剂，生产上主要用于控制棉花徒长，使节间缩短，叶片变小，增加棉花产量。

9. 正确答案为 A。

【考点】植物的休眠。

【解析】多种植物激素的动态平衡在休眠的诱导、维持和解除中起重要调节作用。ABA 可诱导芽休眠，GA 和 CTK 可打破芽、种子的休眠。

10. 正确答案为 B。

【考点】光敏色素。

【解析】光敏色素参与植物的多种生理反应。需光种子的萌发、长日植物开花、叶片的脱落都需要光敏色素的参与。植物向光反应的光受体是向光素。

11. 正确答案为 D。

【考点】油菜素内酯的生理作用。

【解析】油菜素内酯不仅影响植物的生长发育，也参与诱导植物的逆境反应。BR 能提高植物对多种逆境的抵抗力。

12. 正确答案为 D。

【考点】春化作用。

【解析】低温是春化作用的主要条件。春化作用除需要一定时间的低温外，还需要适量的水分、充足的氧气和营养物质。

13. 正确答案为 B。

【考点】器官的脱落。

【考点】叶片、花、果实等离开母体发生脱落的部位为离区，在离区中有几层细胞具分生能力，排列整齐，高尔基体和内质网丰富，此细胞层为离层。器官衰老时，离层细胞代谢强，纤维素酶、多聚半乳糖醛酸酶等胞壁降解酶活性增强，使离层变得松软，在外力作用下器官就会发生脱落。

14. 正确答案为 B。

【考点】脱落酸的生理作用。

【解析】ABA 对种子的发育和成熟具有重要的生理作用，ABA 促进种子胚胎发育后期高丰度表达蛋白(LEA 蛋白)基因的表达，LEA 蛋白具有极强的亲水性和热稳定性，保护细胞膜不受脱水的伤害，从而促进种子胚胎发育后期耐干旱性的形成。

15. 正确答案为 D。

【考点】逆境生理。

【解析】植物对不同的逆境胁迫的生理响应有许多共同点，各种胁迫都引起水分亏缺、原生质膜透性增大、光合作用下降、呼吸紊乱、物质分解大于合成；逆境胁迫下植物体内积累脯氨酸等渗透调节物质；逆境胁迫下植物体内 ABA 和乙烯含量增加。

二、简答题：每小题 8 分，共 24 分。

16. 简述植物体内同化物分配的特点和规律。

【考点】同化物的分配。

【解析】植物体内光合同化物有规律的向各种库器官输送。

【答题要点】同化物分配的规律是由源到库。(4 分)

同化物分配的特点:

(1)优先分配生长中心,由于不同生育期植物体库有所不同,因此同化物的分配方向在不同生育期也发生明显不同。在营养生长期,根端和茎端的生长中心是主要的库,成熟的叶片是主要的源,同化物分配的方向是从成熟叶到根端和茎端的生长中心;在生殖生长期,花、穗、果实逐渐成为主要的库,同化物分配的方向从向根端和茎端运输转变为向穗、果实运输;

(2)就近供应;

(3)同侧运输,源叶形成的光合产物一般优先供应给与其临近的、相同方位的代谢库。(4 分)

17. 举例说明 ABA 参与调节气孔运动。

【考点】ABA 的生理功能。

【解析】ABA 的主要生理作用包括抑制胎萌、诱导成熟期种子的程序化脱水与营养物质积累,参与气孔运动的调节,作为信号物质增强植物抵御逆境胁迫的重要作用。

【答题要点】利用野生型、ABA 缺失型突变体,进行水分胁迫和外源 ABA 处理可以证明。

(1)水分胁迫下,植物叶片中 ABA 含量迅速增加,促进气孔关闭,降低蒸腾速率,维持植物体内的水分平衡。(4 分)

(2)水分胁迫下,ABA 缺失型突变体表现为持续萎蔫,这是由于突变体内缺失 ABA,从而丧失了气孔关闭的功能,引起萎蔫。(2 分)

(3)喷施外源 ABA,可诱导叶片气孔关闭。(2 分)

18. 在农业生产中合理利用植物生长调节剂,应考虑哪些方面?

【考点】植物生长调节剂。

【解析】利用植物生长调节剂解决农业生产中的问题,除了了解植物生长调节剂的生理功能外,还需考虑生长调节剂的施用种类、浓度、时间、部位、方法等。

【答题要点】(1)根据农业生产中的问题和植物生长调节剂的功能,选择合适的生长调节剂种类或多种植物生长调节剂配合的配方;(2 分)

(2)确定处理时间,施用过早或过迟都不能达到理想效果;(2 分)

(3)确定处理部位和施用的方式,根据生产中的问题和植物体对调节剂的吸收确定处理部位和施用的方式;(2 分)

(4)确定施用的浓度和次数。(2 分)

三、实验题:10 分。

19. 如何证明植物体内成花刺激物的传递?

【考点】成花诱导生理。

【解析】在光周期诱导开花的植物中,叶片是光周期诱导的感受器官,而成花反应发生在茎端生长点,即在光周期诱导下,在叶片中产生了开花刺激物或称为成花素,成花素通过叶柄及茎传递到生长点,在生长点引起了花芽的分化。

【答题要点】通过嫁接实验证明,实验以短日植物紫苏、白苏为材料,在短日照处理下,植物体内有开花刺激物的产生,将其叶片嫁接于长日照条件下生长的植株,能够引起生长于长日照条件下的植株开花，由此证明开花刺激物是可以传递的。

四、分析讨论题：每小题 13 分，共 26 分。

20. 论述光合作用的光保护机制。

【考点】光能的分配调节与光保护。

【解析】光能不足会限制植物的光合作用，但光能过剩也会对光合作用产生不利影响。植物在长期进化过程中形成了多层次的光保护机制，以避免其被过剩光能伤害。

【答题要点】(1)植物通过形态上或代谢上的变化减少光能的吸收，如减少叶面积、在叶表面形成表面物质、改变叶片与光的角度以减低光能的吸收；(4 分)

(2)植物细胞通过改变光合组分的量，减少光能吸收或加强代谢，以降低光破坏；(3 分)

(3)植物通过许多机制消除活性氧；(3 分)

(4)植物通过叶黄素循环以热的形式耗散激发能，以保护光合器官免受光破坏；(2 分)

(5)对受损伤的光系统Ⅱ进行修复。(1 分)

21. 论述植物激素对果实发育的调控。

【考点】果实的生长和成熟生理。

【解析】果实的发育受各种内源激素的调节。

【答题要点】果实的生长受各种内源激素的调节，生长素、细胞分裂素和赤霉素在幼果生长期含量增加，促进细胞分裂，使果实膨大生长。其中，生长素起关键作用。(5 分)

在果实成熟时，生长素、细胞分裂素和赤霉素含量下降，乙烯和 ABA 含量增加。许多果实成熟过程中出现呼吸跃变，乙烯是诱导呼吸上升的主要原因，乙烯启动和促进果实的成熟。ABA 可促进果实成熟和衰老。(5 分)

生长素影响果实成熟的启动时间，可延缓果实的成熟，但不影响果实的成熟程度；细胞分裂素、赤霉素不影响果实成熟的起始时间，但降低果实的成熟程度。(3 分)

生 物 化 学

五、单项选择题：每小题 1 分，共 15 分。

22. 选择 C。

【考点】标准氨基酸分子结构。

【解析】α-碳原子上不仅连接着氨基、羧基，还有 1 个氢原子和 R 侧链基团。不同氨基酸，侧链不同。

23. 选择 A。

【考点】氨基酸特征及其三字母符号。

【解析】第 1 个为半胱氨酸，侧链含有巯基；第 2 个是赖氨酸，在生理 pH 下带正电荷；第 6 个为酪氨酸，含有酚羟基；第 8 个为甲硫氨酸。

24. 选择 C。

【考点】酶的专一性。

【解析】酶的专一性是指反应专一性，不仅包括底物专一，还包括产物专一。专一性程度不同，有的相对专一，有的绝对专一。

25. 选择 B。

【考点】蛋白质主要连键。

【解析】在蛋白质共价主链结构中，氨基酸残基以酰胺键(即肽键)相连。一级结构属于初级结构，二级结构以上才有构象。

26. 选择 D。

【考点】考马斯亮蓝法测定蛋白质浓度。

【解析】此法原理基于物理结合，不需要特殊反应条件，但试剂本身需要配制好，不能有不溶性颗粒。如果有，需要过滤后使用。

27. 选择 A。

【考点】生物大分子表示符号。

【解析】蛋白质分子量通常用“u”表示；“kb”表示核酸“碱基对数”；酶的比活用“U/mg”或“U/mL”表示，而不是用浓度单位；“S”为沉降系数，可用来表示蛋白质或核酸的大小。

28. 选择 B。

【考点】柱层析技术。

【解析】对于吸附柱层析或亲和柱层析，通常层析介质对目标物吸附越多越好；对于凝胶过滤层析，就不能强调吸附量，目标物太多影响分离效果。这里没有明确所分离的物质对温度敏感，有些柱层析还要求不断升温。柱层析用大量洗脱剂才有好的分离效果。如果处理和保存恰当，层析介质可以反复使用。层析介质一般都比较贵重，应该提高使用次数。

29. 选择 D。

【考点】生物大分子的螺旋结构。

【解析】螺旋状结构存在于淀粉、蛋白质和 DNA 等生物大分子中，只是具体形状不同。

30. 选择 B。

【考点】不饱和脂肪酸的 β-氧化脱氢反应。

【解析】脂肪酸 β-氧化的过程中有两步脱氢反应，分别是脂酰 CoA 生成烯脂酰 CoA，L-β-羟脂酰 CoA 生成 β-酮脂酰 CoA 的过程，受氢体分别是 FAD 和 NAD^+。但是对于 16∶1 的不饱和脂肪酸而言，在氧化过程中，由于含有一个双键，因此与饱和脂肪酸相比，少了一次脱氢过程，而且受氢体是 FAD。因此 16∶1 的脂肪酸经过 β-氧化可生成 7 个($NADH + H^+$)，而氧化产生的 8 个乙酰 CoA 经过 TCA 循环，可生成 $8\times3=24$(个)($NADH + H^+$)，两个阶段合计 31 个($NADH + H^+$)。

31. 选择 B。

【考点】EMP 途径的能量产出。

【解析】3 分子葡萄糖进入 EMP 途径产生丙酮酸，需要 6 分子 ATP 输入。在生成丙酮酸的过程中每分子葡萄糖经过 4 次底物水平磷酸化，可以生成 12 分子 ATP，因此，净生成 6 分子 ATP。而在上述过程中生成的 $NADH + H^+$ 用于丙酮酸的还原产生乳酸。

32. 选择 A。

【考点】酶的分类。

【解析】脱氢酶和氧化酶都属于氧化还原酶类。

33. 选择 C。

【考点】在遗传密码与蛋白质的合成研究有所贡献的科学家。

【解析】H. G. Khorana 和 M. W. Nirenberg 在遗传密码破译工作中做出贡献。H. Temin 发现逆转录酶，K. Mullis 发明 PCR 技术，而 M. Meselson 在证明 DNA 半保留复制的研究中有所贡献。

34. 选择 B。

【考点】酰基载体，本考题在于考查学生对脂肪酸从头合成和氧化过程酰基载体的了解。

【解析】CoA 是脂肪酸 β-氧化过程的脂酰基载体，ACP 是脂肪酸从头合成过程的脂酰基载体，硫辛酸的巯基可以携带乙酰基。柠檬酸参与脂肪酸从头合成所需要的乙酰 CoA 从线粒体向细胞质中的运输过程。

35. 选择 B。

【考点】密码子与反密码子的识别。

【解析】反密码子与密码子是反向互补的。因此，选择 B。其他选项是陷阱。

36. 选择 A。

【考点】嘌呤核苷酸的从头合成。

【解析】参与 IMP 合成的物质有 Gly、Gln、Asp、甲酸盐和 CO_2，其中嘌呤环的 4,5 位碳以及 7 位氮由 Gly 提供。

六、简答题：每小题 8 分，共 24 分。

37. 对酶和无机催化剂的作用特点进行比较分析，并举一例说明酶的专一性。

【考点】酶作用特点。

【答题要点】

酶和无机催化剂相同点：都能加快反应速率；不影响反应的平衡常数；反应前后自身不发生变化；催化本质是降低反应的活化能。(2 分)

作为生物催化剂，酶还有自身作用特点：①催化效率高；②具有高度专一性；③酶活力受到严格调节；④反应条件温和。(4 分)

酶专一性举例：通常情况下，酶只能催化一种或一类相似的化学反应，具有高度专一性。如，DNA 聚合酶执行 DNA 模板指令非常精确，合成多核苷酸链的出错率不到百万分之一。(2 分)

38. 简述逆转录酶的生物学功能及逆转录过程发现的生物学意义？(8 分)

【考点】逆转录过程及酶的功能。

【答题要点】逆转录定义、过程及酶的功能，生物学意义。

(1)逆转录：是指生物以 RNA 为模板合成 DNA 的过程。

(2)逆转录酶的功能：

逆转录酶有三个方面的功能：依赖 RNA 的 DNA 聚合酶活性；核糖核酸酶 H 的活性；DNA 指导的 DNA 聚合酶活性。

(3)逆转录过程发现的生物学意义。

丰富了中心法则；拓宽了 RNA 病毒致病机理的相关研究；在生物技术和分子生物学研究中，作为体外获得 cDNA 的重要方法和常用方法。

【知识拓展】该部分内容相对DNA复制而言,重要性略差。此处不再拓展,同学们可以适当关注RNA的复制,难度与该题相似,但相对比较偏远一些。

39. 讨论真核生物细胞质中产生的NADH是如何进入电子传递链的?

【考点】线粒体外NADH穿梭机制。

【答题要点】通常教材上提到的线粒体穿梭有两条路径。不同器官和组织选择不同的穿梭路径。

(1)磷酸甘油穿梭。

在哺乳动物的肌肉和神经组织中,当细胞质中存在NADH时,细胞质中的磷酸甘油脱氢酶能够催化磷酸二羟丙酮和NADH反应生成3-磷酸甘油,而后3-磷酸甘油在线粒体内膜上的磷酸甘油脱氢酶催化下,将电子传递给该酶的辅酶FAD产生$FADH_2$,自身转化为磷酸二羟丙酮。通过这种转化NADH进入电子传递链。如下图所示。

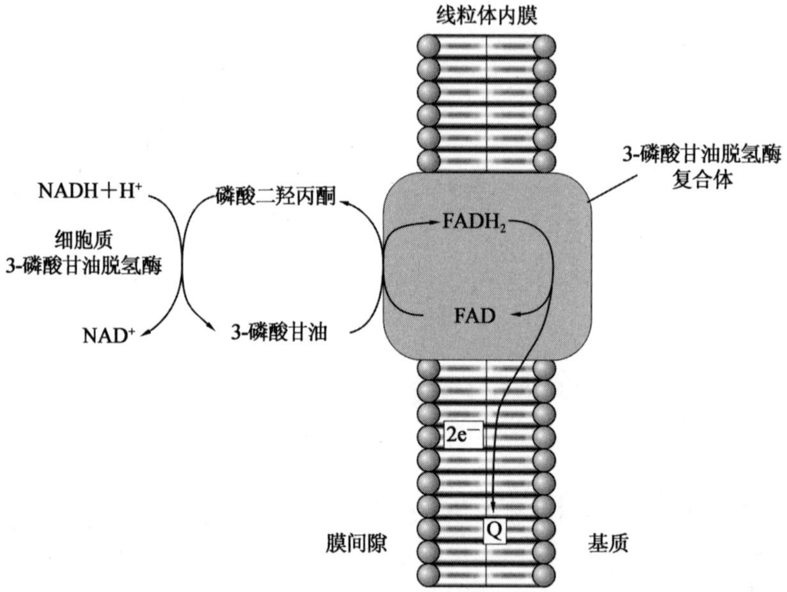

(2)苹果酸-天冬氨酸穿梭。

在哺乳动物的心脏、肝脏等器官中,当细胞质中存在NADH时,细胞质中的苹果酸脱氢酶能够催化草酰乙酸和NADH反应生成苹果酸。产生的苹果酸通过线粒体内膜上的苹果酸-α酮戊二酸转运体进入线粒体基质。随后,线粒体基质中的苹果酸脱氢酶催化苹果酸脱氢产生草酰乙酸的反应,并产生NADH,NADH再进入电子传递链。因此,通过这种方式细胞质中存在NADH能够进入到线粒体中。如下图所示。

【知识拓展】线粒体穿梭主要是指NADH进入电子传递链的各条途径。线粒体有双层膜,外膜通透性较强,而内膜通透性较差,对物质的出入有严格的选择性。细胞质中的NADH可以通过磷酸甘油穿梭进入电子传递链,也可以通过转化成为苹果酸,而后苹果酸通过线粒体内膜上的转运体进入线粒体,而后进入电子传递链。关于物质跨线粒体膜运输的例子还很多,例如,脂肪酸从头合成途径需要的乙酰CoA可通过柠檬酸-丙酮酸转运系统进行运输,而脂肪酸β-氧化时的原料长链脂肪酸能够通过肉碱转运系统转运。因此,同学们需要不断地总结相关的知识点,才能达到对知识的总体把握。

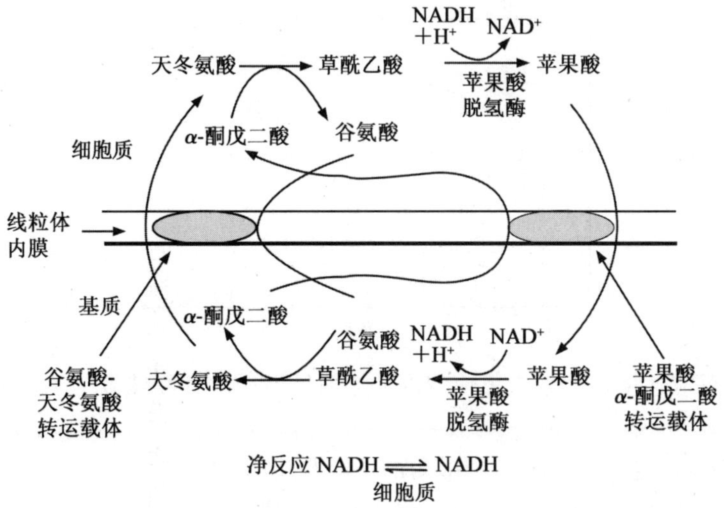

七、实验题：10 分。

40. 利用经典的 Edman 降解法直接测定多肽链氨基酸顺序时，通常需要对多肽链进行专一性有限水解，而且需要选择两种以上水解方法。请分析其原因，并给出 2 种具体方法。

【考点】蛋白质序列测定策略。

【答题要点】基于 Edman 原理进行测序，多肽链长度一般不宜超过 50 个氨基酸残基。因为，假定反应正确率为 98%，那么，测定 60 个反应循环后，$0.98^{60}=0.3$。此时，能正确发生反应的分子不到 1/3。可见，如果多肽链太长，会影响测序结果的可靠性。对长的多肽链进行专一性有限水解，分离出小肽段再进行测序，才能保证结果的准确度。（5 分）

要获悉整个多肽链的氨基酸顺序，需要将小肽段拼接。只有一套小肽段是无法完成拼接的，只有利用 2 种以上方法在多肽链不同位点进行专一性有限水解，由此获得两套以上小肽段，才能利用重叠区拼出整个序列。（3 分）

方法：如胰蛋白酶——用于专门水解由赖氨酸或精氨酸的羧基形成的肽键；胰凝乳蛋白酶——用于专门水解由芳香族（或具有大的疏水侧链）氨基酸的羧基形成的肽键。（2 分）

八、分析论述题：每小题 13 分，共 26 分。

41. 在不同底物浓度[S]下测定酶促反应初速度（v_0），作图如下。你从这个图上能获得哪些信息？

【考点】底物浓度对酶促反应速度的影响规律。

【答题要点】

（1）酶促反应初速度与底物浓度有关，但不是线性相关。（2 分）

（2）v_0-[S]曲线为双曲线，表明反应速度随底物浓度变化的规律是：当底物浓度低时，反应速度随底物增加而快速升高；之后缓慢升高；当底物浓度到一定数值后，反应速度达最大。上述曲线特征说明酶促反应具有“底物饱和效应”。（8 分）

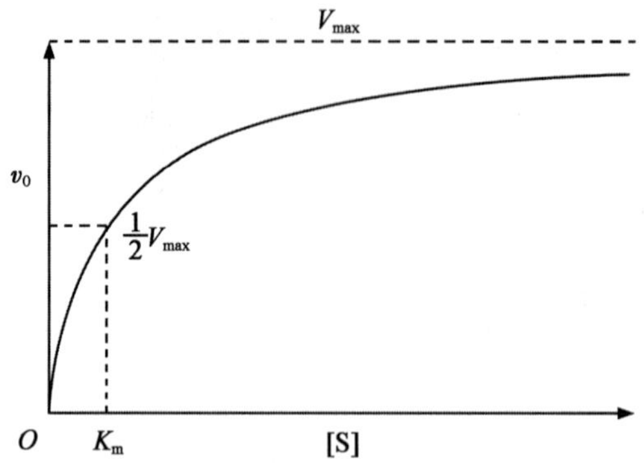

(3)酶促反应速度达到最大反应速度一半时所对应的底物浓度为 K_m 值，即米氏常数。(3 分)

42. 简述磷酸果糖激酶与果糖 1,6-二磷酸酶的功能及其活性调节。

【考点】EMP 途径和葡萄糖异生作用两条途径的调节。

【答题要点】磷酸果糖激酶是 EMP 途径的关键调节酶，而果糖 1,6-二磷酸酶是葡萄糖异生途径的调控酶之一。同一物质对两个酶的调节作用是相反的，这样，在细胞中通常是一条途径打开，则另一条途径关闭，避免无效循环。

(1)磷酸果糖激酶(磷酸果糖激酶Ⅰ)利用 ATP 催化 6-磷酸果糖产生 1,6-二磷酸果糖的反应，该反应是 EMP 途径的限速反应。

(2)果糖 1,6-二磷酸酶催化 1,6-二磷酸果糖产生 6-磷酸果糖的反应，该反应是葡萄糖异生途径的限速反应之一。

(3)如果两个酶催化的反应同时进行，细胞将出现无效利用能量的过程。正常的生理条件下这种情况不会发生。

(4)2,6-二磷酸果糖和 AMP 是磷酸果糖激酶的激活剂，同时又是果糖 1,6-二磷酸酶的抑制剂；同样，ATP 是磷酸果糖激酶的抑制剂，反过来 ATP 又是果糖 1,6-二磷酸酶的激活剂。当细胞中 2,6-二磷酸果糖浓度升高时，磷酸果糖激酶被激活，EMP 途径加速；同时，果糖 1,6-二磷酸酶被抑制，葡萄糖异生作用会减速，保证细胞不会出现边合成 1,6-二磷酸果糖，边降解 1,6-二磷酸果糖，无效消耗 ATP 的情况发生。

【知识拓展】在生物细胞中进行着很多生物化学反应，它们的调节是严格精细的，细胞不会进行不必要的能量浪费，因此在酶的调节上有着独特的方式。除了上述 EMP 途径和葡萄糖异生作用两条途径的精细调节，还有许多类似的调节，同学们需要自己总结。例如，脂肪酸从头合成途径和脂肪酸的 β-氧化过程。找到这两个过程的关键调节酶，看它们是如何被调节的，两者之间有何联系。

全真模拟试题九参考答案及解析

一、单项选择题：每小题 1 分，共 15 分。

1. 正确答案为 C。

【考点】植物细胞的一般结构特征。

【解析】植物细胞的一般结构特征包括细胞壁和原生质体两大部分。

2. 正确答案为 C。

【考点】合理灌溉的生理基础。

【解析】同一般作物在不同生育期对水分的需求不同，生殖器官形成期和灌浆期对水分亏缺最敏感。

3. 正确答案为 C。

【考点】细胞骨架。

【解析】细胞骨架包括微丝、微管和中间纤维。

4. 正确答案为 A。

【考点】光能吸收与传递。

【解析】水裂解放氧是希尔(Hill)(1937)发现的，称为希尔(Hill)反应。希尔发现将水加入具有氧化剂(如 Fe^{3+})的水溶液中，在光照下，发生水的分解，释放氧。

5. 正确答案为 B。

【考点】同化物的装载和卸出。

【解析】蔗糖通过质外体途径向筛管的装载过程是逆化学势梯度进行的，是一个消耗能量的过程，因此，加入呼吸抑制剂抑制呼吸，降低 ATP 水平，蔗糖的装载也会受抑制。

6. 正确答案为 A。

【考点】花器官发育的基因调控。

【解析】典型的花器官从外到内依次为萼片、花瓣、雄蕊和心皮，分别由 A、AB、BC 和 C 组基因决定。

7. 正确答案为 D。

【考点】识别作用。

【解析】花粉落在柱头上后，花粉与柱头间的信息传递与交换称为识别作用。

8. 正确答案为 B。

【考点】植物抗氰呼吸的生理意义。

【解析】植物抗氰呼吸的生理意义之一是增加乙烯的生成、促进果实成熟、促进衰老。

9. 正确答案为 A。

【考点】C_4、C_3 植物光合特性比较。

【解析】在高光强、高温的条件下，C_4 植物的光合速率比 C_3 植物高。

10. 正确答案为 B。

【考点】生长素的极性运输。

【解析】生长素是唯一具有极性运输特点的植物激素，其中，游离态 IAA 是进行极性运输的唯一形式，结合态 IAA 可进行非极性的远距离运输。

11. 正确答案为 C。

【考点】果实的生长。

【解析】生长物质处理能有效地诱发单性结实。如常用低浓度的生长素或赤霉素处理番茄，可得到无籽果实。

12. 正确答案为 A。

【考点】幼年期与花熟状态。

【解析】高等植物的生命周期可分为幼年期、成年期和生殖期。幼年期的植物不能感应成花诱导，即使处于适宜成花的外界条件下，一般也不能开花。植物在成年期可以感应成花诱导，从成年期到生殖期的转变经历成花感应态和成花决定态。成花感应态(即花熟状态)是指植物从幼年生长进入成年生长后，其茎端分生组织处于一种感应状态，能感应环境信号刺激，启动花芽分化发育。

13. 正确答案为 A。

【考点】植物的春化作用。

【解析】一般情况下，植物解除春化的温度为 25～40℃。

14. 正确答案为 A。

【考点】光敏色素。

【解析】光敏色素有两种可以互相转化的构象形式：红光吸收型 Pr 和远红光吸收型 Pfr。光敏色素的 Pr 型在 660～665 nm 处有最大吸收，而光敏色素 Pfr 型在 725～730 nm 处有最大吸收。

15. 正确答案为 B。

【考点】植物对逆境适应的生理机制。

【解析】在逆境条件下，植物的活性氧的产生增加，从而导致细胞膜中不饱和脂肪酸发生膜脂过氧化水平增高。

二、简答题：每小题 8 分，共 24 分。

16. 简述生产中发挥肥效的措施。

【考点】合理施肥的生理基础。

【答题要点】施肥应根据作物的种类、不同生育期以及作物生产的目的等采取适当的相应措施，注意各种养分间的平衡，做到合理施肥。

适当灌溉，肥水适当配合增加肥效，水分亏缺影响肥效(3 分)；适当深耕，促进根系生长，增大吸肥面积(3 分)；改善施肥方式，根外施肥是重要的措施之一(2 分)。

17. 在生产实践中如何应用光补偿点和光饱和点的知识。

【考点】光对光合作用的影响。

【答题要点】在选用某地区栽培作物品种和正确选择间种、套作的作物、林带树种搭配以及决定作物的密植程度等方面(4 分)，要考虑如何降低作物的光补偿点和提高作物的光饱和点，以最大限度地利用日光能(4 分)。

18. 如何运用水肥管理和应用植物生长调节剂，提高作物的抗旱性？

【考点】植物的抗旱性。

【答题要点】抗旱锻炼(3 分)；合理施肥：合理使用磷、钾肥，适当控制氮肥(3 分)；施用生长延缓剂和抗蒸腾剂(2 分)。

三、实验题：10 分。

19. 如何用试验证明植物的光周期诱导成花过程中，暗期与光期相比，暗期具有决定作用。

【考点】光期与暗期的作用。

【答题要点】在光周期诱导植物的成花过程中，暗期的长度是诱导植物成花的决定因素。短日植物在超过临界暗期的条件下被诱导开花，长日植物在短于临界暗期的条件下开花(2 分)。用闪光处理中断暗期，则短日植物不能开花；相反，却诱导了长日植物开花(3 分)。若在光期中插入一短暂的暗期，对长日植物和短日植物的开花反应都没有什么影响(3 分)。说明植物的光周期诱导成花过程中，暗期与光期相比，暗期具有决定作用(2 分)。

四、分析论述题：每小题 13 分，共 26 分。

20. 举例分析植物激素调控植物生长发育过程中的相互关系。

【考点】植物激素的协同和拮抗作用。

【解析】在植物生长发育过程中，多种激素相互作用共同调控生理过程。激素之间存在着相互协同或相互拮抗的关系。

【答题要点】

(1)激素之间的相互协同关系：生长素和赤霉素对于促进植物胚芽鞘、下胚轴、茎段等的生长表现出协同作用。在这个过程中，赤霉素促进了木葡聚糖内糖基转移酶(XET)的活性，增加了细胞壁对扩张蛋白的通透性，使大量的扩张蛋白进入细胞壁；生长素激活质子泵，促进质子分泌，酸化细胞壁环境，活化扩张蛋白，促进细胞壁的松弛，细胞生长。此外，赤霉素可提高内源生长素的水平。生长素也能调控活性赤霉素水平。高浓度生长素可诱导乙烯的合成。(7 分)

(2)激素之间的相互拮抗关系：在种子萌发过程中，赤霉素和脱落酸有拮抗作用。赤霉素诱导种子萌发，脱落酸抑制种子萌发。在控制植物顶端优势方面，生长素抑制侧芽萌发，维持着顶端优势，而细胞分裂素则促进侧芽生长，消除顶端优势，二者表现为相互拮抗关系。在调控气孔运动方面，脱落酸和细胞分裂素表现为相互拮抗作用。(6 分)

21. 论述植物的光形态建成。

【考点】光对植物生长的调控作用。

【解析】光是影响植物生长发育最重要的环境因子之一。光是光合作用的必需因素，是一切生物赖以生存的主要能量来源；同时，光作为一种环境信号参与调控植物的发育过程。

【答题要点】黑暗中生长的双子叶植物幼苗表现出各种黄化特征，如根发育减缓，下胚轴伸长、茎细长柔弱、顶端弯勾不伸直、叶片小且不扩展、缺乏叶绿素而呈白色或黄色，叶绿体发育不正常。这些现象是植物的暗形态建成，或称黄化现象。在光下生长的植物，下胚轴弯钩伸直、叶片展开、叶绿体发育完善、合成叶绿素、叶片转绿，能正常进行光合作用以获得碳素和能量，使植物生长正常而强壮。这种依赖光控制细胞分化、结构和功能的变化、表现于

组织和器官建成等形态变化，就是植物的光形态建成。(7 分)

与光合作用相比，光形态建成是一种低能量反应。(3 分)

目前所知植物的光受体包括三类：

(1)光敏色素；

(2)蓝光/紫外光-A 受体；

(3)紫外光-B 受体。

目前研究最深入的是光敏色素。光敏色素在转录水平调控细胞内多种酶，最终影响光形态建成。(3 分)

生 物 化 学

五、单项选择题：每小题 1 分，共 15 分。

22. 选择 C。

【考点】标准氨基酸。

【解析】蛋白质标准氨基酸中有 2 种为酸性氨基酸，其侧链都含有羧基。

23. 选择 B。

【考点】标准氨基酸特征及其单字母符号。

【解析】第 1 个为甘氨酸残基，侧链最小；第 2 个为谷氨酸残基，在生理 pH 下带负电荷；第 6 个为丝氨酸残基，含有羟基；第 8 个为苯丙氨酸残基。

24. 选择 D。

【考点】蛋白质工程概念。

【解析】蛋白质工程的实质是从改变基因入手来定点改变某个或某些氨基酸，以期改变蛋白质的结构和功能，满足人类需要。通过蛋白质工程产生的酶，如果设计不合理，在构象、活性和动力学参数上不一定能达到预期结果，但根据蛋白质工程含义，酶在一级结构上一定有明显变化。

25. 选择 D。

【考点】蛋白质一级结构。

【解析】蛋白质一级结构是指氨基酸顺序和二硫键的位置；一级结构改变通常是指氨基酸顺序改变，但氨基酸残基数、种类不一定变。蛋白质氨基酸组成是指氨基酸种类和各种氨基酸残基所占比例。

26. 选择 C。

【考点】分光光度法测定蛋白质浓度。

【解析】考马斯亮蓝法比双缩脲法敏感，在一定浓度范围符合比尔定律，但要求蛋白质为水溶性。由于已经显色，使用普通比色杯即可。紫外法测定时才需要石英比色杯。石英比色杯对紫外光基本无吸收。

27. 选择 A。

【考点】蛋白质分子大小。

【解析】球状蛋白质大小通常在 nm 量级，其原子之间的距离更小。

28. 选择 A。

【考点】层析技术。

【解析】层析技术又称为色谱技术，有的在滤纸或膜上进行，有的在薄板上进行，不一定是柱层析。不同层析，原理不同，有的基于目标物的溶解度，有的基于分子大小，有的则依据电荷等。无论哪种层析，都含有固定相和流动相。

29. 选择 C。

【考点】生物膜的不对称性。

【解析】不对称性是生物膜的重要特点之一。糖基、蛋白质在脂双层中的分布不对称好理解，至于磷脂分子，主要是指在脂双层内外侧，磷脂分子并非随机分布，它们的种类和比例有特定性。

30. 选择 D。

【考点】有意义链概念。

【解析】有意义链的核苷酸序列应该与编码蛋白的 mRNA 序列是相同的，只是在 mRNA 中没有 T 而是 U。

31. 选择 C。

【考点】嘧啶核苷酸的合成过程。

【解析】生物体首先合成的嘧啶核苷酸是 UMP，而胞嘧啶核苷酸的合成是在三磷酸的水平完成的，因此，CTP 是通过 CTP 合成酶催化 UTP 和谷氨酰胺反应产生的。关键点是 UMP，三磷酸水平。因此，选项是 C。

32. 选择 A。

【考点】嘌呤核苷酸的降解过程。

【解析】不同生物嘌呤核苷酸代谢的终产物不同，人体嘌呤核苷酸代谢的终产物是尿酸，注意人体氨基酸代谢能够产生尿素。

33. 选择 B。

【考点】丙酮酸脱氢酶复合体。

【解析】该复合体由 3 个酶 6 个辅因子组成。给出的选项，只有 $NADP^+$ 不是该酶的辅因子。

34. 选择 B。

【考点】蛋白质的合成，特别是催化肽键形成的酶。

【解析】在大肠杆菌蛋白质合成过程中，催化肽键形成的是核酶，由核糖体大亚基 23S rRNA 催化。

35. 选择 C。

【考点】嘌呤核苷酸的合成过程，主要是嘌呤环各元素的来源。

【解析】给出的四种氨基酸，其中谷氨酸 Glu 没有给嘌呤环贡献元素。

36. 选择 A。

【考点】磷酸戊糖途径。

【解析】该途径分成氧化和非氧化阶段。非氧化阶段的反应主要是分子重排，不涉及氧化还原反应。参与该阶段反应的酶主要是转酮酶和转醛酶，而醛缩酶催化 3-磷酸甘油醛和磷酸二羟丙酮生成 1,6-二磷酸果糖的过程，该过程也属于非氧化阶段。因此，选项 A 是正确的。

六、简答题：每小题 8 分，共 24 分。

37. 将 RNA 和 DNA 分别加到稀碱(0.1 mol/L NaOH)溶液中，请预测 RNA 和 DNA 的稳定性，并结合分子结构特点进行解释。

【考点】RNA 和 DNA 碱稳定性差异本质。

【答题要点】

推测：RNA 磷酸酯键会发生水解，而 DNA 稳定。(4 分)

原因：RNA 的核糖有 2′-羟基，磷酸酯键易被水解。在弱碱性溶液中，OH^- 攻击 2′-羟基，移走一个 H^+；具有负电性的 2′-羟基氧攻击 3′-磷酯基团上的磷并与之共价结合，引起磷酸酯键水解；由此形成的 2′,3′-环磷酸酯，进一步水解产生 3′-核苷酸、2′-核苷酸的混合物。而 DNA 的脱氧核糖在 2′ 位无羟基，故对碱稳定。(4 分)

38. 请写出 TCA 循环以及脂代谢 β-氧化过程中产生 $FADH_2$ 的脱氢反应及催化反应的酶。

【考点】TCA 循环和脂代谢的途径。

【答题要点】

(1)在 TCA 循环中，琥珀酸脱氢酶催化琥珀酸产生延胡索酸的反应也伴随 $FADH_2$ 的产生，随后转化为 QH_2 进入电子传递链而产生能量。

(2)在脂肪酸 β-氧化时，脂酰 CoA 脱氢酶催化脂酰 CoA 脱氢产生烯脂酰 CoA 时，也伴随 $FADH_2$ 的产生。$FADH_2$ 通过其他一些酶的作用最后以 QH_2 的形式进入电子传递链而产生能量。

【知识拓展】在生物体内的生物化学反应中氧化还原反应非常重要。氧化还原反应通常产生的还原物质为 NADH 和 $FADH_2$ 等。题目也可以换成“请写出 EMP 途径、TCA 循环以及脂肪酸 β-氧化过程中产生 NADH 的脱氢反应。”

39. 论述乙酰 CoA 羧化酶的作用、组成及其活性调节。

【考点】脂肪酸从头合成途径中关键酶乙酰 CoA 羧化酶。

【答题要点】乙酰 CoA 羧化酶催化的反应，乙酰 CoA 羧化酶的组成及各组分功能，该酶的活性调节方式，包括别构调节和共价修饰。

(1)乙酰 CoA 羧化酶催化乙酰 CoA 生成丙二酸单酰 CoA 的反应，该酶是脂肪酸从头合成途径的关键酶，其活性决定了脂肪酸从头合成的速度。

(2)乙酰 CoA 羧化酶由三部分组成，分别是乙酰 CoA 羧化酶、生物素羧基载体蛋白和转羧基酶。乙酰 CoA 羧化酶负责将羧基转给生物素羧基载体蛋白，转羧基酶负责将羧基从生物素羧基载体蛋白转移给乙酰 CoA，产生丙二酸单酰 CoA。

(3)乙酰 CoA 羧化酶活性调节。

该酶有磷酸化和脱磷酸化两种形式，前者是活性形式，后者是非活性形式。当外界信号被传导后，细胞通过蛋白激酶和蛋白磷酸化酶来调节乙酰 CoA 羧化酶的存在形式，从而调节该酶活性。其中蛋白激酶催化有活性的乙酰 CoA 羧化酶磷酸化形式的产生，而蛋白磷酸化酶催化无活性的乙酰 CoA 羧化酶脱磷酸化形式的产生。此外，该酶还受到别构调节。柠檬酸是该酶的别构激活剂，而棕榈酰 CoA 和长链脂酰 CoA 是该酶的别构抑制剂。当细胞中别构调节剂浓度发生变化时，该酶的活性将受到调节。

【知识拓展】在细胞中有许多酶在各代谢途径中发挥很重要的作用，那么，有关这些酶的作用、组成以及活性调节就显得尤为重要。例如，丙酮酸脱氢酶复合体，它是细胞糖代谢途径中的一个关键调节酶，它的相关内容已经在 2011 年农学门类全国硕士生入学统一考试中作为考题出过。类似的题同学们也可自己出题自己回答。

七、实验题：10 分。

40. 酶在分离纯化过程中容易失去活力。为了获得有活力、高纯度的酶制剂，需要在经历每一次纯化步骤后追踪酶活力。对于一个 100 mL 的粗提酶液（蛋白质浓度 2 mg/mL），如果测定总活为 100 U；经过亲和柱层析进行纯化后获得 2 mL 纯品（蛋白质浓度 0.5 mg/mL），测定酶总活为 70 U。请问：酶回收率是多少？酶的纯化倍数是多少？请给出计算根据。

【考点】酶活力追踪。

【答题要点】

根据：

回收率＝酶制剂总活力/粗提酶总活力

纯化倍数＝酶制剂比活/粗提酶比活　　（2 分）

因为，粗酶总活力：100 U

纯酶总活力：70 U

所以，酶回收率：70 U/100 U＝70%　　（4 分）

因为，粗酶比活力：0.5 U/mg

纯酶比活力：70 U/mg

所以，酶的纯化倍数：70 U/0.5 U＝140　　（4 分）

八、分析论述题：每小题 13 分，共 26 分。

41. 酶实现高效催化的因素有哪些（至少写出 4 种）？讨论酶实现高效催化的实质，并举例说明酶抑制剂在农业生产上的应用。

【考点】酶的高效性和应用。

【答题要点】

一共有 6 种因素，可选择其中 4 种：邻近与定向效应、诱导契合、酸碱催化、共价催化、金属离子催化、酶活性中心的疏水微环境等。（6 分）

酶高效催化的实质是：酶不仅能特异性结合底物形成过渡态，并能稳定过渡态，从而更有效地降低反应活化能，加速反应。（3 分）

举例：有机磷农药具有杀虫作用，就是因为它们能与乙酰胆碱酯酶的丝氨酸羟基共价结合，对酶产生不可逆抑制。乙酰胆碱是昆虫和脊椎动物神经递质，它在完成信号传递后需要在乙酰胆碱酯酶催化下被水解为胆碱和乙酸。乙酰胆碱酯酶失活，乙酰胆碱将大量积累，这会使神经过度兴奋而引发抽搐症状而致死。这类抑制剂对植物没有毒性，所以可以作为农药。（4 分）

42. 请从遗传密码的特性考虑，举例说明为什么有些氨基酸具有一种以上的 tRNA 作为运载工具参与蛋白质合成，并推断理论上完成 20 种氨基酸的转运需要多少种 tRNA。（13 分）

【考点】遗传密码的特点、同工受体 tRNA 的概念。

【答题要点】遗传密码的简并性、遗传密码的变偶性以及变偶规则。

遗传密码 **

第 1 位	第 2 位				第 3 位
(5′端)	U	C	A	G	(3′端)
U	UUU(苯丙氨酸)	UCU(丝氨酸)	UAU(酪氨酸)	UGU(半胱氨酸)	U
	UUC(苯丙氨酸)	UCC(丝氨酸)	UAC(酪氨酸)	UGC(半胱氨酸)	C
	UUA(亮氨酸)	UCA(丝氨酸)	UAA(终止密码子)	UGA(终止密码子)	A
	UUG(亮氨酸)	UCG(丝氨酸)	UAG(终止密码子)	UGG(色氨酸)	G
C	CUU(亮氨酸)	CCU(脯氨酸)	CAU(组氨酸)	CGU(精氨酸)	U
	CUC(亮氨酸)	CCC(脯氨酸)	CAC(组氨酸)	CGC(精氨酸)	C
	CUA(亮氨酸)	CCA(脯氨酸)	CAA(谷氨酰胺)	CGA(精氨酸)	A
	CUG(亮氨酸)	CCG(脯氨酸)	CAG(谷氨酰胺)	CGG(精氨酸)	G
A	AUU(异亮氨酸)	ACU(苏氨酸)	AAU(天冬酰胺)	AGU(丝氨酸)	U
	AUC(异亮氨酸)	ACC(苏氨酸)	AAC(天冬酰胺)	AGC(丝氨酸)	C
	AUA(异亮氨酸)	ACA(苏氨酸)	AAA(赖氨酸)	AGA(精氨酸)	A
	AUG(甲硫氨酸)*	ACG(苏氨酸)	AAG(赖氨酸)	AGG(精氨酸)	G
G	GUU(缬氨酸)	GCU(丙氨酸)	GAU(天冬氨酸)	GGU(甘氨酸)	U
	GUC(缬氨酸)	GCC(丙氨酸)	GAC(天冬氨酸)	GGC(甘氨酸)	C
	GUA(缬氨酸)	GCA(丙氨酸)	GAA(谷氨酸)	GGA(甘氨酸)	A
	GUG(缬氨酸)	GCG(丙氨酸)	GAG(谷氨酸)	GGG(甘氨酸)	G

* AUG 也作为起始密码子。

** 密码子的阅读方向为 5′→3′。

(1)遗传密码的简并性:一个氨基酸有多个密码子编码,这种现象为遗传密码的简并性,这些密码子被称为同义密码子或者简并密码子。以亮氨酸为例,从图中的密码簿发现它有 6 个密码子,分别是 UUA、UUG、CUU、CUC、CUG、CUA。

(2)遗传密码的变偶性:tRNA 的反密码子与密码子在碱基配对时并不严格按照 A-U,G-C 配对,而是有一定的规则,即变偶规则。如图所示。由此可以看出同一个反密码子能够与几个密码子配对。例如,tRNA 反密码子为 IAG 则可与密码子 CUU、CUC 和 CUA 配对。分析亮氨酸的 6 个密码子,一种反密码子是 UAA 的 tRNA 能够与 UUA、UUG 这一组密码子成配对,而一种反密码子是 CAG 的 tRNA 能够与 CUG 配对,另一种反密码子为 IAG 的 tRNA 能够与 CUU、CUC 和 CUA 3 个密码子配对,因此,亮氨酸的 6 个密码子理论上需要 3 种 tRNA 则能够完成将氨基酸装载进入核糖体与 mRNA 上的密码子配对识别。

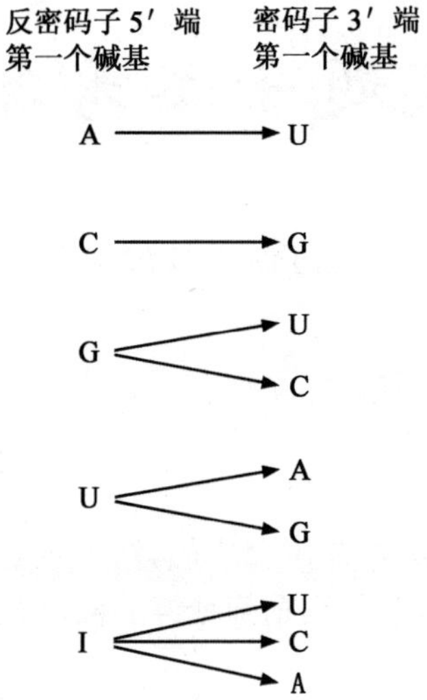

(3)根据以上的推理，脯氨酸有4个密码子，即CCU、CCA、CCG、CCC，前3个密码子需要一个反密码子是IGG的tRNA与之配对，而CCC需要反密码子是GGG的tRNA与之配对，这样，脯氨酸密码子需要2种tRNA，依此类推，20种氨基酸理论上需要31种tRNA。如果加上运载起始氨基酸的tRNA，则为32种。

【知识拓展】这类题目属于比较综合、难度较大，不在此处拓展。

全真模拟试题十参考答案及解析

植物生理学

一、单项选择题：每小题 1 分，共 15 分。

1. 正确答案为 A。

【考点】细胞壁的组成、结构。

【解析】纤维素是通过纤维素合酶复合体合成的，纤维素合酶复合体位于细胞质膜上，纤维素合酶将葡萄糖供体上的葡萄糖基加到葡萄糖链上催化合成 $\beta(1\to4)$连接的 D-葡聚糖链，葡萄糖供体是 UDP-葡萄糖。

2. 正确答案为 C。

【考点】植物细胞的水势组成。

【解析】植物细胞的水势等于 $\Psi_w=\Psi_p+\Psi_s$，当植物细胞处于纯水中，细胞吸水，细胞体积达到最大，此时 $\Psi_w=0$，$\Psi_p=\Psi_s$。

3. 正确答案为 D。

【考点】植物必需元素的主要生理功能及缺素症。

【解析】植物体内的元素可分为重复利用元素与不可重复利用元素。当钙供应不足时，缺钙初期顶芽、幼叶呈淡绿色，继而叶尖出现典型的钩状，随后坏死。钙是不易被转运和重复利用的元素，因此缺素症在上部的幼茎、幼叶上。而 N、P、K 都为易移动的元素，缺乏后，症状首先表现在老叶上。

4. 正确答案为 C。

【考点】光合电子传递链。

【解析】在光合电子传递链中，水分子是光合作用电子传递过程的最初的电子提供者，PSⅡ通过氧化水而获得电子，2 分子的水被氧化、裂解，放出 1 分子的氧、4 个 H^+ 和 4 个电子，此反应是在 PSⅡ 中的放氧复合体上进行的，由于放氧复合体位于类囊体的囊腔一侧，因此，水氧化所释放的氧和 H^+ 将直接进入类囊体腔。

5. 正确答案为 D。

【考点】光合碳同化。

【解析】C_3 植物与 C_4 植物的区别之一即 C_4 植物具有 CO_2 浓缩机制。在一般的光强下，C_3 植物和 C_4 植物对 CO_2 的固定速率没有多大的区别，只有在高光强、低 CO_2 的环境下，C_4 植物拥有 CO_2 的浓缩机制才显示出其吸收 CO_2 的优势。玉米和高粱都是 C_4 植物，棉花和小麦都是 C_3 植物，不具备这种条件下吸收 CO_2 的特点。

6. 正确答案为 A。

【考点】影响呼吸作用的因素。

【解析】在呼吸过程中被氧化分解的有机物称为呼吸底物，呼吸底物在呼吸过程中所释放的 CO_2 的量和吸收的 O_2 的量的比值为呼吸商。当以糖为呼吸底物时，其呼吸商为 1；油脂或蛋白质含氧量较少，需要较多的氧才能被彻底氧化，其呼吸商小于1；当呼吸底物为含氧较多的多元有机酸时，则呼吸商大于1。

7. 正确答案为A。

【考点】光敏色素与植物光周期反应。

【解析】光敏色素是植物感受光周期的原初受体，红光促使植物体内生理活跃型Pfr型光敏色素升高，钝化型Pr型光敏色素降低。

8. 正确答案为A。

【考点】细胞分裂素的生理效应。

【解析】细胞分裂素具有诱导侧芽生长的生理效应，细胞分裂素是削弱或打破顶端优势的激素，当细胞分裂素合成酶基因发生突变时，突变体中细胞分裂素含量降低，这样就会使顶端优势增强。

9. 正确答案为B。

【考点】植物感受低温的部位。

【解析】一般认为，植物春化作用感受低温的部位是分生组织和某些能进行细胞分裂的部位。

10. 正确答案为D。

【考点】光周期理论的实践应用。

【解析】短日植物从北方引种到南方，将提前开花，如需收获果实或种子，则应选择晚熟品种，而从南方引种到北方，则应选择早熟品种。长日植物从北方引种到南方，将延迟开花，宜选择早熟品种，而从南方引种到北方时，宜选择晚熟品种。

11. 正确答案为B。

【考点】花器官发育的基因调控。

【解析】根据花形态建成遗传控制的"ABC模型"，A型基因控制萼片的发育，A型和B型基因协同调控花瓣发育，B型和C型基因协同控制雄蕊发育，C型基因控制心皮或雌蕊发育，即萼片、花瓣、雄蕊和心皮分别由A、AB、BC和C组基因决定。如果缺失B型基因，第二区域发育成萼片，不是正常的花瓣，而第三区域则发育成雌蕊，不是正常的雄蕊，突变体花的结构变成了萼片-萼片-雌蕊-雌蕊。

12. 正确答案为B。

【考点】光周期现象及光周期反应的类型。

【解析】长日植物指在24 h昼夜周期中，日照长度必须长于一定时数，才能成花的植物。短日植物指在24 h昼夜周期中，日照长度短于一定时数才能成花的植物。日中性植物的成花对日照长度不敏感，在任何长度的日照下均能开花。中日性植物只有在某一定中等长度的日照条件下才能开花。在同一纬度地区，长日植物多在日照较长的春末和夏季开花，短日植物则在日照较短的秋季开花。

13. 正确答案为C。

【考点】植物的性别分化。

【解析】IAA一般增加雌株和雌花，GA主要促进雄性器官的发育，不利于雌性器官的分化。细胞分裂素有利于雌花的形成。乙烯促进雌花发育。矮壮素(CCC)抑制雄花的形成，与GA相对抗。

14. 正确答案为 B。

【考点】受精生理。

【解析】花粉落在柱头上，如果是亲和的则很快萌发，花粉管快速生长。花粉管在花柱中的伸长生长是定向的，总是向着胚珠方向伸长，并且一个胚珠只能接纳一条花粉管。花粉管在花柱中的定向伸长是由于雌蕊中存在向化性物质，从柱头到胚珠向化性物质呈梯度分布，花粉管顶端向着向化性物质较多的方向生长。

15. 正确答案为 C。

【考点】春化作用的机制。

【解析】在拟南芥中鉴定的 *FLC* (Flowering Locus C)是春化作用的关键基因，*FLC* 是开花抑制因子基因。在未春化的茎尖，*FLC* 大量表达，维持植物的营养生长，抑制开花。春化后，低温的成花诱导作用是通过对 *FLC* 表达进行负调控，降低 *FLC* 表达水平，从而促进开花。

二、简答题：每小题 8 分，共 24 分。

16. 简述影响光合作用的外界因素。

【考点】影响光合作用的因素。

【解析】光合作用受多种内、外因素的影响，影响光合作用环境因子主要有光、CO_2、温度、矿质元素、水分等。

【答题要点】

(1)光。光是光合作用的动力，也是形成叶绿素、叶绿体以及正常叶片的必要条件，光调节气孔开度和光合酶的活性，因此，光直接制约着光合速率的高低。(2 分)

(2)CO_2。CO_2 是光合作用的原料。在一定范围内(一定光强和温度下)植物的净光合速率随 CO_2 浓度增高而增加，到一定程度时，再增加 CO_2 浓度光合速率不再增加。理解 CO_2 饱和点的定义。(2 分)

(3)温度。CO_2 的同化是一系列的酶促反应，受到温度的影响。在强光和高 CO_2 条件下，温度是光合作用的限制因素。(2 分)

(4)水分。水是光合作用的原料。缺水时，叶片气孔开度减小，影响 CO_2 的进入，使光合速率降低；同时缺水时，一些水解酶活性提高，不利于糖的形成，同时还会影响细胞伸长生长并抑制蛋白质的合成；缺水严重时，光合机构会受损，电子传递效率下降，光合磷酸化解，同化力形成下降。同样，缺水严重时，叶绿体的发育与结构被破坏，根系发育与生长不良，从而直接或间接影响光合作用。(2 分)

17. 简述植物的自交不亲和性。

【考点】受精生理。

【解析】受精是雄配子把精细胞输送到雌配子体中与雌配子结合的过程，从花粉粒落到雌蕊柱头上开始，花粉与柱头细胞相互作用，若是亲和的，花粉萌发，花粉管经花粉管通道向胚珠方向伸长，最后进入胚珠内部，完成双受精作用。许多植物的花粉落在同花的雌蕊柱头上，不能完成正常受精，这种现象称为自交不亲和性。自交不亲和性可分为配子体型和孢子体型。

【答题要点】植物的自交不亲和性是指花粉散落在同花的雌蕊柱头上，不能完成正常受精，不能获得种子，这种现象称为自交不亲和性。自交不亲和是由一系列 S 等位基因控制，由 S 等位基因产生的特异糖蛋白的识别作用决定。(2 分)

自交不亲和性可分为配子体型和孢子体型。配子体型自交不亲和性的识别一般在花柱中进行，S 等位基因表达的糖蛋白存在于花柱中，在花柱中完成识别。当花粉的基因型与雌蕊的基因型不匹配时，花粉粒萌发、花粉管生长并完成受精作用。当花粉的基因型与雌蕊的基因型匹配时，花粉萌发，花粉管生长进入花柱，但在花柱组织内花粉管的生长被抑制。(3 分)

孢子体型自交不亲和性的识别一般在柱头表面进行，花粉的等位决定因子在花粉的外壁上，通过花粉外壁蛋白与柱头表膜蛋白而识别。当花粉的基因型与雌蕊的基因型不匹配时，花粉粒萌发、花粉管生长。当花粉的基因型与雌蕊的基因型匹配时，花粉管不能穿透柱头乳突细胞的角质层。(3 分)

18. 简述干旱条件下植物体内 ABA 的变化及其作用。

【考点】植物对水分胁迫的生理反应。

【解析】ABA 是植物对逆境反应的重要调节者，植物处于逆境时，体内 ABA 含量大幅度升高，诱导逆境胁迫下植物基因的特异表达，植物内源 ABA 含量与其抗逆能力呈正相关。ABA 也称为胁迫激素。

【答题要点】在干旱条件下，植物体内 ABA 含量增加。(3 分)

ABA 能有效地促进气孔关闭和降低蒸腾，减缓植物体内水分亏缺；使植物生长减慢，增强根的透性，提高水的通导性等来增加植物的抗旱性。(4 分)

ABA 是引起交叉适应的关键物质。(1 分)

三、实验题：10 分。

19. 请设计实验证明植物遭遇冷害后引起细胞膜透性增大。

【考点】膜透性的测定。

【解析】逆境对细胞膜结构的影响是多方面的，逆境胁迫使细胞膜透性增大，导致大量细胞质外渗，引起细胞外液电导率增加。

【答题要点】测定质膜透性变化最常用的方法是测定组织外渗液的电导率的变化。将植物组织浸入去离子水中，水的电导率将因电解质的外渗而增加，冷害越严重，电解质的外渗量越大，电导率的增加就越大。(5 分)

用电导仪测定正常植物和遭遇冷害的植物的叶片或茎段浸出液的电导率，电导率增加，表明细胞膜透性增大，膜受伤害的程度越大。(5 分)

四、分析讨论题：每小题 13 分，共 26 分。

20. 比较 C_3 植物和 C_4 植物的光合速率差异并说明原因。

【考点】C_3 与 C_4 植物光合特性比较。

【答题要点】

(1)C_4 植物光合速率高于 C_3 植物，特别是在高光强、高温及相对湿度较低的条件下。在光强和温度较低条件下，C_4 植物光合速率不一定比 C_3 植物更具优越性。(5 分)

(2)原因:C_4 植物叶片具特殊结构,叶肉细胞和微管束鞘细胞中具不同类型叶绿体,有不同的碳同化酶系,PEP 羧化酶和 CO_2 亲和力强,可大量固定 CO_2,增加维管束鞘细胞中 CO_2 浓度,促进 RuBP 羧化酶催化羧化反应,增加光合速率,降低光呼吸,增加碳再固定,在高温和高光强下比 C_3 植物受 CO_2 供应不足限制,而 C_4 植物则能保持高的光合速率;但 C_4 植物的光合作用需要更多的 ATP,因此在光强和温度较低条件下则不一定比 C_3 植物更具优越性。(8 分)

21. 论述生长素在植物体内的运输机制。

【考点】生长素的极性运输。

【答题要点】

(1)生长素在植物体内的运输是极性运输。(3 分)

(2)生长素的极性运输与细胞质膜上生长素流入载体和生长素流出载体的不对称分布有关。生长素流入载体 AUX1 蛋白定位于细胞的上端质膜上,生长素流出载体包括 PIN 蛋白和 PGP 蛋白,PIN 蛋白定位于细胞的基端质膜上,PGP 蛋白均匀分布在细胞质膜上。(5 分)

(3)细胞内的生长素以 IAA-形式在化学势的推动下,经过位于细胞基部质膜上的 PIN 蛋白从细胞内单向输出,IAA-进入细胞壁空间后即被质子化为 IAAH,IAAH 可以经过位于细胞上部质膜上的 AUX1 蛋白或经过扩散过程通过细胞壁,顺着其浓度梯度进入其下部相邻的细胞内。在下部细胞内部,由 IAAH 脱质子化产生的 IAA-通过扩散至或由细胞质流输送至该细胞的基部,再一次被该细胞基部的 PIN 输送至细胞壁空间。(5 分)

生 物 化 学

五、单项选择题:每小题 1 分,共 15 分。

22. 选择 A。

【考点】氨基酸分类。

【解析】组成蛋白质的 20 种氨基酸,根据其降解产物是否可以生成糖、酮体将其分为生酮氨基酸、生糖氨基酸和生糖兼生酮氨基酸。其中只能生成酮体的氨基酸是赖氨酸和亮氨酸,生糖兼生酮的氨基酸为芳香族氨基酸和异亮氨酸。只能选择 A。

23. 选择 C。

【考点】脱氧核糖核苷酸合成。

【解析】核糖核苷二磷酸还原酶催化的反应有两条电传递链参与,谷胱甘肽和硫氧还蛋白是电子传递的中间化合物。该酶的底物通常是核糖核苷二磷酸。该酶具有开关位点和底物专一性决定位点,能作用于 4 种核糖核苷二磷酸。因此,选项 C 的描述是错误的,其他选项的描述是正确的。

24. 选择 C。

【考点】本题是有关脂肪酸合成和降解的对比题,综合性较强。

【解析】脂肪酸合成是在细胞质中进行,而氧化在线粒体中进行。选项 C 描述是错误的,因此选择 C。但应注意,如果错误的选项是有关其他方面的对比,那么如果复习不到位,则容易答错题。

25. 选择 B。

【考点】脂肪酸从头合成过程中关键中间产物丙二酸单酰 CoA 合成。

【解析】题目内容涉及丙二酸单酰 CoA 合成过程以及催化反应的酶的调控,综合性较强。其中,选项 B 谈到的 ACP 酰基载体蛋白不参与丙二酸单酰 CoA 的生成反应,它参与后续脂肪酸合成过程。

26. 选择 B。

【考点】真核生物 mRNA 加工。

【解析】真核生物 mRNA 加工通常包括在 mRNA 3′端加尾,5′端加帽子和内含子切除。根据选项给出的内容,A 和 C 容易判断,D 选项谈到的是加帽子过程,是正确的。

27. 选择 D。

【考点】PPP 途径。

【解析】PPP 途径能够产生核苷酸合成的前体物质 5-磷酸核糖。其他选项都是错误的。

28. 选择 A。

【考点】原核生物蛋白质合成起始过程。

【解析】参与细菌蛋白质合成的起始化合物包括 $fMet\text{-}tRNA^{Met}$、GTP 和 IF-2。EF-Tu 是蛋白质延伸过程中的蛋白因子,不参与蛋白质合成的起始过程。

29. 选择 B。

【考点】尿素循环反应。

【解析】鸟氨酸转氨甲酰酶催化生成瓜氨酸的反应,其他选项是干扰选项。

30. 选择 D。

【考点】非蛋白质氨基酸。

【解析】非蛋白质氨基酸呈游离状态存在,有的是合成标准氨基酸的前体物,有的是某些生物化学代谢途径的中间物,有些转化为其他活性物质。如苯丙氨酸降解转化成激素物质"去甲肾上腺素",谷氨酸脱羧形成神经递质"γ-氨基丁酸",缬氨酸参与构成抗生素"缬氨霉素",由甲硫氨酸转化生成的 S-腺苷甲硫氨酸是甲基供体。

31. 选择 D。

【考点】蛋白质修饰。

【解析】蛋白质修饰在蛋白质实现生物功能中具有重要作用。修饰类型很多,有磷酸化、核苷酸化、糖基化、甲基化等,有关知识可以从酶活性调节的"酶共价修饰类型"中了解。

32. 选择 C。

【考点】抗体功能特点。

【解析】抗体的应用价值主要在于它能够特异识别、结合抗原。与疾病相关的特异生物大分子(或称抗原)即便微量存在,也可以得到鉴定,这是因为抗体分子通常被连接上酶或荧光基团,从而大大提高信号灵敏度。

33. 选择 B。

【考点】生物大分子中的糖苷键多样性。

【解析】除了存在于单糖分子之间的典型糖苷键外,在蛋白质-糖、肽-糖共价连接中还存在 N-糖苷键或 O-糖苷键,这些键又统称糖肽键;糖肽键本质上属于糖苷键,而非肽键。核蛋白因为含有核酸，而核苷酸中碱基和核糖之间也是 N-糖苷键。

34. 选择 D。

【考点】DNA 回文结构特点。

【解析】回文结构主要特点是：含有反向重复序列，且出现在 DNA 两条链中呈二重对称。B 属于镜像重复，即反向重复序列在同一条 DNA 链中。限制性内切酶识别序列通常是回文结构。

35. 选择 D。

【考点】酶活性中心组氨酸的作用。

【解析】组氨酸属于碱性氨基酸，易溶于水；其咪唑基 pK_a 为 6～7，这使得它在中性 pH 下有一半为质子化，另一半咪唑氮原子上含有自由电子对。因而可以作为“酸”给出质子，又可以作为“碱”接受质子，在酶的酸碱催化中起重要作用。

36. 选择 A。

【考点】脂肪酸结构特点。

【解析】脂肪酸由极性羧基和非极性烃基组成，既有亲水性又有疏水性，为两亲化合物，大量接触细胞膜会对后者造成伤害。在细胞中，脂肪酸通常与甘油形成中性脂(甘油三酯)得以保存或运输，很少以游离形式存在。

六、简答题：每小题 8 分，共 24 分。

37. 请计算 16∶1 的脂肪酸在经过 β-氧化彻底产生二氧化碳和水的过程中 ATP 生成的数量。

【考点】脂肪酸经过 β-氧化和 TAC 循环的能量计算。

【答题要点】

(1)16∶1 的脂肪酸经过 7 轮 β-氧化能够生成 8 个乙酰 CoA；由于 16∶1 的脂肪酸有一个不饱和双键，所以有一次 β-氧化没有 $FADH_2$ 的生成，总计 6 分子 $FADH_2$，7 分子 NADH；这些还原性辅酶进入电子传递链能够生成 26.5 分子 ATP(1.5×6+2.5×7)。

(2)8 个乙酰 CoA 进入 TCA 循环，合计生成 80 个 ATP(8×10)。

(3)脂肪酸活化用掉 2 个高能磷酸键，计算为消耗 2 个 ATP。

(4)合计 104.5 个 ATP(26.5+80－2)。

【知识拓展】相似的题目：如计算 18∶1 或者 12∶0、14∶0 等脂肪酸在经过 β-氧化彻底产生二氧化碳和水的过程中 ATP 生成的数量。

38. 请比较 DNA 复制、RNA 转录和蛋白质合成过程，说明各自合成的忠实性机制。

【考点】DNA 复制、RNA 转录和蛋白质合成的一些知识点。

【答题要点】

(1)每掺入一个核苷酸，DNA 复制错误率为 10^{-10}，RNA 转录错误率为 10^{-5}，每掺入一个氨基酸，蛋白质合成的错误率为 10^{-4}。由此可知 DNA 复制的准确性最高。

(2)首先，DNA 复制过程中 DNA 聚合酶具有 $3'\rightarrow5'$外切酶活性，可以对错误掺入的核苷酸进行校正。其次，细胞还存在 DNA 的修复机制。这些机制保证了 DNA 复制的高度忠实性。

(3)RNA 转录不存在校正机制，转录忠实性较差。

(4)蛋白质合成时，tRNA 的装载非常重要，氨酰 tRNA 合成酶在装载 tRNA 时保证精确性。氨酰 tRNA 合成酶专一性很强，对于专一性相对较弱的氨酰 tRNA 合成酶而言，其有校正活性。氨酰 tRNA 进入核糖体时，由 EF-Tu-GTP 领位进入，只有密码子反密码子正确识别后 GTP 水解，EF-Tu-GDP 离开核糖体。上述对保证蛋白质合成忠实性都给予了贡献。目前研究认为保证蛋白质合成准确性还有其他机制。

39. 简述利用 Sanger 法鉴定多肽链氨基末端氨基酸的基本原理。并列出另外两种方法的名称。

【考点】多肽链末端分析。

【答题要点】

(1)Sanger 反应所需要的主要试剂为 2,4-二硝基氟苯(DNFB)(2 分)；DNFB 在弱碱性条件下与多肽链 N 端氨基酸残基 α-氨基反应形成 DNP-肽(2 分)；

(2)在对 DNP-肽进行酸水解时，由于新形成的共价键比肽键稳定，水解产物中只有 N 末端氨基酸以“DNP-氨基酸”(黄色)形式存在，其他均为无色游离氨基酸，结合层析技术即可鉴定出多肽链 N 端氨基酸(2 分)。

(3)其他方法有：氨肽酶法、丹磺酰氯(或 Edman 降解法等)(2 分)。

【知识拓展】多肽链 N 末端分析方法很多，各有应用特点。氨肽酶是一类肽链外切酶，专门从 N 末端开始逐个水解肽键。通过控制酶反应速度，可以分离、鉴定 N 端氨基酸。实际上，由于酶反应速度很难严格控制，该法在应用中有较大局限性。丹磺酰氯是一种荧光试剂，能专一性地与多肽链 N 端的 α-氨基发生反应，生成稳定的 DNS-肽；肽键经酸水解释放出游离氨基酸，结合层析或电泳技术，即可鉴定出带荧光的 DNS-氨基酸。相比之下，Edman 降解法更有效。

七、实验题：10 分。

40. 何为蛋白质 pI? 如何用生物化学法快速鉴定一种蛋白质的 pI? 举一例说明蛋白质 pI 在分离蛋白质中的应用。

【考点】蛋白质 pI。

【答题要点】

(1)pI 即等电点(1 分)。蛋白质分子静电荷为零(或正电荷与负电荷相等)时溶液的 pH 即为该蛋白的 pI(2 分)。

(2)利用等电聚焦电泳可以鉴定。在含有两性电解质的连续 pH 梯度凝胶中，由于蛋白质属于两性电解质，在电场中可以依据电荷性质和数量在凝胶中移动，当移动到等电点区域时，便停留在那里(3 分)。与已知 pI 的标准蛋白条带相比，即可鉴定出未知样品等电点(2 分)。

(3)应用：如已知一个蛋白质的 pI，可通过“等电沉淀”技术粗分离该蛋白质，因为蛋白质在其等电点时溶解度最小(2 分)。

【知识拓展】利用“蛋白质在 pI 时溶解度最小的原理”，通过在蛋白质溶液中慢慢加入酸或碱，观察、记录蛋白质沉淀情况，也可测出蛋白质 pI，但结果精确度不高。pI 的应用很广泛，如溶解蛋白质时，溶液的 pH 要避开等电点；进行离子交换柱层析时，洗脱液 pH 的选择也要考虑到 pI。

八、分析论述题：每小题 13 分，共 26 分。

41. 请说明为什么三羧酸循环不仅是糖、脂肪和蛋白质降解的共同途径，而且还是某些物质的合成途径。

【考点】糖代谢、脂代谢和氨基酸代谢的联系，主要是 TCA 循环，是综合性很强的题目。

【答题要点】

(1)糖原、淀粉降解生成葡萄糖；葡萄糖经过 EMP、丙酮酸脱羧脱氢、TCA 循环彻底氧化分解；

(2)脂肪降解产生 3-磷酸甘油和脂肪酸。前者在激酶作用下生成 3-磷酸甘油，在 3-磷酸甘油脱氢酶作用下生成磷酸二羟丙酮，继而进入 EMP 途径、最后进入 TCA 循环彻底氧化分解；脂肪酸降解生成乙酰 CoA，后者也进入 TCA 循环彻底氧化分解；

(3)蛋白质降解生成的基本氨基酸，这些氨基酸可以进行降解产生如丙酮酸、草酰乙酸、延胡索酸、乙酰 CoA、α-酮戊二酸、琥珀酰 CoA 等，这些物质都可进入 TCA 循环彻底氧化分解；

(4)草酰乙酸、α-酮戊二酸可以通过转氨基作用直接生成天冬氨酸和谷氨酸；琥珀酰等 CoA 是合成卟啉的前体；

(5)柠檬酸参与脂肪酸合成的过程，主要是柠檬酸-丙酮酸循环；

(6)TCA 循环的中间产物可通过草酰乙酸合成葡萄糖。

因此，三羧酸循环不仅是糖、脂肪和蛋白质降解的共同途径，而且还是某些物质的合成途径。

【知识拓展】这类题目综合性强，与 2012 年农学门类生物化学考题中 42 题(试论述哺乳动物肌肉细胞在无氧和有氧条件下葡萄糖氧化分解的主要途径)相比，难度还要大。统考题涉及的是糖酵解过程，针对的是同一途径的无氧和有氧两种情况，而本题是几条代谢途径的联系。参照 2012 年真题，同学们可以自行设计相关题目进行回答。

42. 比较分析酶的“锁-钥模型”和“诱导契合模型”要点，并指出它们的内在联系。

【考点】酶的专一性机理。

【答题要点】

(1)“锁-钥模型”认为底物分子或底物分子的一部分像钥匙那样专一性地楔入酶活性中心(2 分)，底物反应部位与酶活性中心必需基团间结构互补(3 分)。

(2)“诱导契合模型”认为酶受底物诱导发生构象变化(2 分)，酶与底物互补契合后进行反应(3 分)。

(3)这两个模型都是用来阐述酶与底物专一性结合的机理(3 分)。

【知识拓展】“锁-钥模型”是最早提出的有关酶专一性机理分析的学说，形象地说明了酶与底物的关系；“诱导契合模型”强调了酶活性中心的可塑性。酶与底物分子之间在多个位点上发生弱相互作用，这些相互作用是酶诱导契合理论的基础。

全真模拟试题十一参考答案及解析

植物生理学

一、单项选择题:每小题 1 分,共 15 分。

1. 正确答案为 B。

【考点】气孔蒸腾。

【解析】气体扩散的小孔定律表明气体通过小孔表面的扩散速率不是与小孔的面积成正比,而是与小孔的周长成正比。

2. 正确答案为 A。

【考点】植物必需元素的主要生理功能及缺素症。

【解析】一般情况下,缺素症首先在植物的老叶表现出来的是一些容易重复利用的元素,如 N、P、K、Mg、Zn。缺素症首先在植物的幼叶表现出来的是一些难以重复利用的元素,如 B、Ca、Fe、Mn、S、Cu。

3. 正确答案为 C。

【考点】细胞骨架。

【解析】在间期细胞中,微管大致相互平行地排列在细胞膜下,形成植物细胞独特的周质微管列阵。周质微管列阵通过控制细胞壁纤维素微纤丝的沉积方向,从而进一步控制细胞的生长。

4. 正确答案为 B。

【考点】光能吸收与传递。

【解析】爱默生效应包括红降和双光增益现象,说明了在光合系统中存在两个相互串联的光反应中心(系统)。如果仅一个反应中心(系统)活化,光合效率下降,两个反应中心(系统)都被激发时,电子传递效率就会提高。

5. 正确答案为 B。

【考点】压力流动学说及其实验证据。

【解析】目前源端和库端的膨压差可采用蚜虫吻针法进行精确地测定。让蚜虫将吻针刺入筛管分子,然后将吻针与虫体分离,再与微压力计或压力传感器连接,测定筛管分子的膨压。

6. 正确答案为 C。

【考点】幼年期与花熟状态。

【解析】目前发现决定和诱导植物开花的主要因素有两类,即自身发育年龄的因素和环境因素。环境因素包括光、温度和营养条件等。

7. 正确答案为 C。

【考点】种子发育过程中的物质变化。

【解析】淀粉种子以贮藏淀粉为主,在发育过程中,由可溶性糖转变为淀粉。

8. 正确答案为 A。

【考点】受精生理。

【解析】花粉传递到柱头的过程叫授粉。

9. 正确答案为 A。

【考点】衰老的生理生化变化。

【解析】衰老促进编码核酸酶基因的表达，从而引起核酸的降解，RNA 总量迅速下降。

10. 正确答案为 B。

【考点】植物对水分胁迫的生理反应。

【解析】干旱时植物体内游离的氨基酸增多，特别是脯氨酸，可以增加数十倍甚至上百倍。

11. 正确答案为 A。

【考点】影响蒸腾作用的外界因素。

【解析】植物绝大多数水分的蒸腾是通过叶片的气孔进行的。光照是引起气孔运动的主要环境因素。

12. 正确答案为 C。

【考点】向地性运动及其机制。

【解析】植物感受重力的刺激，在重力方向上发生生长反应的现象称为向重力性。

13. 正确答案为 B。

【考点】受精生理。

【解析】受精是指雄配子体把雄配子输送到雌配子体中与雌配子结合的过程。

14. 正确答案为 B。

【考点】盐分胁迫对植物的危害。

【解析】植物受盐胁迫时，体内代谢的总趋势是呼吸消耗量多，光合速率下降，净光合生产率低，不利于植物生长。

15. 正确答案为 C。

【考点】根系吸水的部位与途径。

【解析】水的吸收主要发生在根毛区和伸长区，特别是根毛区。根毛扩大了根吸收水分的面积，紧密了与土壤颗粒的接触，有利于水分的吸收。

二、简答题：每小题 8 分，共 24 分。

16. 若给作物施肥过量，作物会产生伤害，试述其原因。

【考点】影响根系吸收矿质元素的因素。

【解析】从植物对矿质离子的吸收与体内的水分关系方面分析。

【答题要点】施肥过量，会使土壤溶液的水势变低（4 分），若植物的根部水势高于土壤溶液的水势时，植物根部不但吸不了水，反而会向外排水，时间一长，植物就会产生缺水，表现出萎蔫（4 分）。

17. 植物的叶片为什么是绿色的？秋天时，叶片为什么又会变黄色？

【考点】影响叶绿素代谢的因素。

【解析】从叶片的颜色与体内色素含量的关系方面分析。

【答题要点】光合色素主要吸收红光和蓝紫光，对绿光吸收很少，故植物的叶片呈绿色（4 分）。秋天树叶变黄是由于低温抑制了叶绿素的生物合成，已形成的叶绿素也被分解破坏，而类胡萝卜素比较稳定，所以叶片呈黄色（4 分）。

18. 春化作用在农业生产中有何应用？

【考点】春化作用。

【解析】由于植物原产地不同，形成了开花对温度的不同需要，并在农业生产中有多方面应用。

【答题要点】

(1)人工春化处理：利用春化处理可在春天补种冬小麦；对春小麦种子进行人工春化处理，可适当晚播，以避免春季“倒春寒”造成的伤害，同时可提早成熟。(2分)

(2)引种：在南、北方地区之间引种时，必须了解品种对低温的要求，北方的品种引种到南方，就可能因当地温度较高而不能满足它对低温的要求，植物只进行营养生长而不开花结实，从而造成损失。(3分)

(3)控制植物开花：低温处理可使秋播的一二年生草本花卉改为春播，当年开花；越冬贮藏的洋葱鳞茎在春季种植前用高温处理以解除春化，防止它在生长期抽薹开花而获得大的鳞茎，增加产量。(3分)

三、实验题：10分。

19. 如何用试验证明植物的某一生理过程与光敏色素有关？

【考点】光敏素在光周期反应中的作用。

【解析】光敏色素有红光吸收型Pr和远红光吸收型Pfr两种存在形式，这两种形式可在红光和远红光照射下发生可逆反应，互相转化。依据这一特征，可用红光与远红光交替照射的方法，观察其所引起的生理反应，从而判断某一生理过程是否有光敏色素参与。

【答题要点】莴苣种子是需光种子，光敏色素参与了莴苣种子萌发的调控。利用莴苣种子的萌发情况，证明莴苣种子的萌发与光敏色素有关(4分)。选取4份莴苣种子进行发芽实验：当用红光照射时促进种子萌发，而用远红光照射时，则抑制萌发。当红光照射后再照以远红光，则红光的效果被消除；当用红光和远红光交替照射时，种子的萌发状况决定于最后照射的是红光还是远红光，前者促进萌发，后者抑制萌发(6分)。

四、分析论述题：每小题13分，共26分。

20. 试述提高植物光能利用率的措施。

【考点】提高植物光能利用率的途径。

【解析】从植物整体水平分析对光能利用的提高。

【答题要点】光能利用率是指单位土地面积上植物光合作用形成的有机物中所贮存的化学能占照射到该土地面积上太阳能的百分比。(3分)

提高植物光能利用率的途径主要有：增加光合面积，合理密植、改善株型(3分)；延长光合时间，提高复种指数、延长生育期、补充人工光照(3分)；提高光合速率，增加田间CO_2浓度(2分)、降低光呼吸(2分)。

21. 试述植物响应逆境的一般生理机制。

【考点】植物对逆境适应的生理机制。

【解析】植物在逆境下通过调节自身的生长发育和细胞的结构和代谢变化以适应逆境。

【答题要点】植物响应逆境的生理及分子机制包括：通过调节自身的生长发育使其适应外界环境的变化(2分)；积累保护性物质、膜组分和结构发生改变(2分)；进行渗透调节(2分)；增强活性氧清除能力(2分)；激素平衡发生变化(3分)；诱导形成逆境蛋白等(2分)。

生物化学

五、单项选择题：每小题 1 分，共 15 分。

22. 选择 B。

【解析】选项涉及的内容包括肉碱转运系统的功能、线粒体穿梭以及酮体生成和代谢三块内容，而肉碱转运系统作用是将脂酰 CoA 从细胞质转运到线粒体基质。

23. 选择 B。

【解析】蛋白质变性破坏的是次级键，多肽链不会断裂；变性后，多肽链伸展，构象改变，疏水氨基酸外露，溶解度下降，蛋白酶更容易接近肽键导致其水解。

24. 选择 A。

【解析】血红蛋白含 4 个亚基，由 α、β 两种亚基各 2 个组成，即 $\alpha_2\beta_2$，因此为异四聚体。

25. 选择 D。

【解析】辅酶Ⅰ NAD^+ 是 NADH 的氧化态；NADPH 为辅酶Ⅱ，多一个磷酸基团。

26. 选择 C。

【解析】米氏方程本身表述的是酶反应初速度与底物浓度的定量关系，表现在图上为双曲线而非线性关系。K_m 和 V_{max} 是酶的动力学常数。

27. 选择 A。

【解析】生物膜的基本结构为脂双层，磷脂分子是形成脂双层的根本物质。游离的甘油三酯并不构成生物膜，糖脂和胆固醇占比例也少，而且胆固醇并非出现在所有细胞的生物膜中。

28. 选择 A。

【解析】3-磷酸甘油不含高能键，而其他三个均含。

29. 选择 A。

【解析】在线粒体电子传递链中，复合物Ⅰ、Ⅲ、Ⅳ为质子泵；最终电子受体是 O_2；Cyt c 游离存在于内膜外表面；CoQ 单独存在，易运动，不构成蛋白质复合体。

30. 选择 A。

【解析】3-磷酸甘油醛、磷酸烯醇式丙酮酸、6-磷酸葡萄糖是葡萄糖异生途径和糖酵解共有的中间产物，而草酰乙酸则参与葡萄糖异生途径和 TCA 循环等路径的反应。

31. 选择 C。

【解析】选项内容包括多个电子传递组分。其中 CoQ 和 Cyt c(细胞色素 c)是两个可以移动的电子传递体。Cyt c 位于线粒体内膜的外侧，是单纯的电子传递体，CoQ 是可以在线粒体内膜磷脂双分子层中移动的氢和电子传递体，它是脂溶性物质。

32. 选择 B。

【解析】该题涉及氨基酸等电点的计算。氨基酸等电点计算分为三类，即碱性氨基酸、酸性氨基酸和中性氨基酸等电点的计算。本题是酸性氨基酸等电点的计算，应该是 B 选项正确。

33. 选择 B。

【解析】磷酸果糖激酶是 EMP 途径调节的关键酶，参与调节该酶活性的因素有胰高血糖素、2,6-二磷酸果糖和 pH，而 3-磷酸甘油酸不是调节因素。

34. 选择 A。

【解析】这道题涉及蛋白质研究的几种常见技术。其中，凝胶过滤层析是依据蛋白质分子量大小进行蛋白质分离纯化的技术之一。而亲和层析是依据配体与目标蛋白结合的特异性进行分离；离子交换层析是依据蛋白质的带电性进行分离；蛋白质免疫印迹是鉴定特定蛋白质的技术。

35. 选择 D。

【解析】多糖依据其组成的糖单位是否一致分为同多糖和杂多糖。选项的四种多糖都是同多糖，但是几丁质的基本组成单位是氨基葡萄糖，而支链淀粉、糖原和纤维素都是由葡萄糖作为基本组成单位，只是其中的糖苷键不同。

36. 选择 D。

【解析】糖原合成时由 UDPG 提供葡萄糖，而 UDPG 的生成是在 UDPG 焦磷酸化酶催化下，由葡萄糖-1-磷酸和 UTP 反应生成。

六、简答题：每小题 8 分，共 24 分。

37. 哺乳动物脂肪酸从头合成途径的关键酶是什么？如何受到胰高血糖素的调节？

【考点】脂肪酸从头合成途径。

【答题要点】

- 脂肪酸从头合成途径的关键酶是乙酰 CoA 羧化酶，它催化乙酰 CoA 合成丙二酸单酰 CoA 的反应，后者是脂肪酸从头合成过程的二碳单位供体；
- 乙酰 CoA 羧化酶受到磷酸化的调节。当胰高血糖素与细胞受体结合，则开启 G 蛋白参与的信号转导过程，产生大量 cAMP。作为第二信使 cAMP 将进一步激活蛋白激酶 A，后者使乙酰 CoA 羧化酶磷酸化，活性降低，脂肪酸从头合成过程受阻。

【知识拓展】

事实上，受到胰高血糖素引发的 cAMP→蛋白激酶 A→靶蛋白(酶)的途径包括糖原的合成和分解、脂肪的降解、糖酵解和葡萄糖异生途径。

38. 请阐述 2,6-二磷酸果糖和 AMP 是如何调节糖酵解途径和葡萄糖异生途径的。

【考点】葡萄糖异生和糖酵解途径的调控。

【答题要点】

- 2,6-二磷酸果糖和 AMP 是 EMP 途径关键调节酶磷酸果糖激酶Ⅰ的别构激活剂。它们含量的增高，均能加速 EMP 途径。
- 2,6-二磷酸果糖和 AMP 是葡萄糖异生途径关键调节酶果糖 1,6-二磷酸酶的别构抑制剂。它们含量的增高，均能减缓葡萄糖途径。

39. 试写出胸腺嘧啶二聚体造成 DNA 损伤的三种修复方式。

【考点】DNA 修复方式。

【答题要点】

(1)直接修复：生物体内存在一种光裂合酶，在可见光存在下，可以直接切断嘧啶二聚体之间形成的化学键，使 DNA 损伤修复。

(2)切除修复：可以画图，标注主要的酶，并说明过程。

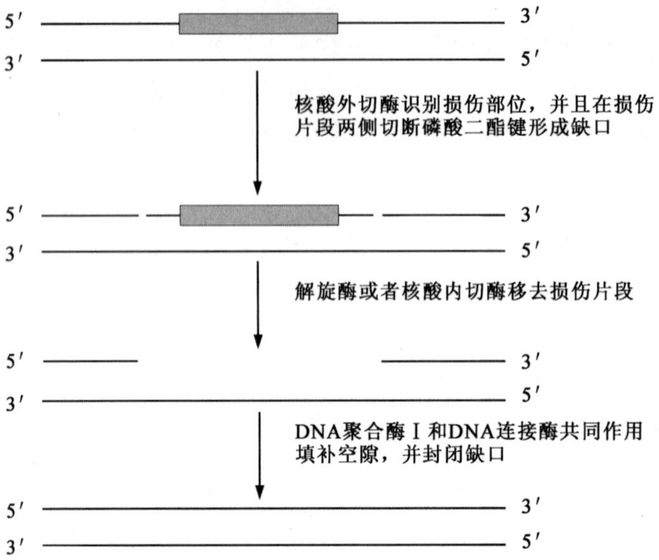

【知识扩展】DNA 的修复方式通常包括五种，即直接修复、切除修复、重组修复、错配修复以及易错修复。DNA 损伤被修复时并不是需要五种修复方式都参与，特定的损伤由特定的修复方式所修复。每种修复都有各自的特点。例如，切除修复，其特点是损伤的部位被切除，即损伤部位经过修复后不再存在于细胞中；而重组修复，其特点是修复后损伤仍然保留在细胞中，而易错修复的特点是修复后的 DNA 与原 DNA 差别很大。例如："( )不参与胸腺嘧啶二聚体造成的 DNA 损伤的修复过程。A. 直接修复；B. 重组修复；C. 切除修复；D. 错配修复。"选择 D。因为错配修复的特点是在 DNA 复制时进行修复，是对新合成链的修复，而胸腺嘧啶二聚体造成的是模板 DNA 的损伤，错配方式不参与胸腺嘧啶二聚体造成的 DNA 损伤的修复过程。

七、实验题：10 分。

40. 解释"氨基酸等电点"的含义。"等电聚焦"和"酸碱滴定"哪个方法适合丙氨酸的等电点测定？请简述基本实验步骤。

【考点】氨基酸 pI；等电聚焦；氨基酸两性解离；氨基酸 pI 测定。

【答题要点】

(1)氨基酸等电点即 pI，就是氨基酸分子所带正电荷与负电荷相等(净电荷为零)时溶液的 pH。

(2)酸碱滴定适合丙氨酸等电点的测定。

(3)酸碱滴定测定氨基酸等电点的基本实验步骤是：在一组丙氨酸溶液中分别加入等量增加的盐酸，测定溶液 pH；在另一组丙氨酸溶液中分别加入等量增加的碱，测定溶液 pH。以 pH 为纵坐标，以酸、碱加入量为横坐标，绘出滴定曲线。滴定曲线上将出现两个拐点，它们所对应的 pH 即丙氨酸的 pK_1，pI(等电点)和 pK_2。

【知识扩展】生物化学中提到等电聚焦时，往往指“等电聚焦凝胶电泳”，是用于蛋白质分离和蛋白质 pI 分析的一种电泳形式。氨基酸属于有机小分子，不能用凝胶电泳分析其 pI。

八、分析论述题：每小题 13 分，共 26 分。

41. 试举例分析，当真核生物体内缺乏生物素时，哪些物质代谢途径将受到影响。

【考点】代谢途径的关键调节酶、辅酶生物素与酶的对应关系。

【答题要点】

- 以生物素作为辅酶的主要是羧化酶，分析学过的代谢途径可知葡萄糖异生途径、脂肪酸从头合成途径的关键调节酶分别是丙酮酸羧化酶和乙酰 CoA 羧化酶，两者的辅酶都是生物素。
- 当真核生物体内缺乏生物素时，这两条途径将受到抑制。
- 丙酮酸羧化酶催化丙酮酸生成草酰乙酸，草酰乙酸在体内参与多条代谢路径，当生物素缺乏，草酰乙酸含量可能有所降低，那么草酰乙酸参与的代谢途径也会受到影响。
- 此外，在高等植物、酵母和细菌中，PEP 羧化酶催化 PEP 羧化产生草酰乙酸的反应，这个反应是 TCA 循环的回补反应，如果生物素缺乏，可能 TCA 循环也会受到影响。

【知识拓展】类似的题目可以是：试举例分析，如果真核生物体内缺乏硫胺素，那么哪些物质代谢途径将受到影响。

42. NAD^+ 参与葡萄糖彻底氧化分解成二氧化碳和水、脂肪酸 β-氧化、氨基酸降解以及嘌呤碱基降解过程的关键反应，请写出上述生成 NADH 反应的过程及催化反应的酶。

【考点】糖代谢、脂质代谢和氨基酸降解以及核苷酸降解代谢中的脱氢反应，是比较综合的一类考题。

【答题要点】

(1)糖代谢：葡萄糖彻底氧化分解成二氧化碳和水，包括 EMP 途径、丙酮酸脱氢脱羧和 TCA 循环三个阶段，分别生成了 NADH。

3-磷酸甘油醛→1,3-二磷酸甘油酸	3-磷酸甘油醛脱氢酶
丙酮酸→乙酰 CoA	丙酮酸脱氢酶
异柠檬酸→α-酮戊二酸	异柠檬酸脱氢酶
α-酮戊二酸→琥珀酰 CoA	α-酮戊二酸脱氢酶
苹果酸→草酰乙酸	苹果酸脱氢酶

(2)脂代谢：脂肪酸 β-氧化中的第二步脱氢反应，在 L-β-羟脂酰 CoA 脱氢酶催化下，生成 1 分子 NADH。

β-羟脂酰 CoA→β-酮脂酰 CoA

(3)氨基酸代谢：氧化脱氨基反应，在谷氨酸脱氢酶催化下完成。

谷氨酸 → α-酮戊二酸 + NH_4^+ + NADH/NADPH

(4)核苷酸代谢：腺嘌呤形成次黄嘌呤，鸟嘌呤脱氨形成黄嘌呤。由次黄嘌呤 → 黄嘌呤，再由黄嘌呤 → 尿酸都是在黄嘌呤脱氢酶的催化下进行的，NADH 分别在这两步反应中生成。

【知识扩展】通过这类考题，促使学生注重代谢中一些共性的问题，要求学生通过比较、总结，进而答题。例如，2009 年全国硕士研究生入学统一考试农学门类联考题生物化学部分第 37 题“请用中文或符号写出糖原（或淀粉）、脂肪酸和蛋白质多肽链生物合成中的单体活化反应式。”同学们可以根据自己的比较和总结练习出题，并给出答案。

历年真题及解析

2008年全国硕士研究生入学统一考试农学门类联考

植物生理学与生物化学试题

植物生理学

一、单项选择题:1~15小题,每小题1分,共15分。下列每题给出的四个选项中,只有一个选项是符合题目要求的。

1.下列元素缺乏时,导致植物幼叶首先出现病症的元素是(　　)。

A. N　　B. P

C. Ca　　D. K

2.能诱导果实发生呼吸跃变的植物激素是(　　)。

A. ABA　　B. IAA

C. ETH　　D. CTK

3.植物一生的生长过程中,其生长速率的变化规律是(　　)。

A.快—慢—快　　B.快—慢

C.慢—快—慢　　D.慢—快

4.植物细胞中质子泵利用ATP水解释放的能量,逆电化学势梯度跨膜转运H^+,这一过程称为(　　)。

A.初级主动运输　　B.次级主动运输

C.同向共运输　　D.反向共运输

5.植物叶片中进行亚硝酸还原的主要部位是(　　)。

A.线粒体　　B.细胞基质

C.液泡　　D.叶绿体

6.高等植物光系统Ⅱ的作用中心色素分子是(　　)。

A. P680　　B. P700

C. A_0　　D. Pheo

7.植物光呼吸过程中,氧气吸收发生的部位是(　　)。

A.线粒体和叶绿体　　B.线粒体和过氧化物酶体

C.叶绿体和乙醛酸循环体　　D.叶绿体和过氧化物酶体

8.类胡萝卜素对可见光的吸收范围是(　　)。

A. 680~700 nm　　B. 600~680 nm

C. 500~600 nm　　D. 400~500 nm

9. 1 mol NADH+H^+经交替氧化途径将电子传给氧气时,可形成(　　)。

A. 4 mol ATP　　B. 3 mol ATP

C. 2 mol ATP　　D. 1 mol ATP

10. 若某一植物组织呼吸作用释放 CO_2 的物质的量和吸收 O_2 的物质的量的比值小于 1，则该组织在此阶段的呼吸底物主要是(　　)。

A. 脂肪　　B. 淀粉

C. 有机酸　　D. 葡萄糖

11. 某植物制造 100 g 干物质消耗了 75 kg 水，其蒸腾系数为(　　)。

A. 750　　B. 75

C. 7.5　　D. 0.75

12. 下列蛋白质中，属于植物细胞壁结构蛋白的是(　　)。

A. 钙调蛋白　　B. 伸展蛋白

C. G 蛋白　　D. 扩张蛋白

13. 在植物的光周期诱导过程中，随着暗期的延长(　　)。

A. Pr 含量降低，有利于 LDP 开花　　B. Pfr 含量降低，有利于 SDP 开花

C. Pfr 含量降低，有利于 LDP 开花　　D. Pr 含量降低，有利于 SDP 开花

14. 根据花形态建成基因调控的"ABC 模型"，控制花器官中雄蕊形成的是(　　)。

A. A 组基因　　B. A 组和 B 组基因

C. B 组和 C 组基因　　D. C 组基因

15. 未完成后熟的种子在低温层积过程中，ABA 和 GA 含量的变化为(　　)。

A. ABA 升高，GA 降低　　B. ABA 降低，GA 升高

C. ABA 和 GA 均降低　　D. ABA 和 GA 均升高

二、简答题：16～18 小题，每小题 8 分，共 24 分。

16. 把一发生初始质壁分离的植物细胞放入纯水中，细胞的体积、水势、渗透势、压力势如何变化？

17. 简述生长素的主要生理作用。

18. 简述韧皮部同化物运输的压力流动学说。

三、实验题：19 小题，10 分。

19. 将 A、B 两种植物分别放置在密闭的光照生长箱中，定期抽取生长箱中的气体样品，分析其中的 CO_2 含量。以 CO_2 含量对光照时间作图，得到右侧曲线图。据图回答：

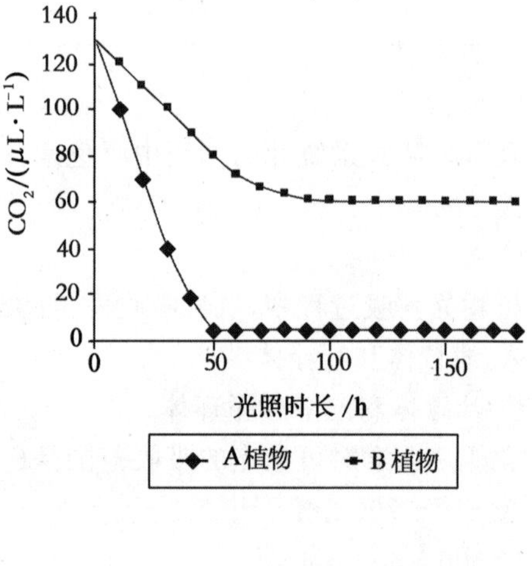

(1)分析图中曲线变化的原因。

(2)推测两种植物的光合碳同化途径。

(3)请用另一种实验方法验证你的推测。

四、分析论述题：20～21 小题，每小题 13 分，共 26 分。

20. 论述植物地上部分与地下部分生长的相关性，并写出生产中控制根冠比的两种方法及其原理。

21. 论述植物抗旱性的机制。

生 物 化 学

五、单项选择题:22～36 小题,每小题 1 分,共 15 分。下列每题给出的四个选项中,只有一个选项是符合题目要求的。

22. 阐明三羧酸循环的科学家是(　　)。
A. J. D. Watson　　B. H. A. Krebs
C. L. C. Pauling　　D. J. B. Summer

23. DNA 单链中连接脱氧核苷酸的化学键是(　　)。
A. 氢键　　B. 离子键
C. 3′,5′-磷酸二酯键　　D. 2′,5′-磷酸二酯键

24. 由 360 个氨基酸残基形成的典型 α 螺旋,其螺旋长度是(　　)。
A. 54 nm　　B. 36 nm
C. 34 nm　　D. 15 nm

25. 5′末端通常具有帽子结构的 RNA 分子是(　　)。
A. 原核生物 mRNA　　B. 原核生物 rRNA
C. 真核生物 mRNA　　D. 真核生物 rRNA

26. 由磷脂类化合物降解产生的信号转导分子是(　　)。
A. cAMP　　B. cGMP
C. IMP　　D. IP_3

27. 氨甲酰磷酸可以用来合成(　　)。
A. 尿酸　　B. 嘧啶核苷酸
C. 嘌呤核苷酸　　D. 胆固醇

28. 一碳单位转移酶的辅酶是(　　)。
A. 四氢叶酸　　B. 泛酸
C. 核黄素　　D. 抗坏血酸

29. 大肠杆菌中催化 DNA 新链延长的主要酶是(　　)。
A. DNA 连接酶　　B. DNA 聚合酶Ⅰ
C. DNA 聚合酶Ⅱ　　D. DNA 聚合酶Ⅲ

30. 大肠杆菌 DNA 分子经过连续两代的半保留复制,第 2 代中来自亲代的 DNA 含量与总 DNA 含量的比值是(　　)。
A. 1/2　　B. 1/4
C. 1/8　　D. 1/16

31. 原核生物 DNA 转录时,识别启动子的因子是(　　)。
A. IF-1　　B. RF-1
C. σ 因子　　D. ρ 因子

32. 糖酵解途径中,催化己糖裂解产生 3-磷酸甘油醛的酶是(　　)。
A. 磷酸果糖激酶　　B. 3-磷酸甘油醛脱氢酶
C. 醛缩酶　　D. 烯醇化酶

33. 下列参与三羧酸循环的酶中，属于调节酶的是(　　)。
A. 延胡索酸酶
B. 琥珀酰 CoA 合成酶
C. 苹果酸脱氢酶
D. 柠檬酸合酶

34. 真核细胞核糖体的沉降系数是(　　)。
A. 50S
B. 60S
C. 70S
D. 80S

35. 下列酶中，参与联合脱氨基作用的是(　　)。
A. *L*-谷氨酸脱氢酶
B. *L*-氨基酸氧化酶
C. 谷氨酰胺酶
D. *D*-氨基酸氧化酶

36. 呼吸链中可阻断电子由 Cyt b 传递到 Cyt c_1 的抑制剂是(　　)。
A. 抗霉素 A
B. 安密妥
C. 一氧化碳
D. 氰化物

六、简答题:37～39 小题，每小题 8 分，共 24 分。

37. 简述 ATP 在生物体内的主要作用。
38. 简述蛋白质的一级结构及其与生物进化的关系。
39. 以丙二酸抑制琥珀酸脱氢酶为例，说明酶竞争性抑制作用的特点。

七、实验题:40 小题，10 分。

40. 从动植物细胞匀浆中提取基因组 DNA 时，常用 EDTA、氯仿-异戊醇混合液和 95%乙醇试剂。请根据蛋白质和核酸的理化性质回答:
(1)该实验中这些试剂各起什么作用?
(2)举出一种可以鉴定所提取基因组的 DNA 中是否残留有 RNA 的方法。

八、分析论述题:41～42 小题，每小题 13 分，共 26 分。

41. 磷酸二羟丙酮是如何联系糖代谢与脂肪代谢途径的?
42. 试从遗传密码、tRNA 结构和氨酰-tRNA 合成酶功能三个方面，阐述在蛋白质生物合成中，mRNA 的遗传密码是如何准确翻译成多肽链中氨基酸排列顺序的。

2008年全国硕士研究生入学统一考试农学门类联考

植物生理学与生物化学试题参考答案及解析

植物生理学

一、单项选择题:每小题1分,共15分。

1. 正确答案为C。

【考点】植物必需元素的主要生理功能及缺素症。

【解析】必需元素在植物生长发育过程中的生理功能决定了元素在植物体内的移动性和被利用性,而元素的移动性和被利用性决定该种元素的缺素症首先出现在植物体的部位。元素进入植物体内形成不稳定的化合物,不断分解,释放的离子移动性大、易被重复利用,该缺素症首先出现在植物体较老的组织或器官(如老叶)。植物体内典型的移动性大和易被重复利用的元素主要包括N、P、K等。元素进入植物体内能形成稳定的化合物,元素的移动性小、不易被运输、不易被重复利用,该缺素症首先出现在植物体较幼嫩的组织或器官(如幼叶、幼茎),植物体内典型的移动性小和不易被重复利用的元素主要包括Ca、S、Fe、Mn、B等。

2. 正确答案为C。

【考点】果实生长和成熟生理。

【解析】随着果实的成熟进程,某些果实的呼吸速率最初降低,至成熟末期突然升高而后下降,这种现象称为果实的呼吸跃变。呼吸跃变产生的最主要原因是内源乙烯含量增加。跃变型果实有明显的乙烯大量产生,非跃变型果实的内源乙烯水平一直维持在很低的水平。其他激素如生长素、细胞分裂素、赤霉素和脱落酸对呼吸跃变没有明显的影响,因此,能诱导果实发生呼吸跃变的植物激素是乙烯。

3. 正确答案为C。

【考点】植物生长的基本规律。

【解析】植物的生长实质上是细胞数目和体积的增加,因此,细胞分裂和伸长决定了植物的生长发育进程,在植物一生的生长进程中,生长速率都表现出慢—快—慢的变化规律。生长速率的变化明显分为三个时期:开始时细胞处于分裂时期和原生质体积累时期,生长缓慢;以后逐渐加快,细胞内合成大量物质,细胞体积快速增大,达到最高点,细胞越多,生长越快;然后生长速率又减慢直至停止,此时细胞进入成熟、衰老时期。

4. 正确答案为A。

【考点】植物细胞的离子跨膜运输机制。

【解析】根据离子跨膜运输与能量消耗相偶联以及发生跨膜运输的离子的运输方向与该种离子的电化学势梯度方向的关系,离子跨膜运输可分为被动运输和主动运输。在离子的被动运输过程中,离子跨膜运输不直接消耗水解ATP的能量,离子运输的方向是顺电化学势梯度进行的。在离子的主动运输过程中,离子跨膜运输与消耗水解ATP的能量相偶联,离子运输的方向是逆电化学势梯度进行的。植物细胞膜上由 H^+-ATP 酶作用，利用 ATP 水解释放的能量，逆电化学势梯度跨膜转运 H^+ 的过程，称为初级主动运输。由 H^+-ATP 酶作用所建立的跨膜质子电化学势梯度所驱动的其他离子或小分子物质的跨膜运输过程，称为次级主动运输。次级主动运输实际上是一种共运输过程。根据两种物质被跨膜运输的方向，共运输分为同向共运输和反向共运输。同向共运输被运输的两种物质跨膜运输的方向相同，反向共运输被运输的两种物质跨膜运输的方向相反。因此，植物细胞中质子泵利用 ATP 水解释放的能量，逆电化学势梯度跨膜转运 H^+，这一过程称为初级主动运输。

5. 正确答案为 D。

【考点】植物对氮的同化。

【解析】植物的氮源主要是无机氮化物，以铵盐和硝酸盐为主。植物可直接利用吸收的铵态氮合成氨基酸，但硝态氮必须经过还原形成铵态氮后才能被利用。植物根系从土壤中吸收 NO_3^-，NO_3^- 进入细胞后被硝酸还原酶和亚硝酸还原酶还原为铵。在植物的根细胞和叶肉细胞中都存在还原硝酸根的酶系，当植物吸收少量硝酸根时，硝酸根在根细胞中被还原；当植物吸收大量硝酸根时，硝酸根被运至叶片叶肉细胞中被还原。在叶肉细胞中，硝酸根被还原为亚硝酸根的过程是在细胞质中进行的，亚硝酸根被运至叶绿体中再被还原为铵。硝酸根在根中的还原与叶中基本相同，在细胞质中进行硝酸根的还原，形成的亚硝酸根被运至前质体中再被还原为铵。因此，植物叶片中进行亚硝酸还原的主要部位是叶绿体。

6. 正确答案为 A。

【考点】光合电子传递链。

【解析】在类囊体膜上光合电子传递链是由光系统Ⅰ、光系统Ⅱ和细胞色素 b_6/f 复合体等单位组成的。光系统Ⅱ复合体多存在于基粒片层的垛叠区，光系统Ⅱ主要由 PSⅡ反应中心色素 P680、捕光复合体Ⅱ和放氧复合体等亚单位组成。当 PSⅡ反应中心色素 P680 吸收光激发为 $P680^*$ 后，把电子传到去镁叶绿素(Pheo)，Pheo 是原初电子受体，原初电子供体是 Tyr(酪氨酸残基)，给出电子的 Tyr 又通过 Mn 聚集体从水分子中获得电子，同时使水分子裂解，形成分子氧和质子。光系统Ⅰ复合体存在于基质片层和基粒片层的非垛叠区，光系统Ⅰ主要由 PSⅠ反应中心色素 P700、电子受体和捕光复合体Ⅰ组成。PSⅠ的功能是将电子从 PC 传递给铁氧还蛋白。P700 是 PSⅠ的原初电子供体，原初电子受体是 A_0，PSⅠ复合体的电子传递途径是：$P700 \rightarrow A_0 \rightarrow A_1 \rightarrow Fx \rightarrow FA/FB$。因此，高等植物光系统Ⅱ的作用中心色素分子是 P680。

7. 正确答案为 D。

【考点】光呼吸的基本概念。

【解析】植物的绿色细胞在光下不仅进行 CO_2 的同化，而且存在依赖光的消耗 O_2 释放 CO_2 的反应，被称为光呼吸，也称为光呼吸碳氧化循环。光呼吸碳氧化循环在叶绿体、过氧化物酶体和线粒体三种细胞器中完成。在叶绿体、过氧化物酶体中吸收 O_2，在线粒体中释放 CO_2。因此，植物光呼吸过程中，氧气吸收发生的部位是叶绿体和过氧化物酶体。

8. 正确答案为 D。

【考点】光合色素的基本概念。

【解析】光合色素主要有叶绿素、类胡萝卜素和藻胆素三大类。绿藻和高等植物的叶绿素包括叶绿素 a 和叶绿素 b，类胡萝卜素包括胡萝卜素和叶黄素。藻胆素存在于蓝绿藻和红藻中,分别为藻蓝素和藻红素。叶绿素和类胡萝卜素具有特殊的吸收光谱,叶绿素的最强吸收区是波长为640～660 nm的红光和430～450 nm的蓝紫光。类胡萝卜素的最强吸收区是波长为400～500 nm的蓝紫光部分。从光合作用的作用光谱和吸收光谱可以看出,高等植物光合作用最有效的光是红光和蓝紫光。因此,类胡萝卜素对可见光的吸收范围是400～500 nm。

9. 正确答案为D。

【考点】植物体内呼吸电子传递途径的特点。

【解析】植物体内呼吸电子传递途径包括细胞色素电子传递途径、交替氧化酶途径和非线粒体的末端氧化途径。经交替氧化酶途径 $NADH+H^+$ 脱下的电子只通过复合体Ⅰ,只产生1个ATP;$FADH_2$ 经交替氧化酶途径不产生ATP,大量能量以热的形式放出。因此,1 mol $NADH+H^+$ 经交替氧化途径将电子传给氧气时,可形成1 mol ATP。

10. 正确答案为A。

【考点】植物呼吸作用的生理指标。

【解析】在呼吸过程中被氧化分解的有机物称为呼吸底物。呼吸底物在呼吸过程中释放的 CO_2 的量和吸收 O_2 的量之比称为呼吸商。呼吸底物不同,所释放的 CO_2 的量和吸收 O_2 的量也有所不同。当呼吸底物为碳水化合物时,其呼吸商为1;当呼吸底物为油脂或蛋白质时,因油脂和蛋白质的含氧量较少,需要较多的氧才能被彻底氧化,其呼吸商小于1;当呼吸底物为多元有机酸时,因多元有机酸的含氧量较多,其呼吸商大于1。因此,若某一植物组织呼吸作用释放 CO_2 的物质的量和吸收 O_2 的物质的量之比小于1,则该组织在此阶段的呼吸底物主要是脂肪。

11. 正确答案为A。

【考点】蒸腾作用的指标。

【解析】蒸腾系数是指植物制造1 g干物质所消耗的水分(g)。因此,某植物制造100 g干物质消耗了75 kg水,其蒸腾系数是750。

12. 正确答案为B。

【考点】植物细胞壁的组成、结构和生理功能。

【解析】细胞壁中存在许多种类的蛋白质,包括细胞壁结构蛋白质、细胞壁上的特有酶类、细胞壁调节蛋白等。细胞壁结构蛋白质又分为若干种,包括富羟脯氨酸糖蛋白、富甘氨酸蛋白、富脯氨酸蛋白、阿拉伯半乳聚糖蛋白等。伸展蛋白是富羟脯氨酸糖蛋白中的一个亚族,伸展蛋白通过肽键交联构成独立的网状结构,增加了细胞壁的强度和刚性。因此,属于植物细胞壁结构蛋白的是伸展蛋白。扩张蛋白不属于植物细胞壁结构蛋白,而是细胞壁调节蛋白。

13. 正确答案为B。

【考点】光敏素在光周期反应中的作用。

【解析】光敏素有两种可以相互转化的构象形式:红光吸收型Pr和远红光吸收型Pfr。照射白光或红光后,Pr型转化为Pfr型;照射远红光使Pfr型转化为Pr型,Pfr型在暗中自发地逆转为Pr型。当植物从光下转入黑暗后,Pfr型光敏素逐渐转为Pr型,Pfr/Pr值降低,临界夜长就是植物体内Pfr减少到一定值的标志,当Pfr/Pr值降低到一个临界水平时启动特殊的成花刺激物合成。SDP实际上是长夜植物,随着暗期的延长,Pfr含量降低,Pfr/Pr值降低快，促进 SDP 成花刺激物合成。所以说，在植物光周期诱导过程中，随着暗期的延长 Pfr 含量降低，有利于 SDP 开花。

14. 正确答案为 C。

【考点】花器官发育的基因调控。

【解析】花器官的形成和发育依赖于器官特征基因在时间顺序和空间位置上的正确表达。Coen 等(1991)提出了花形态建成遗传控制的“ABC 模型”的假说：典型的花器官具有四轮基本结构，从外到内依次为萼片、花瓣、雄蕊和心皮，分别由 A、AB、BC 和 C 组基因决定。各组基因突变都会影响花形态建成，其中控制雄蕊和心皮形成的同源异型基因是最基本的性别决定基因。因此，根据花形态建成基因调控“ABC 模型”，控制花器官中雄蕊形成的是 B 组和 C 组基因。

15. 正确答案为 B。

【考点】种子的休眠和萌发。

【解析】许多植物被低温诱导进入休眠，而低温条件又能打破休眠，这被称为低温预冷。一些植物种子需在低温、湿润和有氧条件下几周或数月才能打破休眠。层积是用湿沙将种子分层堆埋在室外，经过低温预冷的一种人工处理打破休眠的方法。经层积后，种子内部抑制萌发的物质如脱落酸含量明显降低，而赤霉素和细胞分裂素水平明显上升。因此，未完成后熟的种子在低温层积过程中，ABA 含量降低，GA 含量升高。

二、简答题：每小题 8 分，共 24 分。

16. 把一发生初始质壁分离的植物细胞放入纯水中，细胞的体积、水势、渗透势、压力势如何变化？

【考点】水势的基本概念。

【解析】植物细胞的水势是由渗透势、压力势、重力势和基质势(也称为衬质势)组成的。由于重力势和基质势只占整个水势的微小部分，常忽略不计。在许多情况下，水势是渗透势和压力势之和。压力势是由于细胞壁压力的存在而增加的水势，当植物细胞发生初始质壁分离时，压力势为零，此时，细胞的水势等于渗透势。质壁分离的细胞放入纯水中，细胞会吸水，水势随渗透势和压力势的增加而增加。

【答题要点】植物初始质壁分离的细胞是指细胞原生质体刚开始在细胞角隅处与细胞壁发生的分离，此时细胞的压力势为零，细胞的水势等于渗透势，两者都呈最小值(4 分)。将初始质壁分离的细胞放入纯水中，细胞吸水，在吸水过程中，细胞体积逐渐增大，细胞液稀释，渗透势增大，压力势增大，水势也增大(2 分)。当细胞吸水达到饱和时，细胞不再吸水，水势达到最大值，细胞体积最大，此时，细胞水势达到最大，细胞渗透势和压力势的绝对值相等，但符号相反(2 分)。

17. 简述生长素的主要生理作用。

【考点】生长素的生理作用。

【解析】生长素具有广泛的生理作用，影响细胞的分裂、伸长和分化，影响营养器官和生殖器官的生长、分化，影响花、叶片、果实的发育，影响器官的衰老和脱落。

【答题要点】生长素主要的生理功能之一是促进离体茎段的伸长生长，生长素也促进根系的伸长生长，但根、茎细胞对生长素的敏感性不同，根系对生长素更敏感(2 分)。生长素诱导和促进植物细胞的分化，从而促进维管组织的分化(1 分)。生长素促进侧根和不定根的发生。侧根发生在根毛区的上端，由中柱鞘细胞分化而成。生长素在中柱鞘中极性运输，积累到一定浓度，诱导这些细胞开始分裂，并维持细胞的分裂、生长和分化，最后形成侧根。生长素促进茎、叶、根组织中的成熟细胞脱分化，重新恢复分裂能力，形成不定根原基，最后形成不定根(2 分)。生长素影响花和果实的发育，促进雌花增加，刺激子房发育形成果实(1 分)。生长素诱导叶原基的发生，从而调控叶片和叶序的形成。生长素调控叶片的脱落(1 分)。生长素具有维持顶端优势的功能(1 分)。

18. 简述韧皮部同化物运输的压力流动学说。

【考点】韧皮部运输机制。

【解析】压力流动学说是目前被广泛接受的韧皮部运输机制的假说，该假说认为筛管中的溶液流(集流)运输是由源端和库端之间渗透作用产生的压力梯度推动的。

【答题要点】韧皮部同化物运输的压力流动学说是由德国明希(E. Munch，1930)提出的，该学说认为筛管的液流是输导系统两端的渗透势差引起的膨压差所造成的压力梯度推动的。在源端，叶肉细胞将蔗糖装载入筛管分子-伴胞复合体，筛管内水势降低，于是木质部中的水分沿水势梯度进入筛管分子，筛管分子内产生高的膨压。在库端，筛管内的蔗糖不断被卸出，库端筛管分子内的溶质减少，细胞水势升高，这时韧皮部的水势高于木质部，水分沿水势梯度从筛管分子回到木质部，引起筛管分子内膨压降低。这样在源端和库端形成了膨压差，它推动筛管内的汁液沿压力梯度从源端向库端运输。(6 分)韧皮部筛管中溶液的流动是以集流形式进行的。(2 分)

三、实验题：10 分。

19. 将 A、B 两种植物分别放置在密闭的光照生长箱中，定期抽取生长箱中的气体样品，分析其中的 CO_2 含量。以 CO_2 含量对光照时间作图，得到右侧曲线图。据图回答：

(1)分析图中曲线变化的原因。

(2)推测两种植物的光合碳同化途径。

(3)请用另一种实验方法验证你的推测。

【考点】C_3 植物和 C_4 植物的光合特性。

【解析】植物的光合速率随环境中 CO_2 浓度的降低而降低，当 CO_2 浓度达到一定值时，植物光合作用吸收的 CO_2 量与呼吸作用和光呼吸释放的 CO_2 量达到动态平衡，此时，环境中的 CO_2 浓度就是 CO_2 补偿点。不同植物 CO_2 补偿点不同，一般 C_4 植物的 CO_2 补偿点很低，在 0～10 $\mu mol/(m^2 \cdot s)$；C_3 植物的 CO_2 补偿点较高，在 50～100 $\mu mol/(m^2 \cdot s)$。C_3 植物和 C_4 植物在叶片解剖结构、光合与生理生态特性上有很大差异。

【答题要点】

(1)在密闭的光照生长箱中，植物进行光合作用，不断消耗 CO_2，使得生长箱中的 CO_2 浓度逐渐降低。当 CO_2 浓度降低到某一值时，光合作用消耗的 CO_2 与呼吸作用释放的 CO_2 浓度相等时，即光合作用速率等于呼吸作用速率，密闭的光照生长箱中 CO_2 浓度达到稳定状态，此时 CO_2 浓度就是 CO_2 补偿点。

(2)由于 C_4 植物的 CO_2 补偿点比 C_3 植物低，因此，根据图中 A、B 两种植物 CO_2 补偿点，可以推测 A 植物是 C_4 植物，通过 C_4 途径同化 CO_2；B 植物是 C_3 植物，通过 C_3 途径同

化 CO_2。(6 分)

(3)验证方法：

通过观察叶片的解剖结构，C_4 植物维管束鞘细胞含有较大的叶绿体；C_3 植物维管束鞘细胞不发达，内无叶绿体。

通过 $^{14}CO_2$ 标记实验验证，^{14}C 首先出现在 C_4 化合物中的植物是通过 C_4 途径同化 CO_2；^{14}C 首先出现在 C_3 化合物中的植物是通过 C_3 途径同化 CO_2。(4 分)

四、分析讨论题：每小题 13 分，共 26 分。

20. 论述植物地上部分与地下部分生长的相关性，并写出生产中控制根冠比的两种方法及其原理。

【考点】生长的相关性。

【解析】在植物的生长发育过程中，构成植物体的各部分之间存在着相互依赖和相互制约的关系(或称相关性)，包括植物地上部分与地下部分的相关性、主茎与侧枝的相关性、营养生长与生殖生长的相关性，以及不同植物个体之间也存在相关性。

植物地上部分与地下部分的相关性常用根冠比表示。根冠比是指植物地下部分与地上部分干重或鲜重的比值，它能反映植物的生长状况，以及环境条件对地上部分与地下部分生长的不同影响。不同物种有不同的根冠比，同一物种在不同的生育期根冠比也有变化。

【答题要点】植物地上部分与地下部分是相互协调的互助关系。一般情况下，植物的根系生长良好，其地上部分的枝叶也较茂盛；同样，地上部分生长良好，也会促进根系的生长。因此总结出了“根深叶茂”的经验。植物的地上部分和地下部分处在不同的环境中，两者之间有维管束的联络，有营养物质与信息物质的大量交换。地下部分的生长依赖于地上部分所提供的光合产物、生长素、维生素等，而地上部分的生长则需要根系提供水分、矿质、氮素以及根中合成的植物激素(CTK、GA 和 ABA)、氨基酸等。植物地下部分与地上部分的比值能反映植物的生长状况，以及环境条件对地上部分与地下部分生长的不同影响。不同物种有不同的根冠比，同一物种在不同的生育期根冠比也有变化。(7 分)

在生产上，常用水肥措施调控根冠比，对于收获地下部分的作物如甘薯、甜菜等，在生长前期保证充足水肥供应，促进茎叶生长，加强光合作用，在生长后期减少氮肥和水分供应，增施磷、钾肥，促进大量养分向根部传输，促进贮藏根的膨大(3 分)。另一种调控根冠比的方法是对植物进行修剪和整枝，如除去部分枝叶和芽，短期效应是增加根冠比，而后期效应是减小根冠比，由于修剪和整枝刺激了侧芽和侧枝的生长，使大部分光合产物运往新枝，促进地上部分的生长(3 分)。

21. 论述植物抗旱性的机制。

【考点】水分胁迫对植物的影响。

【解析】干旱条件下植物的失水速度超过了吸水速度，导致植物体内水分亏缺，正常的生理过程受到影响。在干旱胁迫时，植物通过形态和生理上的改变来适应外界环境的变化。

【答题要点】植物的抗旱性是指在干旱条件下，植物能够维持正常代谢水平和正常生长发育进程的能力。抗旱性强的植物具有一些形态和生理特征。(5 分)

植物抗旱的形态特征(3 分)：抗旱性强的植物根系发达，根冠比较大，能更有效地利用土壤水分，特别是土壤深层的水分。叶片细胞小，叶脉密，表皮绒毛多，角质化程度高，可减少水分的散失。如沙漠灌木具有叶片小、气孔凹陷、叶表面柔毛密、叶卷曲等特点，以减少太阳辐射，降低蒸腾强度。

植物抗旱的生理特征(5分)：

①细胞原生质具有较高的亲水性、黏性和弹性。细胞渗透势较低，吸水和保水能力强。束缚水含量高，自由水含量少，原生质黏性较大，细胞原生质具有强的抗脱水能力。蛋白质黏性增加能够提高细胞保水能力，同时弹性增高又可防止细胞失水时的机械损伤。在干旱条件下，细胞亲水能力高能防止细胞严重脱水。

②抗旱植物保持较强同化能力。蛋白质、淀粉等物质的合成仍能维持在一定水平，核酸代谢方面相对稳定。水解酶活性变化不大，减少生物大分子的破坏，使原生质稳定，生命活动正常。

③渗透调节物质增加，积累脯氨酸、甜菜碱和ABA等物质。脯氨酸和甜菜碱是渗透调节剂，又可保护膜系统。ABA是逆境激素，可使气孔关闭，减少蒸腾失水。脯氨酸与ABA的积累有利于植物抗旱。

④有些植物可以通过对生育周期的调整逃避干旱的干扰，降低受旱害程度。

生物化学

五、单项选择题：每小题1分，共15分。

22.B　23.C　24.A　25.C　26.D　27.B　28.A　29.D　30.B
31.C　32.C　33.D　34.D　35.A　36.A

六、简答题：每小题8分，共24分。

37.【答题要点】

(1)是生物系统的能量交换中心。

(2)参与代谢调节。

(3)是合成RNA等物质的原料。

(4)是细胞内磷酸基团转移的中间载体。

38.【答题要点】

(1)蛋白质一级结构是指蛋白质多肽链中氨基酸残基的排列顺序。

(2)不同物种同源蛋白质一级结构存在差异，亲缘关系越远，其一级结构中氨基酸序列的差异越大；亲缘关系越近，其一级结构中氨基酸序列的差异越小。

(3)与功能密切相关的氨基酸残基是不变的，与生物进化相关的氨基酸残基是可变的。

39.【答题要点】

(1)竞争性抑制剂丙二酸的结构与底物琥珀酸结构相似。

(2)丙二酸与底物琥珀酸竞争结合琥珀酸脱氢酶的活性中心。

(3)丙二酸的抑制作用可以通过增加底物琥珀酸的浓度解除。

(4)加入丙二酸后琥珀酸脱氢酶K_m值增大，而V_{max}不变。

七、实验题:10 分。

40.【答题要点】

(1)试剂的作用

①EDTA 可螯合金属离子,抑制 DNA 酶的活性。

②氯仿-异戊醇混合液使蛋白质变性沉淀,并能去除脂类物质。

③95%乙醇可使 DNA 沉淀。

(2)鉴别方法

①采用地衣酚试剂检测 RNA 分子中的核糖。如果反应液呈绿色,说明残留有 RNA。

②采用紫外吸收法检测 A_{260}/A_{280} 的值。如果比值大于 1.8,说明残留有 RNA。

③采用琼脂糖凝胶电泳法检测是否有小分子量的 RNA 条带存在。

八、分析论述题:每小题 13 分,共 26 分。

41.【答题要点】

(1)磷酸二羟丙酮是糖代谢的中间产物,α-磷酸甘油是脂肪代谢的中间产物,因此,磷酸二羟丙酮与 α-磷酸甘油之间的转化是联系糖代谢与脂代谢的关键反应。

(2)磷酸二羟丙酮有氧氧化产生的乙酰 CoA 可作为脂肪酸从头合成的原料,同时磷酸二羟丙酮可转化形成 α-磷酸甘油,脂肪酸和 α-磷酸甘油是合成脂肪的原料。

(3)磷酸二羟丙酮经糖异生途径转化为 6-磷酸葡萄糖,再经磷酸戊糖途径产生 NADPH,该物质是从头合成脂肪酸的还原剂。

(4)脂肪分解产生的甘油可转化为磷酸二羟丙酮,可进入糖异生途径产生葡萄糖,也可以进入三羧酸循环彻底氧化分解。

42.【答题要点】

(1)mRNA 上 3 个相邻的核苷酸组成密码子编码一种氨基酸。遗传密码具有简并性。

(2)tRNA 反密码子环上具有的反密码子,可以按照碱基配对原则反向识别 mRNA 上的密码子。但这种识别具有“摆动性”。tRNA 的结构影响其结合氨基酸的特异性。

(3)氨酰-tRNA 合成酶具有专一性识别氨基酸和能携带该氨基酸 tRNA 的功能。氨酰-tRNA 合成酶还具有二次校对功能。

2009 年全国硕士研究生入学统一考试农学门类联考

植物生理学与生物化学试题

植物生理学

一、单项选择题：1～15 小题，每小题 1 分，共 15 分。下列每题给出的四个选项中，只有一个选项是符合题目要求的。

1. 植物细胞质膜中，含量最高的脂类物质是（　　）。

A. 硫脂　　B. 糖脂

C. 磷脂　　D. 胆固醇

2. 植物细胞中，组成微丝的蛋白质是（　　）。

A. 力蛋白　　B. 动蛋白

C. 角蛋白　　D. 肌动蛋白

3. C_4 植物光合作用固定 CO_2 形成的第一个产物是（　　）。

A. 琥珀酸　　B. 草酰乙酸

C. 苹果酸　　D. 天冬氨酸

4. 将暗适应的植物转到光下，其叶绿体类囊体腔内 pH 和 Mg^{2+} 浓度的变化是（　　）。

A. pH 升高、[Mg^{2+}]降低　　B. pH 降低、[Mg^{2+}]升高

C. pH 不变、[Mg^{2+}]升高　　D. pH 降低、[Mg^{2+}]降低

5. 在日照长度大于临界日长的条件下才能开花的植物称为（　　）。

A. 长日植物　　B. 短日植物

C. 日中性植物　　D. 中日性植物

6. 能够促使保卫细胞膜上外向 K^+ 通道开放而导致气孔关闭的植物激素是（　　）。

A. CTK　　B. IAA

C. GA　　D. ABA

7. 低温对植物成花的诱导作用称为（　　）。

A. 低温胁迫　　B. 春化作用

C. 抗寒锻炼　　D. 温周期现象

8. 植物韧皮部筛管汁液中含量最高的无机离子是（　　）。

A. K^+　　B. Cl^-

C. Ca^{2+}　　D. Mg^{2+}

9. 干种子的吸水力取决于种子的（　　）。

A. 重力势　　B. 压力势

C. 衬质势　　D. 渗透势

10. 下列呼吸代谢中间产物中，作为莽草酸代谢途径起始物质的是(　　)。
A. 赤藓糖-4-磷酸、磷酸烯醇式丙酮酸　B. 核酮糖-5-磷酸、甘油醛-3-磷酸
C. 果糖-6-磷酸、磷酸烯醇式丙酮酸　D. 甘油醛-3-磷酸、赤藓糖-4-磷酸

11. 下列氧化酶中，其活性受水杨基羟肟酸抑制的是(　　)。
A. 细胞色素氧化酶　B. 交替氧化酶
C. 酚氧化酶　D. 乙醇酸氧化酶

12. 光下叶绿体中合成的光合产物运到细胞基质的主要形式是(　　)。
A. 磷酸赤藓糖　B. 淀粉
C. 磷酸丙糖　D. 磷酸景天庚酮糖

13. 植物成花诱导过程中，感受低温和光周期的部位分别是(　　)。
A. 茎尖、茎尖　B. 叶片、茎尖
C. 茎尖、叶片　D. 叶片、叶片

14. 下列植物生长物质中，能够延缓叶片衰老的是(　　)。
A. 茉莉酸甲酯　B. 脱落酸
C. 乙烯　D. 6-苄基腺嘌呤

15. 植物叶片衰老过程中，最先解体的细胞器是(　　)。
A. 细胞核　B. 液泡
C. 叶绿体　D. 线粒体

二、简答题：16～18 小题，每小题 8 分，共 24 分。

16. 光合作用 C_3 途径分为哪几个阶段？各阶段的作用是什么？

17. 简述生长素促进细胞伸长生长的酸生长学说。

18. 简述环境因素对蒸腾作用的影响。

三、实验题：19 小题，10 分。

19. 请设计实验证明光敏素参与需光种子萌发的调控，要求简要写出实验方法与步骤，预测并分析实验结果。

四、分析论述题：20～21 小题，每小题 13 分，共 26 分。

20. 论述植物细胞的离子跨膜运输机制。

21. 论述干旱对植物的伤害作用。

生 物 化 学

五、单项选择题：22～36 小题，每小题 1 分，共 15 分。下列每题给出的四个选项中，只有一个选项是符合题目要求的。

22. 世界上首次人工合成具有生物活性酵母 $tRNA^{Ala}$ 的国家是(　　)。
A. 美国　B. 中国
C. 英国　D. 法国

23. 真核生物 mRNA 中 5′末端的 m^7G 与第二个核苷酸之间的连接方式是(　　)。

A. 5′→2′　　B. 5′→3′

C. 3′→5′　　D. 5′→5′

24. 下列 DNA 模型中,属于左手双螺旋的是(　　)。

A. Z-DNA　　B. C-DNA

C. B-DNA　　D. A-DNA

25. 下列氨基酸中 $[\alpha]_D^T=0°$ 的是(　　)。

A. Gln　　B. Glu

C. Gly　　D. Ile

26. 1961 年国际酶学委员会规定:特定条件下 1 min 内转化 1 μmol 底物的酶量是(　　)。

A. 1 U　　B. 1 U/mg

C. 1 Kat　　D. 1 IU

27. 可使米氏酶 K_m 增大的抑制剂是(　　)。

A. 竞争性抑制剂　　B. 非竞争性抑制剂

C. 反竞争性抑制剂　　D. 不可逆抑制剂

28. 下列化合物中,属于氧化磷酸化解偶联剂的是(　　)。

A. 鱼藤酮　　B. 抗霉素 A

C. 氰化物　　D. 2,4-二硝基苯酚

29. 脂肪酸合酶系的终产物是(　　)。

A. 丙二酸单酰 CoA　　B. 琥珀酰 CoA

C. 硬脂酰 CoA　　D. 软脂酰 CoA

30. 肉碱脂酰转移酶存在的部位是(　　)。

A. 核膜　　B. 细胞膜

C. 线粒体内膜　　D. 线粒体外膜

31. 下列参与联合脱氨基作用的酶是(　　)。

A. 解氨酶、*L*-谷氨酸脱氢酶　　B. 转氨酶、*L*-谷氨酸脱氢酶

C. 解氨酶、*L*-氨基酸氧化酶　　D. 转氨酸、*L*-氨基酸氧化酶

32. 氨基酸脱羧基作用的产物是(　　)。

A. 有机酸和 NH_3　　B. 有机酸和 CO_2

C. 胺和 CO_2　　D. 胺和 NH_3

33. 嘌呤核苷酸从头合成途径中产生的第一个核苷酸是(　　)。

A. XMP　　B. IMP

C. GMP　　D. AMP

34. 劳氏肉瘤病毒逆转录的产物是(　　)。

A. DNA　　B. cDNA

C. ccDNA　　D. Ts-DNA

35. 下列含有与 SD 序列互补序列的 rRNA 是(　　)。

A. 16S rRNA　　B. 18S rRNA

C. 23S rRNA　　D. 28S rRNA

36. 大肠杆菌 RNA 聚合酶核心酶的亚基组成是(　　)。

A. $\alpha_2\beta\beta'\sigma$　　B. $\alpha\beta_2\beta'$

C. $\alpha_2\beta\beta'$　　D. $\alpha\beta\beta'\sigma$

六、简答题:37～39 小题,每小题 8 分,共 24 分。

37. 请用中文或符号写出糖原(或淀粉)、脂肪酸和蛋白质多肽链生物合成中的单体活化反应式。

38. 在体外蛋白质合成体系中,一条含有 CAU 重复序列的多聚核苷酸链,经翻译后发现其产物有三种,即多聚组氨酸、多聚异亮氨酸和多聚丝氨酸,如果组氨酸的密码子是 CAU,异亮氨酸的密码子是 AUC,那么丝氨酸的密码子是什么?为什么?

39. 简述三羧酸循环的特点。

七、实验题:40 小题,10 分。

40. 酶纯化实验中,通常先用$(NH_4)_2SO_4$作为分级沉淀剂,再用 Sephadex G-25 凝胶柱层析法从沉淀酶液中除去$(NH_4)_2SO_4$。请问:

(1)与其他中性盐沉淀剂相比,用$(NH_4)_2SO_4$作沉淀剂有何优点?

(2)如发现柱层析后酶的总活性较纯化前明显升高,可能的原因是什么?

(3)柱层析时,湿法装柱的注意事项主要有哪些?

八、分析论述题:41～42 小题,每小题 13 分,共 26 分。

41. 论述生物氧化的特点。

42. 论述酶活性别构调节的特点和生物学意义。

2009 年全国硕士研究生入学统一考试农学门类联考

植物生理学与生物化学试题参考答案及解析

植物生理学

一、单项选择题:每小题 1 分,共 15 分。

1. 正确答案为 C。

【考点】植物细胞质膜的化学组成。

【解析】植物细胞质膜的主要成分是脂类和蛋白质。膜脂主要包括磷脂、糖脂和胆固醇。磷脂是构成膜脂的基本成分,占整个膜脂的 50%以上;糖脂在膜脂中的含量一般在 5%以下;胆固醇在膜脂中的含量较低。因此,植物细胞质膜中,含量最高的脂类物质是磷脂。

2. 正确答案为 D。

【考点】植物细胞骨架。

【解析】细胞骨架包括微丝、微管和中间纤维。微丝是由肌动蛋白聚合而成的、直径为 7 nm 的丝状结构。力蛋白和动蛋白是依赖微管的马达蛋白,它们可以通过水解 ATP 沿微管运动。角蛋白是中间纤维的重要组分。因此,植物细胞中,组成微丝的蛋白质是肌动蛋白。

3. 正确答案为 B。

【考点】光合碳同化。

【解析】光合碳同化包括 C_3 代谢途径、C_4 代谢途径和景天酸代谢途径。C_4 植物 CO_2 固定在叶肉细胞和维管束鞘细胞中进行,CO_2 的受体是叶肉细胞细胞质中的 PEP,在 PEPC 催化下,形成草酰乙酸,形成的草酰乙酸在叶肉细胞叶绿体中被还原为苹果酸,也可在细胞质中由天冬氨酸转氨酶催化,经转氨基作用而形成天冬氨酸。因此,C_4 植物光合作用固定 CO_2 形成的第一个产物是草酰乙酸。

4. 正确答案为 D。

【考点】光合碳同化。

【解析】光合碳同化包括 C_3 代谢途径、C_4 代谢途径和景天酸代谢途径。C_3 途径是基本途径,Rubisco 是 C_3 途径的关键调节酶,叶绿体基质中的 pH 和 Mg^{2+} 浓度是调节 Rubisco 活性的重要因子。基质中的 pH 和 Mg^{2+} 浓度随光、暗而变化,光驱动 H^+ 从基质转运到类囊体腔,与 H^+ 进入相偶联的是 Mg^{2+} 从类囊体腔转运到基质中。因此,将暗适应的植物转到光下,其叶绿体类囊体腔内 pH 和 Mg^{2+} 浓度的变化是 pH 降低、Mg^{2+} 浓度降低。

5. 正确答案为 A。

【考点】光周期反应类型。

【解析】植物开花对日照长度的反应主要有三种类型:长日性植物、短日性植物和日中性植物。长日性植物是指在 24 h 昼夜周期中,日照长度必须长于一定时数才能成花的植物。短日植物是指在 24 h 昼夜周期中,日照长度必须短于一定时数才能成花的植物。日中性植物的成花对日照长度不敏感，在任何长度的日照下均能开花。因此，在日照长度大于临界日长的条件下才能开花的植物称为长日性植物。

6. 正确答案为 D。

【考点】脱落酸的生理功能。

【解析】脱落酸促进气孔关闭。其原因是：ABA 抑制保卫细胞膜上内向 K^+ 通道活性，促进保卫细胞膜上外向 K^+ 通道活性，从而促使细胞内 K^+ 浓度降低；同时，ABA 促进保卫细胞膜上外向 Cl^- 通道蛋白活性，促进 Cl^- 外流，保卫细胞内 Cl^- 浓度降低，两者共同结果是保卫细胞膨压下降，气孔关闭。

7. 正确答案为 B。

【考点】春化作用的概念。

【解析】低温对植物开花的诱导作用称为春化作用。

8. 正确答案为 A。

【考点】同化物运输的形式。

【解析】在韧皮部中进行运输的物质包括糖、氨基酸、激素和一些无机离子等。无机离子以钾离子含量最高，其次为氯、磷、镁。

9. 正确答案为 C。

【考点】植物细胞的水势。

【解析】植物细胞的水势是由渗透势、压力势、重力势和衬质势（也称为基质势）组成。干种子中，细胞原生质处于凝胶态，大部分水分为束缚水，此时，压力势、重力势均为零，它们的水势就是衬质势。由于干种子具有非常低的衬质势，因此它们的吸水能力很强。

10. 正确答案为 A。

【考点】植物的呼吸代谢途径。

【解析】戊糖磷酸途径的中间产物为许多重要化合物合成提供原料。核酮糖-5-磷酸是合成核苷酸的原料，也是 NAD、FAD、NADP 等辅酶的组成成分。赤藓糖-4-磷脂和磷酸烯醇式丙酮酸（PEP）是合成莽草酸的原料，进一步合成芳香族氨基酸和生长素、木质素、绿原酸、咖啡酸等。

11. 正确答案为 B。

【考点】植物体内呼吸电子传递途径的特点。

【解析】交替氧化酶定位于线粒体内膜，是一种含铁的酶，其活性受水杨基羟肟酸的抑制。

12. 正确答案为 C。

【考点】植物光合作用的产物。

【解析】磷酸丙糖是光合作用合成的最初糖类，也是光合产物从叶绿体运输到细胞质的主要形式。它既可形成淀粉，暂时贮藏在叶绿体中，又可以被运到胞质中合成蔗糖，蔗糖可被运输到其他组织中。

13. 正确答案为 C。

【考点】植物成花诱导的感受。

【解析】植物的成花诱导包括低温和光周期条件。一般植物在种子萌发后到营养体生长的苗期感受低温而发生春化，感受低温的部位是分生组织和某些能进行细胞分裂的部位。感受光周期的部位是叶片。

14. 正确答案为 D。

【考点】植物激素的生理作用。

【解析】细胞分裂素、乙烯、脱落酸、茉莉酸中具有明显延缓叶片衰老功能的只有细胞分裂素。

15. 正确答案为 C。

【考点】植物的衰老生理。

【解析】在衰老过程中,细胞结构逐渐解体,首先是叶绿体完整性的丧失,而后核糖体和粗糙内质网急剧减少,线粒体是较为稳定的细胞器之一,到衰老后期,线粒体嵴扭曲至消失;最后,液泡膜溶解。

二、简答题:每小题 8 分,共 24 分。

16. 光合作用 C_3 途径分为哪几个阶段?各阶段的作用是什么?

【考点】光合碳同化 C_3 途径。

【解析】植物光合作用固定 CO_2 的基本循环。

【答题要点】C_3 途径是碳同化的基本途径,分为羧化、还原和再生 3 个阶段。(2 分)

羧化阶段:Rubisco 催化 RuBP 与 CO_2 发生羧化反应,形成 3-PGA。(2 分)

还原阶段:利用 ATP 与 NADPH 将 3-PGA 还原为 GAP,磷酸丙糖是叶绿体中光合碳同化的重要产物。至此,3-PGA 被还原为糖,光合作用光反应中形成的 ATP 与 NADPH 携带的能量转贮于碳水化合物中。(2 分)

再生阶段:经羧化反应和还原反应形成的 GAP 经过一系列反应转化,形成核酮糖-5-磷酸(Ru5P),最后由核酮糖-5-磷酸激酶催化,消耗 ATP,再形成 RuBP。(2 分)

17. 简述生长素促进细胞伸长生长的酸生长学说。

【考点】生长素的作用机理。

【解析】酸生长学说是目前比较认可的解释生长素促进细胞伸长的理论。

【答题要点】

(1)生长素诱导激活质膜 H^+-ATPase。(2 分)

(2)H^+-ATPase 利用水解 ATP 释放的能量,使细胞内的 H^+ 外运,导致细胞壁的酸化。(2 分)

(3)在酸性条件下,细胞壁中的扩张蛋白被活化,活化扩张蛋白促进连接木葡聚糖与纤维素微纤丝之间的键断裂,细胞壁松弛。(2 分)

(4)细胞壁松弛后,细胞的压力势下降,导致细胞的水势下降,细胞吸水,从而促进细胞伸长生长。(2 分)

18. 简述环境因素对蒸腾作用的影响。

【考点】植物的蒸腾作用。

【解析】植物的蒸腾主要是叶的蒸腾,大部分水分是通过气孔蒸腾的,因此,影响气孔运动的环境因素即为影响蒸腾作用的环境因素。

【答题要点】

(1)光照:光照能提高大气和叶片的温度,光照也促使气孔张开,从而增强蒸腾作用。(2 分)

(2)大气相对湿度:大气相对湿度低,蒸腾作用增强;大气相对湿度高,蒸腾作用减弱。(2分)

(3)温度:在大气相对湿度相同时,温度增高,蒸腾作用增强。(2分)

(4)风:微风能降低气孔外的水蒸气,因此可促进蒸腾作用;强风能引起气孔关闭,气孔阻力增大,蒸腾作用减弱。(2分)

三、实验题:10分。

19. 请设计实验证明光敏素参与需光种子萌发的调控,要求简要写出试验方法与步骤,预测并分析实验结果。

【考点】光敏素及作用。

【解析】光敏素是植物体内存在的光受体,能吸收红光和远红光,它有两种类型:一种是红光吸收型,最大吸收波长在660 nm,以Pr表示;一种是远红光吸收型,最大吸收波长在730 nm,以Pfr表示。照射白光或红光后,Pr型转化为Pfr型;照射远红光使Pfr型转化为Pr型,Pfr型在暗中自发地逆转为Pr型。Pfr型具有生理活性。

【答题要点】种子萌发所需的适宜条件除了水分、温度和氧气外,有些种子还需要光照,因此把这类种子称为需光种子。莴苣和拟南芥种子属需光种子。

实验方法与步骤:选用莴苣或拟南芥种子,在22~25℃下暗中吸胀5~6 h,分别做如下处理:A组,连续黑暗;B组,红光处理;C组,红光-远红光处理;D组,红光-远红光-红光处理。(25±1)℃培养72 h后,统计种子萌发率。(6分)

结果预测和分析:A组萌发率低;B组萌发率显著提高;C组萌发率显著低于B组;D组萌发率与B组相当。实验结果证明,红光促进萌发,远红光抑制萌发。在红光照射后再用远红光处理,可消除红光的作用,若用红光与远红光交替处理,则种子的萌发状态取决于最后一次照射光的波长。光敏素参与需光种子萌发的调控。(4分)

四、分析论述题:每小题13分,共26分。

20. 论述植物细胞的离子跨膜运输机制。

【考点】植物细胞的离子跨膜运输机制。

【解析】离子跨膜运输包括被动运输和主动运输。

【答题要点】根据离子跨膜运输是否消耗能量和运输离子的方向可将离子跨膜运输分为被动运输和主动运输。(4分)

被动运输是指离子的跨膜运输不消耗代谢能量,而且离子的运输方向是顺电化学势梯度进行的。包括简单扩散与易化扩散。(4分)

主动运输需要消耗代谢能量,被运送的离子的方向是逆电化学势梯度进行的。离子通过离子泵的跨膜运输就是主动运输过程。主动运输又可分为初始主动运输和次级主动运输,由H^+-ATPase运送质子的过程是初始主动运输,由H^+-ATPase活动所建立的跨膜质子电化学势梯度所驱动的离子的跨膜运输过程是次级主动运输。次级主动运输是一种共运输过程,共运输包括同向共运输和反向共运输。(5分)

21. 论述干旱对植物的伤害作用。

【考点】干旱对植物的伤害作用。

【解析】干旱条件下植物的失水速度超过吸水速度，植物体内水分亏缺，体内水分平衡被破坏，正常代谢过程受到伤害。

【答题要点】干旱对植物最直接影响是引起原生质脱水，原生质脱水是旱害的核心。干旱对植物的伤害主要有以下几个方面：

(1)破坏膜的结构。膜的磷脂分子排列紊乱，膜的透性增加，引起胞内物质外渗。(3分)

(2)代谢失调。光合作用显著下降，甚至趋于停止。干旱使水解酶的活性加强，合成酶的活性降低。蛋白质分解加强，蛋白质的合成过程削弱，脯氨酸大量积累。干旱使植株体内的DNA、RNA含量下降。(4分)

(3)引起植物激素变化。ABA含量增加，细胞分裂素、生长素含量减少。(2分)

(4)水分重新分配。干旱时植物组织间按水势大小竞争水分，一般幼叶向老叶吸水，促使老叶枯萎死亡，导致落叶、落果。(2分)

(5)植株生长受抑。(2分)

生物化学

五、单项选择题：每小题1分，共15分。

22.B　23.D　24.A　25.C　26.D　27.A　28.D　29.D　30.C
31.B　32.C　33.B　34.B　35.A　36.C

六、简答题：每小题8分，共24分。

37.【答题要点】

(1)$\text{G-1-P}+\text{UTP}+\text{H}_2\text{O}\xrightleftharpoons{\text{UDPG 焦磷酸化酶}}\text{UDPG}+\text{PPi}$

或 $\text{G-1-P}+\text{ATP}+\text{H}_2\text{O}\xrightleftharpoons{\text{ADPG 焦磷酸化酶}}\text{ADPG}+\text{PPi}$

(2)$\text{乙酰 CoA}+\text{HCO}_3^-+\text{H}^++\text{ATP}\xrightarrow{\text{乙酰 CoA 羧化酶}}\text{丙二酸单酰 CoA}+\text{ADP}+\text{Pi}$

(3)$\text{氨基酸}+\text{tRNA}+\text{ATP}\xrightarrow{\text{氨酰-tRNA 合成酶}}\text{氨酰-tRNA}+\text{AMP}+\text{PPi}$

38.【答题要点】

(1)丝氨酸的密码子是UCA。

(2)CAU重复序列的多聚核苷酸链的阅读起点可以有3个，从而阅读密码子可能有3种，即CAU、AUC和UCA。

39.【答题要点】

(1)三羧酸循环是在线粒体中进行；循环从乙酰CoA与草酰乙酸缩合形成柠檬酸开始。

(2)三羧酸循环为单向循环，催化三步不可逆反应的酶是调控酶。

(3)循环一周消耗2分子H_2O，可释放2分子CO_2，并使3分子NAD^+和1分子FAD还原为3分子NADH和1分子$FADH_2$。

(4)循环中有一步底物水平磷酸化反应。

七、实验题:10 分。

40.【答题要点】

(1)硫酸铵具有溶解度大、温度系数小、对酶活力影响小和利于分离等优点。

(2)纯化前酶液中可能含有酶抑制剂。

(3)注意事项:

①层析柱应与水平面垂直。

②柱床体积至少是上样体积的 3 倍以上。

③层析介质中不能出现气泡和断层。

④柱床表面要平整,并保有一定的水位。

八、分析论述题:每小题 13 分,共 26 分。

41.【答题要点】

(1)生物氧化包括线粒体氧化体系和非线粒体氧化体系。真核细胞生物氧化主要是线粒体氧化体系,原核细胞生物氧化主要在细胞膜上进行。

(2)生物氧化是在活细胞的温和条件下进行。

(3)是一系列酶、辅酶和中间传递体参与的多步骤反应。

(4)能量逐步释放,ATP 是能量转换的载体。

(5)真核细胞在有氧条件下,CO_2 由酶催化脱羧产生,H_2O 是由代谢物脱下的氢经呼吸链传给氧形成。

42.【答题要点】

(1)别构调节的特点:

①别构酶的结构特点。别构酶一般都是寡聚酶。酶蛋白上有两类功能部位,即活性中心和别构中心。别构中心与效应物通过可逆非共价结合,导致酶活性中心的构象发生变化。

②别构酶的动力学特点。不符合典型米氏酶的双曲线,正协同效应的别构酶呈现“S”形曲线。

③别构剂(效应物)。效应物分为正效应物和负效应物,其中前者起激活效应,后者起抑制效应;同促效应物为底物,异促效应物为非底物化合物。

(2)生物学意义:底物浓度发生较小变化时,别构酶可以灵敏、有效地调节酶促反应速度,保证重要代谢途径正常运行。

2010 年全国硕士研究生入学统一考试农学门类联考

植物生理学与生物化学试题

植物生理学

一、单项选择题：1～15 小题，每小题 1 分，共 15 分。下列每题给出的四个选项中，只有一个选项是符合题目要求的。

1. 将一植物细胞放入 0.1 mol · L^{-1} 的蔗糖溶液中，水分交换达到平衡时该细胞的 Ψ_w 值（　　）。

A. 等于 0.1 MPa　　B. 大于 0.1 MPa

C. 等于 0 MPa　　D. 小于 0 MPa

2. 在温带地区，只有到秋季才能开花的植物一般是（　　）。

A. 中日性植物　　B. 长日植物

C. 日中性植物　　D. 短日植物

3. 在光合电子传递链中，既能传递电子又能转移质子的传递体是（　　）。

A. PC　　B. Pheo

C. Fd　　D. PQ

4. 植物由暗中转到光下后，叶绿体基质中（　　）。

A. pH 升高，Mg^{2+} 浓度降低，RuBP 羧化酶活性增强

B. pH 降低，Mg^{2+} 浓度降低，RuBP 羧化酶活性降低

C. pH 降低，Mg^{2+} 浓度升高，RuBP 羧化酶活性降低

D. pH 升高，Mg^{2+} 浓度升高，RuBP 羧化酶活性增强

5. 下列末端氧化酶中，位于线粒体内膜上的是（　　）。

A. 多酚氧化酶　　B. 乙醇酸氧化酶

C. 细胞色素氧化酶　　D. 抗坏血酸氧化酶

6. 能够引起黄化幼苗“三重反应”的植物激素是（　　）。

A. IAA　　B. ABA

C. ETH　　D. GA

7. 下列学说中，不属于解释气孔运动机理的是（　　）。

A. K^+ 累积学说　　B. 压力流动学说

C. 淀粉-糖互变学说　　D. 苹果酸代谢学说

8. 在萌发的初期，油料种子中脂肪和可溶性糖含量的变化为（　　）。

A. 脂肪含量升高，可溶性糖含量降低　　B. 脂肪和可溶性糖含量均降低

C. 脂肪含量降低，可溶性糖含量升高　　D. 脂肪和可溶性糖含量均升高

9. 光对植物生长的直接作用主要表现为(　　)。

A. 促进细胞伸长与分化　　B. 抑制细胞伸长、促进细胞分化

C. 抑制细胞伸长与分化　　D. 促进细胞伸长、抑制细胞分化

10. 在其他条件适宜而温度偏低的情况下,如果提高温度,光合作用的(　　)。

A. CO_2 补偿点、光补偿点和光饱和点均升高

B. CO_2 补偿点、光补偿点和光饱和点均降低

C. CO_2 补偿点升高,光补偿点和光饱和点降低

D. CO_2 补偿点降低,光补偿点和光饱和点升高

11. 秋季随着日照长度逐渐变短,植物体内 GA 和 ABA 含量的变化为(　　)。

A. GA 增加,ABA 增加　　B. GA 降低,ABA 增加

C. GA 降低,ABA 降低　　D. GA 增加,ABA 降低

12. 干旱条件下,植物体内含量显著增加的氨基酸是(　　)。

A. 脯氨酸　　B. 天冬氨酸

C. 甘氨酸　　D. 丙氨酸

13. 植物传粉受精后,雌蕊组织的主要生理变化为(　　)。

A. IAA 含量增加,呼吸作用增强　　B. ABA 含量增加,呼吸作用降低

C. IAA 含量增加,呼吸作用降低　　D. IAA 含量降低,呼吸作用增强

14. 下列植物内源激素中,能够诱导芽休眠的是(　　)。

A. IAA　　B. GA

C. CTK　　D. ABA

15. 植物幼苗经过适当的低温锻炼后,膜脂的(　　)。

A. 不饱和脂肪酸含量增加,相变温度降低　　B. 不饱和脂肪酸含量降低,相变温度升高

C. 饱和脂肪酸含量增加,相变温度降低　　D. 饱和脂肪酸含量降低,相变温度升高

二、简答题:16～18 小题,每小题 8 分,共 24 分。

16. 确定植物必需元素的标准是什么? 根据该标准已确定的必需元素有哪些?

17. 简述植物体内光合同化物分配的基本规律。

18. 冬季到来之前,树木发生了哪些适应低温的生理变化?

三、实验题:19 小题,10 分。

19. 现有生长素、细胞分裂素和脱落酸 3 种植物激素,请用生物鉴定法区分出这 3 种激素。要求写出所用方法的简要操作过程。

四、分析论述题:20～21 小题,每小题 13 分,共 26 分。

20. 论述肉质果实成熟过程中的生理变化。

21. 论述植物光合作用碳同化途径的特点。

生物化学

五、单项选择题：22～36小题，每小题1分，共15分。下列每题给出的四个选项中，只有一个选项是符合题目要求的。

22. 1961年，F. Jacob和J. Monod提出了（　　）。

A. 中心法则　　B. 中间产物学说

C. 操纵子学说　　D. 诱导契合学说

23. 生物体内的氨基酸有D-型和L-型两种，其中D-型氨基酸通常存在于（　　）。

A. 胰岛素中　　B. 抗菌肽中

C. 细胞色素c中　　D. 血红蛋白中

24. 谷氨酸有3个可解离基团，其$pK_1=2.19$，$pK_2=9.67$，$pK_R=4.25$，它的等电点是（　　）。

A. 3.22　　B. 5.93

C. 6.43　　D. 6.96

25. 一段双链DNA包含1 000个碱基对，其组成中G+C=58%，那么该双链DNA中T的含量是（　　）。

A. 58%　　B. 42%

C. 29%　　D. 21%

26. 假尿嘧啶核苷（Ψ）分子中，核糖与尿嘧啶的连接方式是（　　）。

A. $C_1'—N_1$　　B. $C_1'—N_9$

C. $C_1'—C_2$　　D. $C_1'—C_5$

27. 柠檬酸合酶属于（　　）。

A. 水解酶类　　B. 转移酶类

C. 裂合酶类　　D. 合成酶类

28. 下列化合物中，作为丙酮酸脱氢酶复合体辅酶的是（　　）。

A. NAD^+　　B. $NADP^+$

C. ACP　　D. AMP

29. 线粒体内产生的$NADH+H^+$经呼吸链将电子传递给氧的途径是（　　）。

A. 复合物Ⅱ→复合物Ⅲ→Cyt c→复合物Ⅳ→O_2

B. 复合物Ⅰ→CoQ→复合物Ⅲ→Cyt c→复合物Ⅳ→O_2

C. 复合物Ⅰ→CoQ→复合物Ⅱ→复合物Ⅳ→O_2

D. 复合物Ⅰ→复合物Ⅱ→复合物Ⅲ→复合物Ⅳ→O_2

30. 下列分子中，含有糖基的是（　　）。

A. GSH　　B. Gly

C. THF　　D. ATP

31. 下列化合物中，可与F_0F_1-ATP合酶结合，并抑制氧化磷酸化的是（　　）。

A. 寡霉素　　B. 2,4-二硝基苯酚

C. 抗霉素A　　D. 一氧化碳

32. 生物体内嘧啶核苷酸从头合成时，嘧啶环上的氮原子来源于（　　）。
A. Gly 和 Asp　　B. Gln 和 Asp
C. Gly 和 Gln　　D. Glu 和 Asp
33. 下列氨基酸中，由三羧酸循环中间产物经一步转氨基反应生成的是（　　）。
A. 丙氨酸　　B. 天冬氨酸
C. 谷氨酰胺　　D. 丝氨酸
34. 下列化合物中，属于脱羧酶辅酶的是（　　）。
A. TPP　　B. CoA-SH
C. ACP　　D. NAD^+
35. 大肠杆菌 DNA 非模板链序列为：5′-ACTGTCAG-3′，其转录产物的序列是（　　）。
A. 5′-CUGACAGU-3′　　B. 5′-UGACAGUC-3′
C. 5′-ACUGUCAG-3′　　D. 5′-GACUUUTA-3′
36. 大肠杆菌 DNA 复制过程中产生的冈崎片段存在于（　　）。
A. 引物中　　B. 前导链中
C. 滞后链中　　D. 模板链中

六、简答题：37～39 小题，每小题 8 分，共 24 分。

37. 还原型谷胱甘肽分子中的肽键有何特点？还原型与氧化型谷胱甘肽的结构有何不同？
38. 什么是酶原激活？它有何生物学意义？
39. 分别写出在己酰 CoA β-氧化与三羧酸循环中，以 FAD 和 NAD^+ 为辅酶的脱氢酶的名称。

七、实验题：40 小题，10 分。

40. 分离纯化某蛋白酶的主要步骤和结果如下表。

分离步骤	分离液体积/mL	总蛋白含量/mg	总活力单位/IU
①离心分离	1 400	10 000	100 000
②硫酸铵盐析和透析	280	3 000	96 000
③离子交换层析	90	400	80 000
④亲和层析	6	3	45 000

(1)根据上述结果，计算第②至④步中，每步骤的比活力和纯化倍数。
(2)亲和层析的原理是什么？

八、分析论述题：41～42 小题，每小题 13 分，共 26 分。

41. 请论述柠檬酸调控软脂酸生物合成的机理。
42. 在研究蛋白质多肽链生物合成时发现，当编码某氨基酸的一个密码子变成终止密码子或变成编码另一种氨基酸的密码子时，所合成的蛋白质有的生物活性不变，有的生物活性会发生改变。请分析产生上述现象的生化机制。

2010年全国硕士研究生入学统一考试农学门类联考

植物生理学与生物化学试题参考答案及解析

植物生理学

一、单项选择题：每小题1分，共15分。

1. 正确答案为D。

【考点】植物细胞水势的概念。

【解析】将一植物细胞放入某种溶液中，水分交换达到平衡时该细胞的Ψ_w等于溶液的Ψ_w。溶液的$\Psi_w = \Psi_s = -RTC$，0.1 $mol \cdot L^{-1}$的蔗糖溶液的Ψ_s一定小于0 MPa。

2. 正确答案为D。

【考点】光周期反应的类型。

【解析】在温带地区，秋季是短日照，因此只有到秋季才能开花的植物一般是短日植物。

3. 正确答案为D。

【考点】光合电子传递链。

【解析】在类囊体膜上光合电子传递链是由PSⅠ、PSⅡ和细胞色素b_6/f复合体等单位组成的，其中在PSⅡ和细胞色素b_6/f复合体之间有质体醌(PQ)、在细胞色素b_6/f复合体和PSⅠ之间有质蓝素(PC)进行电子传递。质体醌是脂溶性分子，在膜脂中可进行扩散运动，是类囊体膜上最丰富的电子载体。质体醌不仅传递电子，而且也转移质子，在质子跨膜转运形成质子梯度中起重要作用。

4. 正确答案为D。

【考点】光合碳同化。

【解析】叶绿体基质中的pH和Mg^{2+}浓度是调节Rubisco活性的重要因子。基质中的pH和Mg^{2+}浓度随光、暗而变化，光驱动H^+从基质转运到类囊体腔，与H^+进入相偶联的是Mg^{2+}从类囊体腔转运到基质中。因此，将暗适应的植物转到光下，叶绿体基质中pH和Mg^{2+}浓度均升高，叶绿体类囊体腔内pH和Mg^{2+}浓度均降低，叶绿体基质中pH和Mg^{2+}浓度的升高有利于Rubisco活性的增加。

5. 正确答案为C。

【考点】植物呼吸电子传递途径。

【解析】呼吸电子传递途径中定位于线粒体内膜上的末端氧化酶包括细胞色素氧化酶、交替氧化酶。在高等植物中，还存在一些线粒体外的末端氧化酶，其中包括多酚氧化酶、抗坏血酸氧化酶、乙醇酸氧化酶等。

6. 正确答案为C。

【考点】植物激素的生理作用。

【解析】引起黄化幼苗“三重反应”是乙烯的典型生物效应，具有特异、灵敏和快速的特点。

IAA、GA、ABA 没有此生理功能。

7. 正确答案为 B。

【考点】气孔运动的调节机制。

【解析】气孔运动是由于保卫细胞的膨压变化而引起的，而保卫细胞的膨压变化是由于离子和有机物质进入保卫细胞使细胞的渗透势发生改变，细胞水势也发生改变，从而引起水进出保卫细胞，保卫细胞膨压发生变化。保卫细胞中 K^+、苹果酸、蔗糖的积累可调节保卫细胞渗透势的改变。K^+ 累积学说、苹果酸代谢学说、淀粉-糖互变学说是解释气孔运动机理的主要学说，压力流动学说是解释韧皮部运输机制的主要学说。

8. 正确答案为 C。

【考点】种子发育过程中的物质变化。

【解析】脂肪种子(或油料种子)萌发初期，贮藏的脂肪被水解，经过一系列代谢途径，最后形成蔗糖。因此，在萌发的初期，油料种子中脂肪和可溶性糖含量的变化为脂肪含量降低，可溶性糖含量升高。

9. 正确答案为 B。

【考点】植物的光形态建成。

【解析】光对植物生长有直接影响：黄化苗下胚轴伸长、茎细长柔弱、顶端弯钩不伸直、叶片小且不扩展、缺乏叶绿素而呈白色或黄色，叶绿体发育不正常，许多酶的活性低。而在光下生长的植物，下胚轴较短、弯钩伸直、叶片展开、叶绿体发育完善、合成叶绿素、叶片转绿，能正常进行光合作用以获得碳素和能量，植物生长正常而强壮。正常苗和黄化苗表现出的不同形态变化就是由于光抑制细胞伸长、促进细胞分化所致。

10. 正确答案为 A。

【考点】影响光合作用的因素。

【解析】光合碳代谢过程是一系列酶促反应，在其他条件适宜而温度偏低的情况下，如果提高温度，光合速率增加，CO_2 补偿点、光补偿点和光饱和点均升高。

11. 正确答案为 B。

【考点】环境条件对休眠的诱导。

【解析】秋季短日照条件，ABA 合成增加，而 GA 的合成减少，ABA/GA 值高，诱导休眠。春季长日照条件，ABA 合成减少，而 GA 的合成增加，ABA/GA 值减低，解除休眠。因此，秋季随着日照长度逐渐变短，植物体内 GA 和 ABA 含量的变化为前者降低、后者增加。

12. 正确答案为 A。

【考点】植物的抗旱机理。

【解析】在逆境下，植物体可以通过积累各种渗透物质提高细胞液浓度，从而抵抗外界的渗透胁迫。脯氨酸和甜菜碱是理想的有机渗透调节物质。因此，干旱条件下，植物体内含量显著增加的氨基酸是脯氨酸。

13. 正确答案为 A。

【考点】受精过程中雌蕊的生理生化变化。

【解析】在受精过程中，雌蕊组织呼吸速率明显增加，物质代谢旺盛。雌蕊组织中生长素含量显著增加。

14. 正确答案为 D。

【考点】芽的休眠与萌发、激素的关系。

【解析】一般认为，ABA 诱导芽休眠，GA 对打破芽休眠最有效，ABA 与 CTK、GA 间的平衡在维持和打破休眠中起调控作用。

15. 正确答案为 A。

【考点】温度逆境对植物的影响。

【解析】增加膜脂中的不饱和脂肪酸的含量和不饱和程度，能有效地减低膜脂的相变温度，维持膜的流动性，使植物不受伤害。因此，经过低温锻炼后，膜脂中的不饱和脂肪酸含量增加，相变温度降低，植物的抗性增强。

二、简答题：每小题 8 分，共 24 分。

16. 确定植物必需元素的标准是什么？根据该标准已确定的必需元素有哪些？

【考点】植物体内的必需元素。

【解析】必需元素的三条标准，三者缺一不可。

【答题要点】确定植物必需元素的标准是：

(1)缺乏该元素，植物生长发育受阻，不能完成生活史。(2 分)

(2)缺乏该元素，植物表现出专一的缺素病症，这种缺素病症只有加入该元素才能预防或消除。(2 分)

(3)该元素在植物生理上的作用是直接的，而不是通过改善土壤的理化性质等产生的间接作用。(2 分)

现已确定的植物必需元素有 17 种，它们是碳、氢、氧、氮、磷、钾、钙、镁、硫、铁、铜、硼、锌、锰、钼、氯、镍。(2 分)

17. 简述植物体内光合同化物分配的基本规律。

【考点】同化物的配置与分配。

【解析】同化物分配的基本规律是优先分配到生长中心，就近供应和同侧运输。

【答题要点】

(1)优先分配给生长中心：生长中心是指一定时期内正在旺盛生长的器官或部位，是对营养组分竞争最强的库。(4 分)

(2)就近供应：叶片的光合产物主要运至邻近的生长部位，随着源库之间距离的加大，库得到的同化物减少。(2 分)

(3)同侧运输：叶片优先向与它有直接维管束联系的、同侧的库输送同化物。(2 分)

18. 冬季到来之前，树木发生了哪些适应低温的生理变化？

【考点】休眠的生理状态变化。

【解析】植物进入休眠时，内部代谢活动逐渐减慢，呼吸速率明显下降，ABA 含量增加，生长逐渐停止。

【答题要点】

(1)细胞含水量降低，束缚水的相对含量增高。(2 分)

(2)呼吸减弱，整个代谢强度降低。(2 分)

(3)ABA 含量增多，GA 含量减少，生长停止，进入休眠。(2 分)

(4)保护性物质增多,细胞液浓度增大,冰点降低。(2 分)

三、实验题:10 分。

19. 现有生长素、细胞分裂素和脱落酸 3 种植物激素,请用生物鉴定法区分出这 3 种激素。要求写出所用方法的简要操作过程。

【考点】植物激素的常用测定方法。

【解析】掌握植物激素的主要生物鉴定法。

【答题要点】

(1)用胚芽鞘伸长法可区分出生长素,其操作过程为取燕麦胚芽鞘切段,分别放在适宜浓度的待鉴定激素溶液中,一定时间后测量胚芽鞘的长度,能引起胚芽鞘明显伸长的即为生长素。(4 分)

(2)用萝卜子叶增重法可鉴定出细胞分裂素,其操作过程为取萝卜子叶,分别放在适宜浓度的待鉴定激素溶液中,一定时间后称量子叶的重量,能引起子叶明显增重的即为细胞分裂素。(4 分)

(3)用棉花叶柄脱落法可鉴定出脱落酸,其操作过程为从棉花幼苗切取带叶柄的茎段,将适宜浓度的待鉴定激素溶液涂抹于叶柄切口上,一定时间后,叶柄易脱落的即为脱落酸。(2 分)

四、分析论述题:每小题 13 分,共 26 分。

20. 论述肉质果实成熟过程中的生理变化。

【考点】果实的生长和成熟生理。

【解析】肉质果实成熟过程表现出特有的变化:果实变甜、变软,酸味减少,涩味消失,香味和色泽变化。

【答题要点】

(1)呼吸变化:果实成熟中,某些果实的呼吸速度最初降低,至成熟末期突然升高,随后再下降,这种现象称为呼吸跃变。呼吸跃变的出现通常标志着果实成熟。但有些果实不出现呼吸跃变,据此可将果实分为跃变型和非跃变型。呼吸跃变产生的主要原因是内源乙烯含量的增加。跃变型果实有大量乙烯产生,非跃变型果实乙烯含量维持在较低水平。(6 分)

(2)物质转化:成熟过程中淀粉转化为可溶性糖,有机酸合成减少并部分转化为糖,果实甜度增加,酸度降低。单宁被氧化,涩味消失。脂类、醛类等芳香物质产生,香味增加。叶绿素减少,类胡萝卜素、花色素等增加,色泽鲜艳。(5 分)

(3)果实软化:细胞壁水解酶类活性增加,使原果胶等水解,果实硬度降低;果胶进一步降解,果肉细胞离散,果实变软。(2 分)

21. 论述植物光合作用碳同化途径的特点。

【考点】光合碳同化的特点。

【解析】不同光合碳同化途径的植物在叶片结构、光合与生理特征上有明显差异。

【答题要点】分析比较 C_3、C_4、CAM 植物光合特性特征。

特性	C_3 植物	C_4 植物	CAM 植物
代表植物	典型的温带植物，水稻、小麦、大豆、棉花、烟草等	典型的热带、亚热带植物，玉米、高粱、甘蔗等	典型的热带干旱地区植物，景天科、仙人掌科、兰科、凤梨等
叶片解剖结构	维管束鞘细胞不发达，内无叶绿体，无"花环"结构	维管束鞘细胞发达，内有叶绿体，有"花环"结构	肉质叶片，维管束鞘细胞不发达，叶肉细胞中有大液泡，无"花环"结构
CO_2 固定酶	Rubisco	PEPC、Rubisco	PEPC、Rubisco
催化 CO_2 羧化反应的酶活性	高 Rubisco 酶活性	在叶肉细胞中有高 PEPC 酶活性；在维管束鞘细胞中有高 Rubisco 活性	暗中有高 PEPC 酶活性；光下有高 Rubisco 酶活性
碳同化途径	一条 C_3 途径	在不同细胞中存在两条途径	在不同时间的两条途径
CO_2 受体	RuBP	细胞质中 PEP；维管束鞘细胞中 RuBP	暗中 PEP；光下 RuBP
光合初产物	PGA	草酰乙酸→苹果酸	暗中苹果酸；光下 PGA
CO_2 补偿点	高	低	
光呼吸	高	低	低
光合最适温度/℃	较低，15～30	较高，30～47	约 35
光合速率/[CO_2 mol/(m^2 · s)]	10～25	25～50	1～3
光合净同化率/[g DW/(m^2 · s)]	约 20	30～40	
耐旱性	弱	耐旱	极耐旱
蒸腾系数	大	小	极小
光合产物运输速率	相对慢	相对快	

生 物 化 学

五、单项选择题：每小题 1 分，共 15 分。

22. C　23. B　24. A　25. D　26. D　27. C　28. A　29. B　30. D
31. A　32. B　33. B　34. A　35. C　36. C

六、简答题：每小题 8 分，共 24 分。

37.【答题要点】

(1)还原型谷胱甘肽由谷氨酸、半胱氨酸和甘氨酸三种氨基酸残基构成，其中一个肽键是由谷氨酸的 γ-羧基和半胱氨酸的 α-氨基之间脱水形成的，而另一个肽键是由半胱氨酸的 α-羧基和甘氨酸的 α-氨基之间脱水形成的。(4 分)

(2)还原型谷胱甘肽含有 3 个氨基酸残基和 1 个游离的巯基，氧化型谷胱甘肽含有 6 个氨基酸残基和 1 个二硫键。(4 分)

38.【答题要点】

(1)酶原激活是指无活性的酶的前体转变成有活性的酶的过程。(3 分)

(2)酶原激活是生物体的一种调控机制。在细胞中某些酶以酶原的形式合成和贮存,这种方式一方面可以保护合成这些酶的细胞免受损伤;另一方面在机体需要这些酶时,酶原可被迅速分泌并激活,参与消化、血液凝固和生长发育等生理过程。(5 分)

39.【答题要点】

(1)己酰 CoA 的 β-氧化中以 FAD 为辅酶的脱氢酶有己酰 CoA 脱氢酶、丁酰 CoA 脱氢酶;以 NAD^+ 为辅酶的脱氢酶有 β-羟己酰 CoA 脱氢酶、β-羟丁酰 CoA 脱氢酶。(4 分)

(2)三羧酸循环中以 NAD^+ 为辅酶的脱氢酶有异柠檬酸脱氢酶、α-酮戊二酸脱氢酶复合体、苹果酸脱氢酶;以 FAD 为辅酶的脱氢酶有琥珀酸脱氢酶。(4 分)

七、实验题:10 分。

40.【答题要点】

(1)第②至④步骤的比活力和纯化倍数见下表。(6 分)

分离步骤	比活力/(IU/mg 蛋白)	纯化倍数
硫酸铵盐析和透析	32	3.2
离子交换层析	200	20
亲和层析	15 000	1 500

(2)亲和层析是一种基于蛋白质能与特定的配基专一性地结合,从而分离纯化蛋白质的方法。当含有待提纯蛋白质的混合样品通过亲和层析柱时,目的蛋白会与层析柱上的配基相结合,而其他蛋白将被缓冲液洗脱流出,然后通过改变洗脱条件,使目的蛋白从层析柱上释放,从而达到分离纯化的目的。(4 分)

八、分析论述题:每小题 13 分,共 26 分。

41.【答题要点】

柠檬酸是乙酰 CoA 羧化酶的别构激活剂,柠檬酸浓度升高可使无活性的乙酰 CoA 羧化酶聚合成有活性的多聚体,促进软脂酸的生物合成。(4 分)

乙酰 CoA 是软脂酸合成的原料,它主要在线粒体内形成,而软脂酸的合成在细胞液中进行,乙酰 CoA 需要由柠檬酸穿梭转运至细胞液,因此,柠檬酸浓度提高,可以加快乙酰 CoA 的转运速率,促进软脂酸的生物合成。(3 分)

柠檬酸转运过程中还可提供软脂酸合成需要的 $NADPH+H^+$。(3 分)

高浓度的柠檬酸有可能提高 ATP 的浓度,而软脂酸的生物合成需要消耗 ATP。(3 分)

【评分说明】如果论述的思路不清晰,逻辑性不强,可扣 1～2 分。

42.【答题要点】

(1)某氨基酸的一个密码子变成终止密码子时,若改变不引起蛋白质表现活性所必需的氨基酸发生变化,且不影响蛋白质的空间构象,则合成的蛋白质活性不变;若改变引起蛋白质分子表现活性所必需的氨基酸发生变化,且导致蛋白质空间构象改变,则合成蛋白质的活性将改变。(6 分)

(2)某氨基酸的一个密码子变成编码另一种氨基酸的密码子时,如果氨基酸的改变不影响蛋白质表现活性所必需的结构,则蛋白质活性不变,如细胞色素 c;如果氨基酸的改变影响蛋白质维持活性所必需的结构,则蛋白质活性会发生改变,如镰刀状贫血症。(7 分)

【评分说明】如果论述的思路不清晰,逻辑性不强,可扣 1～2 分。

2011年全国硕士研究生入学统一考试农学门类联考

植物生理学与生物化学试题

植物生理学

一、单项选择题：1～15小题，每小题1分，共15分。下列每题给出的四个选项中，只有一个选项是符合题目要求的。

1. G蛋白是一类具有重要生理调节功能的蛋白质，它在细胞信号转导中的作用是（　　）。

A. 作为细胞质膜上的受体感受胞外信号　　B. 经胞受体激活后完成信号的跨膜转换

C. 作为第二信号　　D. 作为蛋白激酶磷酸化靶蛋白

2. 植物细胞进行无氧呼吸时（　　）。

A. 总是有能量释放，但不一定有 CO_2 释放　　B. 总是有能量和 CO_2 释放

C. 总是有能量释放，但不形成ATP　　D. 产生酒精或乳酸，但无能量释放

3. 以下关于植物细胞离子通道的描述，错误的是（　　）。

A. 离子通道是由跨膜蛋白质构成的　　B. 离子通道是由外在蛋白质构成的

C. 离子通道的运输具有一定的选择性　　D. 离子通道的运输只能顺电化学势梯度进行

4. C_3 植物中，RuBP羧化酶催化的 CO_2 固定反应发生的部位是（　　）。

A. 叶肉细胞基质　　B. 叶肉细胞叶绿体

C. 维管束鞘细胞机制　　D. 维管束鞘细胞叶绿体

5. 细胞壁果胶质水解的产物主要是（　　）。

A. 半乳糖醛酸　　B. 葡萄糖

C. 核糖　　D. 果糖

6. 叶片衰老过程中最先解体的细胞器是（　　）。

A. 高尔基体　　B. 内质网

C. 叶绿体　　D. 线粒体

7. 某种长日植物生长在8 h光期和16 h暗期下，以下处理能促进其开花的是（　　）。

A. 暗期中间用红光间断　　B. 光期中间用黑暗间断

C. 暗期中间用逆红光间断　　D. 暗期中间用红光-远红光间断

8. 在其他环境条件适宜时，随环境温度升高，植物光合作用的光补偿点（　　）。

A. 下降　　B. 升高

C. 不变　　D. 变化无规律

9. C_4 植物光合碳同化过程中，从叶肉细胞通过胞间连丝运输到维管束鞘细胞的 C_4-二羧酸是（　　）。

A. 天冬氨酸或草酰乙酸　　B. 草酰乙酸或苹果酸

C. 苹果酸或天冬氨酸　　D. 草酰乙酸或琥珀酸

10. 下列学说中用于解释韧皮部有机物运输机制的是(　　)。

A. 化学渗透学说　　B. 内聚力-张力学说

C. 酸生长学说　　D. 压力流动学说

11. 以下措施中有利于提高植物根冠比的是(　　)。

A. 增加土壤水分供应　　B. 减少土壤磷素供应

C. 增加土壤氮素供应　　D. 增加土壤磷素供应

12. 外植体在适宜的培养基上形成愈伤组织的过程称为(　　)。

A. 分化　　B. 脱分化

C. 再分化　　D. 再生

13. 在植物顶端优势的调控中,起相反作用的两种植物激素是(　　)。

A. 细胞分裂素、脱落酸　　B. 生长素、赤霉素

C. 细胞分裂素、乙烯　　D. 生长素、细胞分裂素

14. 淀粉类种子在成熟过程中,可溶性糖的含量(　　)。

A. 逐渐增加　　B. 逐渐减少

C. 不变　　D. 先减少后增加

15. 抗寒性强的植物,细胞膜脂中通常具有较丰富的(　　)。

A. 棕榈酸　　B. 豆蔻酸

C. 亚油酸　　D. 硬脂酸

二、简答题:16～18 小题,每小题 8 分,共 24 分。

16. 举出一个细胞分裂素能延缓细胞叶片衰老的实验证据,并分析其延缓叶片衰老的原因。

17. 经过抗旱锻炼的植物,在抗旱性增强的同时,对其他逆境的抗性也增强,为什么?

18. 小麦等 C_3 植物光合作用有"午休现象",请分析其原因。

三、实验题:19 小题,10 分。

19. 用小液流法测定某种植物叶片的水势,得到如下实验数据。

试管编号	1	2	3	4	5	6
蔗糖溶液浓度/ $(mol \cdot L^{-1})$	0	0.20	0.40	0.60	0.80	1.0
小液滴移动情况	↓	↓	↓	↑	↑	↑

请回答:

(1)已知 $R=0.008\,3\ MPa \cdot L \cdot mol^{-1} \cdot K^{-1}$,$t=27℃$。请计算出被测定植物叶片的水势。如果要获得更精确的结果,仍然采用小液流法应该怎样进行进一步的实验?(写出简要的实验思路即可)

(2)小液流法测定植物组织水势的原理是什么?

四、分析论述题:20～21 小题,每小题 13 分,共 26 分。

20. 论述土壤因素对植物根系吸收矿质离子的影响。

21. 论述高等植物体内主要色素的生理作用。

生物化学

五、单项选择题:22～36 小题,每小题 1 分,共 15 分。下列每题给出的四个选项中,只有一个选项是符合题目要求的。

22. 在蛋白质和核酸分子测序方面做出突出贡献且获得诺贝尔奖的科学家是(　　)。
A. J. Watson　B. F. Sanger　C. L. Pauling　D. J. Sumner
23. 下列氨基酸中侧链含有羟基的是(　　)。
A. Gly　B. Glu　C. Lys　D. Thr
24. 下列含有 DNA 的细胞器是(　　)。
A. 线粒体　B. 内质网　C. 高尔基体　D. 核糖体
25. 丙酮酸羧化酶属于(　　)。
A. 氧化还原酶类　B. 转移酶类
C. 水解酶类　D. 合成酶类
26. 当 3 分子葡萄糖进入糖酵解途径生成乳酸时,可净生成的 ATP 分子数是(　　)。
A. 3　B. 6　C. 9　D. 12
27. 下列化合物中,属于高等磷酸化合物的是(　　)。
A. 6-磷酸果糖　B. 6-磷酸葡萄糖
C. 磷酸烯醇式丙酮酸　D. 3-磷酸甘油
28. 真核生物呼吸链中的细胞色素氧化酶存在于(　　)。
A. 线粒体内膜　B. 线粒体外膜
C. 线粒体基质　D. 细胞质膜
29. 下列三羧酸循环的反应步骤中,伴随有底物水平磷酸化的是(　　)。
A. 柠檬酸⟶异柠檬酸　B. α-酮戊二酸⟶琥珀酸
C. 琥珀酸⟶延胡索酸　D. 延胡索酸⟶苹果酸
30. 线粒体内琥珀酸进入呼吸链脱氢,将电子传递给 O_2 生成水所需要的组分是(　　)。
A. 复合物Ⅰ、CoQ、复合物Ⅲ和复合物Ⅳ
B. 复合物Ⅰ、复合物Ⅱ、CoQ、复合物Ⅲ和复合物Ⅳ
C. 复合物Ⅱ、CoQ、复合物Ⅲ、细胞色素 c 和复合物Ⅳ
D. 复合物Ⅱ、CoQ、复合物Ⅲ和细胞色素 c
31. 由 8 分子乙酰辅酶 A 合成 1 分子软脂酸共需要消耗 $NADPH+H^+$ 的分子数是(　　)。
A. 8　B. 10　C. 12　D. 14
32. 在脂肪酸 β-氧化中作为受氢体的是(　　)。
A. FAD　B. ACP　C. NADPH　D. TPP
33. 脂肪酸从头合成过程中,脂酰基的主要载体是(　　)。
A. 肉毒碱　B. 硫辛酸　C. TPP　D. ACP
34. 下列 DNA 损伤修复系统中,属于易错修复的是(　　)。
A. SOS 修复　B. 光修复　C. 切除修复　D. 重组修复
35. 下列氨基酸中,在遗传密码表中只有一个密码子的是(　　)。

A. Thr B. Trp C. Tyr D. Phe

36. 下列化合物中，在大肠杆菌多肽链生物合成的延长阶段提供能量的是（ ）。

A. UTP B. CTP C. GTP D. TTP

六、简答题：37～39小题，每小题8分，共24分。

37. 简述mRNA、rRNA、和tRNA在大肠杆菌蛋白质合成中的作用。

38. 竞争性与非竞争性抑制剂对米氏酶K_m和V_{max}有何影响？

39. 简述大肠杆菌DNA半保留复制过程中引物酶和SSB蛋白的作用。

七、实验题：40小题，10分。

40. 现有纯化的小牛胸腺DNA和牛血清白蛋白溶液各1瓶。请简要写出根据核酸与蛋白质紫外线吸收的特性区分上述两种物质的实验原理。

八、分析论述题：41～42小题，每小题13分，共26分。

41. 论述大肠杆菌丙酮酸脱氢酶复合体的组成、功能及多酶复合体存在的意义。

42. 论述大肠杆菌甲酰甲硫氨酰tRNA合成中甲硫氨酸活化和甲酰化的意义。

2011年全国硕士研究生入学统一考试农学门类联考

植物生理学与生物化学试题参考答案及解析

植物生理学

一、单项选择题:每小题1分,共15分。

1. 正确答案为B。

【考点】植物细胞信号转导。

【解析】G蛋白在信号的跨膜转换过程中起关键作用。G蛋白主要是细胞膜受体与其所调节的相应生理过程之间的信号转导者,它将胞间信号跨膜转换为胞内信号。

2. 正确答案为A。

【考点】植物无氧呼吸特点。

【解析】无氧呼吸对呼吸底物进行不彻底的氧化分解,释放少量能量。

3. 正确答案为B。

【考点】植物细胞跨膜离子运输——离子通道的特点。

【解析】离子通道是细胞膜上由通道蛋白形成的跨膜孔道结构,控制离子通过细胞膜。离子通道对离子运输有选择性,顺电化学势梯度进行,不消耗代谢能量,是一种被动的、单方向跨膜运输。

4. 正确答案为B。

【考点】光合碳同化(C_3途径)。

【解析】C_3植物在叶肉细胞叶绿体固定CO_2。

5. 正确答案为A。

【考点】植物细胞壁的组成。

【解析】细胞壁的化学组成包括纤维素、半纤维素、果胶质和多种蛋白质。果胶质是一大类异质多糖,包括半乳糖、阿拉伯糖、鼠李糖和半乳糖醛酸。果胶分子是由$\alpha(1\rightarrow4)$连接的D-半乳糖醛酸组成的链状。

6. 正确答案为C。

【考点】植物的衰老。

【解析】在衰老过程中,细胞结构逐渐解体,首先是叶绿体完整性丧失。

7. 正确答案为A。

【考点】光周期现象。

【解析】长日植物在短于临界暗期条件下开花,在暗期中间用闪光处理中断暗期,抑制短日植物开花,诱导长日植物开花。闪光间断暗期处理,红光最有效,红光能有效(600～660 nm波长)抑制SDP和促进LDP植物开花,红光的效果可被远红光所抵消,这种红光-远红光的效应可反复逆转多次。

8. 正确答案为B。

【考点】影响光合作用的因素。

【解析】植物的光补偿点和光饱和点随环境条件变化而变化，温度升高，光补偿点升高。

9. 正确答案为C。

【考点】光合碳同化(C_4 途径)。

【解析】C_4 植物 CO_2 同化是由PEPC催化完成的，PEPC存在于叶肉细胞中，叶肉细胞的 CO_2 首先在细胞质中被碳酸酐酶催化形成 HCO_3^- 再在PEPC催化下，被磷酸烯醇式丙酮酸(PEP)接受而羧化，形成草酰乙酸(OAA)。OAA进一步形成苹果酸或天冬氨酸进入维管束鞘细胞，在维管束鞘细胞脱羧释放 CO_2 被Rubisco进一步固定。

10. 正确答案为D。

【考点】韧皮部运输的机制。

【解析】压力流动学说是目前被普遍接受的有关韧皮部运输机制的假说。该学说认为筛管中的液流是靠源端和库端渗透势所引起的膨压差所建立的压力梯度推动的。

11. 正确答案为D。

【考点】在农业生产上，通过适当的水肥管理等措施来调控根冠比，促进收获器官的生长。减少氮肥和水分的供应，增施磷、钾肥，有利于根冠比的增大。

12. 正确答案为B。

【考点】细胞全能性与组织培养技术。

【解析】在组织培养中，外植体经脱分化形成愈伤组织。

13. 正确答案为D。

【考点】植物激素的协同和拮抗作用。

【解析】在控制植物顶端优势方面，生长素抑制侧芽萌发，维持着顶端优势，而细胞分裂素则促进侧芽生长，消除顶端优势，二者表现为相互拮抗关系。

14. 正确答案为B。

【考点】种子成熟过程中的生理变化。

【解析】淀粉类种子在成熟过程中，首先是大量的糖从叶片运入种子，随淀粉磷酸化酶、Q酶等催化淀粉合成的酶活性提高，可溶性糖转化为淀粉，积累在胚乳中。

15. 正确答案为C。

【考点】植物对逆境适应的生理机制。

【解析】细胞膜脂中不饱和脂肪酸含量的增加和脂肪酸的不饱和度增加，会降低膜脂分子间排列的有序性，从而增加膜的流动性，相变温度降低，提高植物抗寒性。亚油酸是不饱和脂肪酸。

二、简答题：每小题8分，共24分。

16. 举出一个细胞分裂素能延缓细胞叶片衰老的实验证据，并分析其延缓叶片衰老的原因。

【考点】细胞分裂素的生理作用。

【答题要点】举例：细胞分裂素对菜豆叶片生长和衰老的效应。

对菜豆插条的部分叶片进行细胞分裂素处理，可表现出与未处理叶片生长和衰老速度的明显差异。(4分)

延缓叶片衰老的原因：

(1)细胞分裂素可以抑制核糖核酸酶及蛋白酶，特别是可以抑制与衰老有关的一些水解酶的 mRNA 的合成，延缓核酸、蛋白质、叶绿素的分解，在转录水平上抑制衰老；

(2)可以促使营养物质向其浓度高的部位运输。(4 分)

17. 经过抗旱锻炼的植物，在抗旱性增强的同时，对其他逆境的抗性也增强，为什么？

【考点】植物对逆境适应的生理机制。

【答题要点】植物经历了某种逆境后，能提高对另一些逆境的抵抗能力，这种对不良环境之间的相互适应作用，称为植物的“交叉适应”。(2 分)

原因在于：

(1)在一种逆境下植物生长受到抑制，各种代谢发生相应变化，从而减弱了对胁迫条件的敏感性，对另一种胁迫可能导致的危害有了更大的适应性。

(2)多种逆境条件下植物体内的脱落酸、乙烯等激素含量都增加，从而提高对多种逆境的抵抗能力。

(3)产生逆境蛋白，一种逆境可使植物产生多种逆境蛋白，多种逆境可使植物产生同样的逆境蛋白。

(4)在多种逆境条件下，植物都会积累脯氨酸等渗透调节物质，通过渗透调节作用来提高对逆境的抵抗能力。

(5)在多种逆境条件下生物膜的结构和透性发生相似的变化，多种膜保护物质可能发生类似的反应，使细胞内自由基的产生和清除达到动态平衡。多种保护酶参与植物的抗性反应。(6 分)

18. 小麦等 C_3 植物光合作用有“午休现象”，请分析其原因。

【考点】光对光合速率的抑制。

【答题要点】在光强超过光饱和点的晴天中午，小麦、水稻、棉花、大豆等许多 C_3 植物的光合速率明显下降，出现“午休现象”。主要因为在干热的中午，叶片萎缩、气孔导性下降，CO_2 吸收减少，光呼吸增加，产生光抑制。(8 分)

三、实验题：10 分。

19. 用小流液法测定某种植物叶片的水势，得到如下实验数据。

试管编号	1	2	3	4	5	6
蔗糖溶液浓度/($mol \cdot L^{-1}$)	0	0.20	0.40	0.60	0.80	1.0
小液滴移动情况	↓	↓	↓	↑	↑	↑

请回答：

(1)已知 $R=0.008\,3\ MPa \cdot L \cdot mol^{-1} \cdot K^{-1}$，$t=27℃$。请计算出被测定植物叶片的水势。如果要获得更精确的结果，仍然采用小液流法应该怎样进行进一步的实验？(写出简要的实验思路即可)

(2)小液流法测定植物组织水势的原理是什么？

【考点】植物水势的测定方法。

【答题要点】

(1) $\Psi_w = 1.245$ MPa。(4分)

将溶液浓度梯度缩小，例如，设置为0.10,0.15,0.20,0.25,0.30,0.35,0.40,0.45 mol·L^{-1} 等系列浓度梯度。(3分)

(2)原理：将植物组织放入一系列已知不同浓度的溶液(如蔗糖、甘露醇等)中，一段时间后，植物细胞或组织放在外界环境中时，会发生水分交换。通过测定溶液在浸泡植物材料前后的比重的变化，确定与植物组织间水分交换达到动态平衡的溶液，通过溶液的浓度计算溶液渗透势，可得出植物组织的水势。(3分)

四、分析论述题：每小题13分，共26分。

20. 论述土壤因素对植物根系吸收矿质离子的影响。

【考点】影响根系吸收矿质元素的因素。

【答题要点】

(1)土壤温度：不同植物有一定的适宜温度范围，过高、过低都会影响根系的活动。(3分)

(2)土壤通气状况：通气好提高根细胞活力，根系的呼吸代谢旺盛，根组织吸收矿质元素的速度较快。(2分)

(3)土壤溶液的浓度：溶液浓度低时，根系吸收矿质元素的速度随矿质元素浓度的增加而增加。当溶液浓度过高时，对根组织产生渗透胁迫，造成烧苗现象。(2分)

(4)土壤溶液的pH：土壤溶液pH影响根系对阴、阳离子的吸收，在一定pH范围内，阳离子的吸收速率会随土壤溶液pH的升高而增大，阴离子的吸收速率会随土壤溶液pH的升高而减小。土壤溶液pH也会影响土壤微生物的活动。(2分)

(5)土壤微生物：植物的根系受真菌侵染常形成菌根，菌根等的形成会增强根系对矿质元素的吸收。(2分)

(6)土壤中离子间有相互作用，离子间的相互作用会影响根系对某种元素的吸收。(2分)

21. 论述高等植物体内主要色素的生理作用。

【考点】光合色素。

【答题要点】叶绿素和类胡萝卜素是高等植物的光合色素。叶绿素包括叶绿素a、叶绿素b，类胡萝卜素包括胡萝卜素和叶黄素。(5分)

光能被光合色素吸收，吸收的光能被传递到光反应中心，光反应中心色素分子是“特殊对”的叶绿素a分子，在光反应中心进行光化学反应，将光能转变为化学能。叶绿素b具有吸收传递光能的作用。类胡萝卜素吸收传递光能，也具有光保护作用。在光能过剩对光合作用产生不利影响时，类胡萝卜素以热的形式耗散激发能，以保护光合器官免受光破坏。类胡萝卜素也是活性氧清除剂。(8分)

生 物 化 学

五、单项选择题：每小题1分，共15分。

22.B　23.D　24.A　25.D　26.B　27.C　28.A　29.B　30.C

31.D　32.A　33.D　34.D　35.B　36.C

六、简答题:37～39 小题,每小题 8 分,共 24 分。

37.【答题要点】

(1)mRNA 有传递遗传信息的作用;

(2)tRNA 有转运氨基酸的作用;

(3)rRNA 是核糖体的组成成分。

38.【答题要点】

(1)竞争性抑制剂:K_m 值随着[I]的增高而增大,最大反应速度 V_{max} 不变。

(2)非竞争性抑制剂:最大反应速度 V_{max} 变小,K_m 值不变。

39.【答题要点】

(1)引物酶:在一条新的 DNA 链合成起始时必须先合成一段引物,该引物大多为 RNA,合成这段引物的酶成为引物酶,对利福平不敏感。

(2)SSB 蛋白(单链结合蛋白):SSB 的结合可以保护单链 DNA 免遭核酸酶的降解,使单链 DNA 保持伸展状态以便作为合成的模板。其次,SSB 还能降低天然 DNA 的熔解温度,促进 DNA 解链。

七、实验题:10 分。

40.【答题要点】

实验原理:DNA 的最大吸收峰值在 260 nm 附近。蛋白质在 280 nm 附近有最大吸收峰。

八、分析论述题:41～42 小题,每小题 13 分,共 26 分。

41.【答题要点】

(1)丙酮酸脱氢酶复合体组成:丙酮酸脱羧酶(TPP);硫辛酸乙酰转移酶(硫辛酸);二氢硫辛酸脱氢酶(辅酶 A,FAD,NAD)。

(2)丙酮酸脱氢酶复合体功能:在各因子的协同作用下,使丙酮酸转变为乙酰 CoA 和 CO_2。

(3)多酶复合体作用:多种酶靠非共价键相互嵌合催化连续反应的体系,称为多酶复合体(multienzyme complex)。连续反应体系中前一反应的产物为后一反应的底物,反应依次连接,构成一个代谢途径或代谢途径的一部分。由于这一序列反应是在一高度有序的多酶复合体内进行,从而提高了酶的催化效率,同时利于对酶的调控。在完整细胞内的许多多酶体系都具有自我调节能力。

42.【答题要点】

与其他大分子一样,作为蛋白质的构件分子氨基酸在掺入多肽链之前必须活化,并与相应的 RNA 结合成氨基酰-tRNA 才能参加反应。

2012年全国硕士研究生入学统一考试农学门类联考

植物生理学与生物化学试题

植物生理学

一、单项选择题:1～15小题,每小题1分,共15分。下列每题给出的四个选项中,只有一个选项是符合题目要求的。

1. 光呼吸过程中氧气的吸收发生在(　　)。

A. 线粒体和高尔基体　　B. 叶绿体和过氧化物体

C. 线粒体和过氧化物体　　D. 叶绿体和线粒体

2. 能诱导禾谷类植物种子产生 α-淀粉酶的植物激素是(　　)。

A. ABA　　B. GA

C. CTK　　D. IAA

3. 下列关于蛋白复合物在细胞中存在部位的叙述,正确的是(　　)。

A. 纤维素合酶位于高尔基体上　　B. PSⅡ位于叶绿体基质中

C. F_0-F_1 复合物位于叶绿体内膜上　　D. LHCⅡ位于叶绿体类囊体膜上

4. 下列能支持韧皮部运输压力流动学说的是(　　)。

A. 筛管分子间的筛板孔是开放的　　B. P蛋白特异地存在于筛管细胞中

C. 蔗糖是筛管汁液中含量最高的有机物　　D. 韧皮部物质的运输存在着双向运输现象

5. 照射波长为730 nm的远红光,植物体内Pfr和Pr含量变化为(　　)。

A. Pfr升高,Pr降低　　B. Pfr降低,Pr升高

C. Pfr降低,Pr降低　　D. Pfr升高,Pr升高

6. 下列蛋白质中,在酸性条件下具有促使细胞壁松弛作用的是(　　)。

A. 扩张蛋白　　B. G蛋白

C. 钙调蛋白　　D. 肌动蛋白

7. 根部吸水主要在根尖进行,根尖吸水能力最大的部位是(　　)。

A. 分生区　　B. 伸长区

C. 根毛区　　D. 根冠

8. 经适当的干旱胁迫处理后,植物组织中(　　)。

A. 渗透调剂物质含量增高,水势降低　　B. 渗透调剂物质含量增高,水势增高

C. 渗透调剂物质含量降低,水势降低　　D. 渗透调剂物质含量降低,水势增高

9. 下列关于 C_4 植物光合作用的叙述,正确的是(　　)。

A. 最初固定 CO_2 的PEP羧化酶存在于叶肉细胞基质中

B. 叶肉细胞中形成的草酰乙酸通过胞间连丝运输到维管束鞘细胞

C. 维管束鞘细胞中形成的磷酸丙糖通过胞间连丝运输到叶肉细胞

D. C_4 植物的 CO_2 补偿点比 C_3 植物的高，光饱和点比 C_3 植物的低

10. 在植物愈伤组织分化实验中，通常培养基中(　　)。

A. IAA/CTK 高时，促进芽的分化　　B. IAA/CTK 低时，促进根的分化

C. IAA/CTK 高时，促进根的分化　　D. IAA/CTK 低时，愈伤组织不分化

11. 构成植物细胞初生壁的干物质中，含量最高的是(　　)。

A. 蛋白质　　B. 矿质

C. 木质素　　D. 多糖

12. 植物体受伤时，伤口处往往会呈现褐色，主要原因是(　　)。

A. 碳水化合物的积累　　B. 酚类化合物的氧化

C. 类胡萝卜素的氧化　　D. 木质素的合成与积累

13. 下列元素中，作为硝酸还原酶组分的是(　　)。

A. Mn　　B. Mo

C. Cu　　D. Zn

14. 将 $\Psi_w = -1$ MPa 的植物细胞置于下列溶液中，会导致细胞吸水的溶液是(　　)。

A. −1 MPa NaCl 溶液　　B. −1 MPa $NaCl_2$ 溶液

C. −0.6 MPa 葡萄糖溶液　　D. −1.5 MPa 蔗糖溶液

15. 下列膜蛋白，能转运离子并具有明显饱和效应的是(　　)。

A. 通道蛋白　　B. 水孔蛋白

C. 外在蛋白　　D. 载体蛋白

二、简答题：16～18 小题，每小题 8 分，共 24 分。

16. 简述光促进气孔开放的机制。

17. 简述韧皮部 P 蛋白的特性与功能。

18. 为什么膜脂中不饱和脂肪酸含量高的植物抗寒性强？

三、实验题：19 小题，10 分。

19. 为研究磷酸对光合作用的影响，某同学进行了如下实验制备菠菜叶绿体悬浮液，将叶绿体悬浮液加入和不加入磷酸(Pi)的条件下与 $^{14}CO_2$ 温育并照光，数分钟后取样，分离 ^{14}C 标记的化合物，测定其放射活性，并计算其相对量，结果如下表。

加入 Pi 的浓度(m/n)	^{14}C 标记化合物的相对量	TP/PGA
0	10	0.8
1	60	5.5

注：TP 为丙糖磷酸；PGA 为磷酸甘油酸。

(1)本实验中制备叶绿体悬浮液时要注意哪些事项？

(2)从表中数据可以得出什么结论？

(3)对所得结论进行解释。

四、分析论述题:20～21小题,每小题13分,共26分。

20. 论述植物光合作用与矿质营养的关系。

21. 根据所学的植物生理学知识,论述农作物引种中需要注意的主要问题。

生物化学

五、单项选择题:22～36小题,每小题1分,共15分。下列每题给出的四个选项中,只有一个选项是符合题目要求的。请在答题卡上将所选项的字母涂黑。

22. T. Cech和S. Altman荣获1989年诺贝尔化学奖是因为发现(　　)。

A. Enzyme　　B. Ribozyme
C. Abzyme　　D. Deoxyzyme

23. 下列氨基酸中含有两个羧基的是(　　)。

A. Arg　　B. Lys
C. Glu　　D. Tyr

24. 下列核苷中,在真核生物tRNA和mRNA中都存在的是(　　)。

A. 胸腺嘧啶核苷　　B. 腺嘌呤核苷
C. 二氢尿嘧啶核苷　　D. 假尿嘧啶核苷

25. 真核生物中,磷酸戊糖途径进行的部位是(　　)。

A. 细胞核　　B. 线粒体
C. 细胞浆　　D. 微粒体

26. 胆固醇生物合成的限速酶是(　　)。

A. HMG-CoA合成酶　　B. HMG-CoA裂解酶
C. HMG-CoA还原酶　　D. 硫激酶

27. 下列脂类化合物中含有胆碱基的是(　　)。

A. 磷脂酸　　B. 卵磷脂
C. 丝氨酸磷脂　　D. 脑磷脂

28. 下列氨基酸中,属于尿素合成中间产物的是(　　)。

A. 甘氨酸　　B. 色氨酸
C. 赖氨酸　　D. 瓜氨酸

29. 真核生物蛋白质生物合成的起始氨酰-tRNA是(　　)。

A. fMet-$tRNA_f^{Met}$　　B. fMet-$tRNA_m^{Met}$
C. Met-$tRNA_i$　　D. Met-$tRNA_m$

30. 真核生物RNA聚合酶Ⅱ催化合成的RNA是(　　)。

A. 18S rRNA　　B. hnRNA
C. tRNA　　D. 5S rRNA

31. 细胞DNA复制时,能与DNA单链结合并阻止其重新形成DNA双链的蛋白质是(　　)。

A. DNA聚合酶　　B. 引发酶

C. SSB　　D. DNA 解链酶

32. 在 DNP 存在的情况下，$NADH+H^+$ 呼吸链的 P/O 值是(　　)。

A. 0　　B. 1.5

C. 2.5　　D. 3

33. 下列酶中，催化不可逆反应的是(　　)。

A. 磷酸己糖激酶　　B. 磷酸丙糖异构酶

C. 醛缩酶　　D. 磷酸甘油酸变位酶

34. 可识别 DNA 特异序列，并在识别位点切割双链 DNA 的酶称为(　　)。

A. 限制性核酸外切酶　　B. 限制性核酸内切酶

C. 非限制性核酸外切酶　　D. 非限制性核酸内切酶

35. 合成 dTMP 的直接前体是(　　)。

A. CMP　　B. dCMP

C. UMP　　D. dUMP

36. 与氨基酸结合的 tRNA 部位是(　　)。

A. 3′末端　　B. 5′末端

C. N-末端　　D. C-末端

六、简答题：37～39 小题，每小题 8 分，共 24 分。请将答案写在答题纸指定位置上。

37. NAD^+ 和 FAD 分子都具有的核苷酸是什么？呼吸链中有含 FMN 的复合物和含 FAD 的复合物，它们的名称分别是什么？

38. 简述中心法则。

39. 简述真核生物 mRNA 前体的加工方式。

七、实验题：40 小题，10 分。请将答案写在答题纸指定位置上。

40. 用葡聚糖凝胶 G-25 分子筛层析去除蛋白质溶液中硫酸铵的实验原理是什么？还可以用哪一种实验方法达到同样实验目的？(写出方法的名称即可)

八、分析论述题：41～42 小题，每小题 13 分，共 26 分。请将答案写在答题纸指定位置上。

41. 已知某米氏酶只能催化底物 S_1 或 S_2 转变为产物，而且 S_1 的 $K_m=2.0\times10^{-4}$ mol/L；S_2 的 $K_m=3.0\times10^{-2}$ mol/L。

(1)试分析哪一种底物是该酶的最适底物。

(2)若两种底物的浓度都为 0.2×10^{-3} mol/L，试计算两个酶促反应的速度与最大反应速度之比。

42. 请论述哺乳动物肌肉细胞在无氧和有氧条件下葡萄糖氧化分解的主要途径。

2012年全国硕士研究生入学统一考试农学门类联考

植物生理学与生物化学试题参考答案及解析

植物生理学

一、单项选择题:每小题1分,共15分

1.正确答案为B。

【考点】光呼吸。

【解析】光呼吸是伴随光合作用发生的吸收O_2并释放CO_2的过程,由叶绿体、过氧化体和线粒体三个细胞器协同完成。在叶绿体基质中RuBP在Rubisco催化下被氧化为磷酸乙醇酸,磷酸乙醇酸在磷酸酶催化下生成乙醇酸,乙醇酸从叶绿体转移到过氧化物体中,在乙醇酸氧化酶催化下氧化为乙醛酸。

2.正确答案为B。

【考点】赤霉素的生理效应。

【解析】在萌发的谷类种子糊粉层中,赤霉素诱导合成许多水解酶,如α-淀粉酶、蛋白酶等。

3.正确答案为D。

【考点】光合电子传递链。

【解析】PSⅡ主要位于基粒类囊体的垛叠区,PSⅠ主要位于基质类囊体的非垛叠区。LHCⅡ是PSⅡ的主要天线,主要分布在基粒类囊体的垛叠区。纤维素合酶是在细胞质膜上。F_0-F_1-ATP合酶是在线粒体内膜上。

4.正确答案为A 。

【考点】韧皮部运输机制。

【解析】压力流动学说是目前被普遍接受的有关韧皮部运输机制的假说。证明压力流动学说的实验证据包括:(1)筛管间的筛孔是开放的;(2)在同一筛管中没有双向运输;(3)筛管运输本身不需要能量;(4)在源端和库端存在膨压差。

5.正确答案为B。

【考点】光敏色素。

【解析】光敏色素有两种可互相转化的构象形式:红光吸收型Pr和远红光吸收型Pfr。光敏色素Pr型在660～665 nm处有最大吸收,Pfr型在725～730 nm处有最大吸收。照射白光或红光后,Pr型转化为Pfr型;相反,照射远红光使Pfr型转化为Pr型,在暗中Pfr型也可自发地逆转为Pr型。

6.正确答案为A。

【考点】细胞壁的组成。

【解析】扩张蛋白是细胞壁上的调节蛋白,参与调节细胞壁的松弛。扩张蛋白通过可逆结合在细胞壁中纤维素微纤丝和交联多糖结合的交叉点,催化纤维素微纤丝与交联多糖间的氢键断裂，解除细胞壁中多糖对纤维素的制约，使细胞壁松弛。

7. 正确答案为 C。

【考点】根系吸水的部位。

【解析】根系是植物吸收水分的主要器官，根系吸水最活跃的部位是根系顶端根毛区。

8. 正确答案为 A 。

【考点】植物的抗旱性与提高植物抗旱性的途径。

【解析】在干旱胁迫下，植物细胞会积累一些脯氨酸、甜菜碱等渗透调节物质，降低渗透势以促进细胞吸水从而维持细胞的膨压。

9. 正确答案为 A。

【考点】光合作用的 C_4 途径。

【解析】PEPC 存在于叶肉细胞中，叶肉细胞的 CO_2 首先在细胞质中被碳酸酐酶催化形成 HCO_3^-，再在 PEPC 催化下，被磷酸烯醇式丙酮酸（PEP）接受而羧化，形成草酰乙酸（OAA）。OAA 进一步形成苹果酸或天冬氨酸进入维管束鞘细胞，在维管束鞘细胞脱羧释放 CO_2 被 Rubisco 进一步固定。

10. 正确答案为 C。

【考点】植物细胞全能性与组织培养技术。

【解析】在植物组织培养中，愈伤组织分化根和芽受培养基中生长素和细胞分裂素比值的控制，生长素和细胞分裂素比值较高时，刺激愈伤组织分化根，生长素和细胞分裂素比值较低时，刺激愈伤组织分化芽。适中的生长素和细胞分裂素，维持愈伤组织生长而不发生分化。

11. 正确答案为 D。

【考点】细胞壁的组成。

【解析】细胞壁是有多种大分子聚合物组成的，主要包括多糖和蛋白质。细胞壁中的多糖包括纤维素、半纤维素和果胶质，细胞壁中还包括许多种类的蛋白质。纤维素是细胞壁的主要组成物质。

12. 正确答案为 B。

【考点】植物体内呼吸电子传递途径的多样性。

【解析】植物组织受伤时，伤口组织变为褐色，是由于多酚氧化酶将细胞内的酚类物质氧化为褐色的醌类所致。醌类物质对微生物有毒害作用，可以防止感染，提高抗病力。

13. 正确答案为 B。

【考点】植物对氮的同化。

【解析】氮素吸收主要形式是 NH_4^+、NO_3^- 以及可溶性有机氮化合物（氨基酸、尿素等），其中 NO_3^- 经过硝酸还原酶、亚硝酸还原酶将 NO_3^- 还原成 NH_4^+ 才能被植物利用，硝酸还原酶是诱导酶，是一种可溶性的钼黄素蛋白，由黄素腺嘌呤二核苷酸（FAD）、血红素和钼复合蛋白(Mo-Co)组成。

14. 正确答案为 C。

【考点】水势的基本概念。

【解析】植物细胞的水势由溶质势、压力势和衬质势组成。如果将植物细胞放置在水势高于细胞水势的溶液中，细胞吸水。

15. 正确答案为D。

【考点】植物细胞跨膜吸收离子的机制。

【解析】细胞膜上离子运输蛋白包括通道蛋白、载体蛋白、离子泵。载体蛋白有选择地与质膜一侧的分子或离子结合，通过载体蛋白的构象变化将物质转移到膜的另一侧，并释放出去。经载体蛋白的转运依赖于溶质与载体特殊位点的结合，由于结合位点的数量有限，所以有饱和效应。

二、简答题：每小题8分，共24分。

16. 简述光促进气孔开放的机制。

【考点】气孔运动的调节机制。

【解析】光照是引起气孔运动的主要环境因素。多数植物的气孔在光照下张开，黑暗中关闭。淀粉-蔗糖转化学说、K^+积累学说和苹果酸代谢学说解释气孔运动机制，三个学说的本质都是渗透调节，保卫细胞中溶质增加，保卫细胞水势下降，从周围细胞吸水，气孔张开。反之，气孔关闭。

【答题要点】

(1)气孔在光下开放是两个不同光响应系统综合作用的结果，一个是保卫细胞的光合作用，另一个是光受体感受蓝光信号激活H^+-ATPase的作用。(4分)

(2)上述两个系统共同作用促进保卫细胞中蔗糖、苹果酸的形成，以及保卫细胞对K^+、Cl^-的吸收，这些渗透调节物质的积累使保卫细胞渗透势下降，细胞吸水膨胀，气孔张开。一方面，由于保卫细胞中淀粉和蔗糖转化而形成的渗透势改变而引起气孔运动。淀粉水解转化为蔗糖会对保卫细胞的渗透势产生影响，淀粉水解转化为蔗糖时保卫细胞的渗透势降低，水进入细胞使细胞膨压增加，气孔张开。当蔗糖合成淀粉时保卫细胞的渗透势增加，水流出细胞，使细胞膨压降低，气孔关闭。另一方面，在光下，保卫细胞叶绿体通过光合磷酸化合成ATP，活化了保卫细胞质膜上的H^+-ATPase，在H^+-ATPase作用下，质子被排除保卫细胞，保卫细胞pH升高，同时使保卫细胞的质膜超极化。在保卫细胞质膜H^+-ATPase质子泵建立的质子梯度推动下，K^+从表皮细胞经过保卫细胞质膜上的K^+通道进入保卫细胞，再进入液泡。保卫细胞中积累较多的K^+，水势降低，水分进入保卫细胞，气孔张开。在黑暗中，K^+从保卫细胞扩散出来，保卫细胞水势增高，失水引起气孔关闭。

此外，在光下，保卫细胞内的CO_2被利用时，pH升高，使PEP羧化酶活化，PEP经羧化结合CO_2形成草酰乙酸，进一步还原为苹果酸，苹果酸进入液泡，水势降低，水分进入保卫细胞，气孔张开。同时，进入液泡的苹果酸根和Cl^-共同与K^+在电学上保持平衡。

通过以上三个方面的渗透调节，保卫细胞中溶质增加，保卫细胞水势下降，从周围细胞吸水，气孔张开。反之，气孔关闭。(4分)

17. 简述韧皮部P蛋白的特性与功能。

【考点】韧皮部的结构。

【解析】植物筛管分子中存在一类韧皮部特有蛋白。称为P蛋白。

【答题要点】

(1)特性：P蛋白是一类韧皮部特有蛋白。P蛋白在筛管分子中可以有多种存在形式，在幼嫩的筛管分子中，P蛋白在细胞质中形成扭曲盘绕的球形或纺锤形。在成熟的筛管分

子中，P 蛋白形成管状或丝状结构。（3 分）

P 蛋白是在伴胞中合成并通过胞间连丝转运到筛管分子的。（2 分）

（2）功能：防止筛管受伤时汁液的流失。在筛管中需要维持较大的压力用于筛管的运输。当筛管发生破裂时，筛管内的压力会将筛管汁液挤出筛管，造成营养物质的流失。在筛管受到伤害时，P 蛋白随汁液流动在筛板处堵塞筛孔从而防止汁液的进一步流失。（3 分）

18. 为什么膜脂中不饱和脂肪酸含量高的植物抗寒性强？

【考点】生物膜与抗逆性。

【解析】膜脂中饱和脂肪酸和不饱和脂肪酸的比例与植物抗逆性有关，脂肪酸的碳链越短固化温度越低，相同碳链长度时，不饱和键数越多，固化温度越低。

【答题要点】

（1）膜脂中不饱和脂肪酸含量越高，膜的流动性越强，相变温度越低。（4 分）

（2）膜的流动性是膜具有正常功能的必要条件。膜脂中不饱和脂肪酸含量高的植物，在较低温度下膜系统仍能保持流动性，维持其基本的生理功能，因此抗寒性强。（4 分）

三、实验题：10 分。

19. 为研究磷酸对光合作用的影响，某同学进行了如下实验制备菠菜叶绿体悬浮液，将叶绿体悬浮液加入和不加入磷酸（Pi）的条件下与 $^{14}CO_2$ 温育并照光，数分钟后取样，分离 ^{14}C 标记的化合物，测定其放射活性，并计算其相对量，结果如下表。

加入 Pi 的浓度（m/n）	^{14}C 标记化合物的相对量	TP/PGA
0	10	0.8
1	60	5.5

注：TP 为丙糖磷酸；PGA 为磷酸甘油酸。

（1）本实验中制备叶绿体悬浮液时要注意哪些事项？

（2）从表中数据可以得出什么结论？

（3）对所得结论进行解释。

【考点】影响光合速率的因素。

【解析】光合作用中，在叶绿体基质中形成的磷酸丙糖经叶绿体被膜上的磷酸转运器与无机磷交换进入细胞质，因此，无机磷的浓度会影响光合作用的正常运转。

【答题要点】

（1）分离叶绿体所用缓冲液应为叶绿体的等渗溶液。操作应在低温下进行。（4 分）

（2）悬浮液中加入磷酸可以提高碳的固定量，提高 TP/PGA 的值。（2 分）

（3）叶绿体内膜上存在 Pi 转运体，它是一种共运输载体，它在将 TP 运出叶绿体的同时也将等量的 Pi 运入叶绿体。因此，悬浮液中加入 Pi 可促进 TP 运出叶绿体，降低了 TP 积累对光合作用的抑制，同时，Pi 的输入也有利于光合磷酸化的进行，因此提高了碳同化速率和 TP/PGA 的值。（4 分）

四、分析论述题：每小题13分，共26分。

20. 论述植物光合作用与矿质营养的关系。

【考点】影响光合速率的因素。

【解析】光合作用受光照、CO_2、温度、水分和矿质营养等多种环境因素的影响。

【答题要点】

植物通过光合作用积累有机物，有机物运输到根部，作为呼吸底物为植物根系吸收、运输矿质营养提供能量。光合作用形成的 $NADPH+H^+$、ATP 及还原性 Fd 也为地上部氮素和硫素的同化直接提供了还原力。(5分)

矿质元素在光合作用中参与叶绿素的生物合成、光合酶的激活、光合电子传递、光合磷酸化、光合产物运输等多种生理活动，例如，N 是叶绿素、细胞色素、酶类和膜结构等的组成成分。

NADP 为含磷的辅酶，ATP 的高能磷酸键为光合碳循环所必需；光合碳循环的中间产物都是含磷酸基团的糖类，合成淀粉的前体 ADPG，合成蔗糖的前体 UDPG 等都含有磷酸基团。

K 调节气孔开闭，K^+ 也是多种酶的激活剂，K^+ 促进光合产物的转化与运输等。Mg 是叶绿素的组成成分，一些催化光合碳循环酶类的激活剂，如 Rubisco、FBPase 的活化需要 Mg^{2+}。

Fe 是光合电子传递链中细胞色素、铁硫蛋白、铁氧还蛋白的组成成分，促进叶绿素合成，缺铁会影响光合电子传递速率。Cu 是电子传递的重要成分，如 PC 中含 Cu。Mn 参与水的氧化过程。B 促进光合产物的运输。S 是 Fe-S 蛋白的成分，膜结构的组成成分。Cl 为光合放氧所必需。(8分)

21. 根据所学的植物生理学知识，论述农作物引种中需要注意的主要问题。

【考点】春化作用和光周期理论在农业生产上的应用。

【解析】光周期理论和春化作用在生产中被广泛应用于引种育种、调节营养生长和生殖生长、控制花期等实践中。

【答题要点】

不同纬度地区引种：

(1)要考虑被引植物对温度的需求。在南、北方地区之间引种时，必须了解品种对低温的要求，北方的品种引种到南方，就可能因当地温度较高而不能满足它对低温的要求，致使植物只进行营养生长而不开花结实，从而造成损失。(4分)

(2)要考虑被引植物原产地与引种地的光周期差异以及收获目的。短日植物南种北引，生育期推后，对于以果实或种子为收获目的的植物，如果引种成功，应引用早熟品种。以收获营养体为主的短日植物，应引种晚熟品种，提高其产量。(6分)

(3)注意原产地与引种地的土壤 pH、土壤微生物等对植物生长发育的影响。同纬度地区引种应着重注意土壤 pH、土壤微生物等对植物生长发育的影响。(3分)

生物化学

五、单项选择题：每小题 1 分，共 15 分。

22. B　23. C　24. B　25. C　26. C　27. B　28. D　29. C　30. B
31. C　32. A　33. A　34. B　35. D　36. A

六、简答题：每小题 8 分，共 24 分。

37.**【答题要点】**

(1)腺苷酸。(4 分)

(2)NADH-CoQ 还原酶(NADH 脱氢酶)和琥珀酸-CoQ 还原酶(琥珀酸脱氢酶)。(4 分)

【评分说明】考生若给出其他合理答案，亦可酌情给分。

38.**【答题要点】**

中心法则是描述遗传信息传递方向和规律的学说。(2 分)

其基本内容包括：(6 分)

(1)DNA 的自我复制；

(2)DNA 通过转录将信息传递给 RNA；

(3)mRNA 与核糖体结合，通过翻译合成蛋白质；

(4)某些 RNA 病毒的 RNA 可自我复制并反转录产生 DNA。

【评分说明】考生若给出其他合理答案，亦可酌情给分。

39.**【答题要点】**

主要的加工方式有：

(1)剪切内含子，连接外显子；(2 分)

(2)5′末端加入“帽子结构”；(2 分)

(3)3′末端加入“多聚腺苷酸”结构；(2 分)

(4)对某些基团进行甲基化修饰。(2 分)

【评分说明】考生若给出其他合理答案，亦可酌情给分。

七、实验题：10 分。

40.**【答题要点】**

(1)基本原理：葡聚糖凝胶 G-25 分子筛层析是根据分子量不同来分离蛋白质与硫酸铵的混合物。葡聚糖凝胶 G-25 是内部具有多孔网状结构的颗粒，当蛋白质与硫酸铵混合物通过凝胶层析柱时，比凝胶孔径小的硫酸铵分子可以进入凝胶颗粒内，而比凝胶孔径大的蛋白质分子被排阻在凝胶颗粒外。因此，当用溶剂洗脱时，蛋白质先被洗脱下来，而硫酸铵后被洗脱下来。通过分步收集可将硫酸铵与蛋白质分离。(8 分)

(2)还可以用透析法(或超滤法)来分离。(2 分)

【评分说明】考生若给出其他合理答案，亦可酌情给分。

八、分析论述题：每小题13分，共26分。

41.**【答题要点】**

(1)根据酶的米氏常数越小，酶与底物的亲和力越大的规律可知，S_1 是该酶的最适底物。(3分)

(2)根据米氏方程 $v=(V_{max}\times[S])/(K_m+[S])$ 计算，

以 S_1 为底物的酶促反应，其 $v/V_{max}=1/2$ (5分)

以 S_2 为底物的酶促反应，其 $v/V_{max}=1/151$ (5分)

42.**【答题要点】**

(1)无氧条件下，动物肌肉细胞中的葡萄糖经糖酵解途径产生丙酮酸后，在乳酸脱氢酶催化下产生乳酸和 NAD^+，NAD^+ 可在糖酵解中的3-磷酸甘油醛脱氢酶催化下重新被还原。该过程也产生ATP。(6分)

(2)有氧条件下，动物肌肉细胞中的葡萄糖经糖酵解途径产生的丙酮酸转移到线粒体，由线粒体中的丙酮酸脱氢酶系催化其脱羧转变为乙酰CoA和NADH，乙酰CoA进入三羧酸循环继续氧化为 CO_2，所产生的NADH经呼吸链氧化将质子和电子传递给氧形成水。该过程产生大量ATP。(7分)

【评分说明】其他合理答案亦可酌情给分。

2013年全国硕士研究生入学统一考试农学门类联考

植物生理学与生物化学试题

植物生理学

一、单项选择题：1～15小题，每小题1分，共15分。下列每题给出的四个选项中，只有一个选项是符合题目要求的。

1. 创立植物矿质营养学说的学者是(　　)。

A. J. B. van Helmont　　B. J. Von Liebig

C. W. W. Garner　　D. C. R. Slack

2. 细胞骨架的组成成分主要是(　　)。

A. 纤维素　　B. 半乳糖醛酸

C. 木质素　　D. 蛋白质

3. 植物体内水分长距离运输的主要途径是(　　)。

A. 筛管和伴胞　　B. 转移细胞

C. 胞间连丝　　D. 导管和管胞

4. 下列元素中，缺乏时引起植物老叶首先出现病症的元素是(　　)。

A. Mg　　B. Fe

C. Ca　　D. Mn

5. 在植物受伤筛管过程中起主要作用的多糖是(　　)。

A. 纤维素　　B. 糖原

C. 胼胝质　　D. 淀粉

6. 下列关于植物水孔蛋白的叙述，错误的是(　　)。

A. 水孔蛋白是一种跨膜蛋白　　B. 水孔蛋白活性受磷酸化/去磷酸化调节

C. 水通道由水孔蛋白构成　　D. 水分通过水孔蛋白的运输是主动运输

7. 将一处于质壁分离状态的薄壁细胞放入纯水中，水分交换达到平衡时该细胞的(　　)。

A. 压力势变大、体积变小　　B. 压力势变小、体积变大

C. 压力势变小、体积变小　　D. 压力势变大、体积变大

8. 根据生长素作用的酸生长理论，生长素促进细胞伸长生长是因其活化了细胞壁中的(　　)。

A. 糖苷酶　　B. 过氧化物酶

C. 扩张蛋白　　D. 甲酯化酶

9. 高等植物光系统Ⅱ的原初电子受体是(　　)。

A. P680　　B. Q_A

C. C_0　　D. Pheo

10. 参与植物光呼吸过程的三种细胞器是(　　)。

A. 高尔基体、线粒体、叶绿体　　B. 叶绿体、过氧化物酶体、线粒体

C. 高尔基体、内质网、叶绿体　　D. 内质网、叶绿体、过氧化物酶体

11. 油料种子在成熟过程中,糖类和脂肪含量变化的趋势是(　　)。

A. 糖类和脂肪含量都增高　　B. 糖类含量下降,脂肪含量增高

C. 糖类和脂肪含量都下降　　D. 糖类含量增高,脂肪含量下降

12. 下列氨基酸中,作为IAA和乙烯生物合成前体的分别是(　　)。

A. 组氨酸和色氨酸　　B. 甲硫氨酸和天冬氨酸

C. 色氨酸和甲硫氨酸　　D. 组氨酸和谷氨酸

13. 在植物组织培养中,为促使愈伤组织向维管组织分化,可通过向愈伤组织植入外植体来实现,通常可选用的外植体是(　　)。

A. 叶片　　B. 根段

C. 茎段　　D. 顶芽

14. 土壤干旱时在叶片内迅速积累的植物激素是(　　)。

A. ABA　　B. CTK

C. GA　　D. IAA

15. 随着天气渐冷和日长缩短,树木体内ABA和GA水平变化的趋势是(　　)。

A. ABA降低,GA升高　　B. ABA升高,GA降低

C. ABA升高,GA升高　　D. ABA降低,GA降低

二、简答题:16～18小题,每小题8分,共24分。

16. 简述植物成花的光周期反应类型。

17. 简述植物同化氮素的过程。

18. 简述植物抗氰呼吸的生理意义。

三、实验题:19小题,10分。

19. 用“小篮子法”测定发芽种子呼吸强度的实验原理是什么?还可以用哪一种实验方法达到同样的实验目的?(写出方法的名称即可)

四、分析论述题:20～21小题,每小题13分,共26分。

20. 分析C_3植物CO_2补偿点和饱和点高于C_4植物的原因。

21. 试述植物体内活性氧清除系统。

生 物 化 学

五、单项选择题:22~36 小题,每小题 1 分,共 15 分。下列每题给出的四个选项中,只有一个选项是符合题目要求的。

22. 中国加入人类基因组计划的时间是(　　)。

A. 1999 年　　B. 2000 年　　C. 2001 年　　D. 2002 年

23. 下列属于蛋白质稀有氨基酸的是(　　)。

A. 甲硫氨酸　　B. 赖氨酸　　C. 羟基脯氨酸　　D. 甘氨酸

24. 下列氨基酸中含有巯基的是(　　)。

A. Cys　　B. Met　　C. Tyr　　D. Thr

25. 在正协同效应物存在的条件下,别构酶的动力学曲线通常呈(　　)。

A. "S"形　　B. 双曲线形　　C. "W"形　　D. "V"形

26. 下列辅酶中,含腺嘌呤的是(　　)。

A. TPP　　B. CoQ　　C. FMN　　D. NAD^+

27. 经常服用生鸡蛋容易导致人体缺乏的维生素是(　　)。

A. 维生素 C　　B. 硫胺素　　C. 生物素　　D. 钴胺素

28. 下列酶中,催化不可逆反应的是(　　)。

A. 3-磷酸甘油醛脱氢酶　　B. 己糖激酶

C. 醛缩酶　　D. 磷酸丙糖异构酶

29. 下列酶中,催化三羧酸循环回补反应的是(　　)。

A. 烯醇化酶　　B. PEP 羧激酶

C. 转酮酶　　D. 转醛酶

30. 下列酶中,能催化底物水平磷酸化的是(　　)。

A. 3-磷酸甘油醛脱氢酶　　B. 丙酮酸激酶

C. 柠檬酸合酶　　D. 烯醇化酶

31. 下列核苷酸中,直接参与甘油磷脂合成的是(　　)。

A. IMP　　B. CTP　　C. GTP　　D. UTP

32. 下列氨基酸中,水解后产生尿素的是(　　)。

A. 赖氨酸　　B. 精氨酸　　C. 谷氨酸　　D. 甘氨酸

33. 真核生物通过 RNA 聚合酶Ⅰ催化生成的产物是(　　)。

A. mRNA　　B. hnRNA　　C. rRNA 前体　　D. tRNA 前体

34. 胸腺嘧啶除了在 DNA 中出现外,还出现在(　　)。

A. tRNA　　B. mRNA　　C. 5S rRNA　　D. 18S rRNA

35. 别嘌呤醇可用于治疗痛风病,因为它是(　　)。

A. 鸟嘌呤脱氨酶的抑制剂,可减少尿酸的生成

B. 黄嘌呤氧化酶的抑制剂,可减少尿酸的生成

C. 腺嘌呤脱氨酶的抑制剂，可减少尿酸的生成

D. 尿酸氧化酶的激活剂，可加速尿酸的降解

36. 下列密码子中，不编码任何氨基酸的是(　　)。

A. AUG　　B. UAA　　C. GUA　　D. AAU

六、简答题:37～39 小题，每小题 8 分，共 24 分。

37. ATP 是磷酸果糖激酶的底物，为什么 ATP 高于一定浓度时该酶催化的反应速度会下降?

38. 天然蛋白质变性后会发生哪些变化?

39. 在有 ATP 生成的线粒体反应体系中，加入 2,4-二硝基苯酚后，该反应体系不再有 ATP 的生成，为什么?

七、实验题:40 小题，10 分。

40. 用地衣酚法和双缩脲法可以鉴别酵母核糖核酸、胰凝乳蛋白酶和半胱氨酸这三种溶液吗?为什么?

八、分析论述题:41～42 小题，每小题 13 分，共 26 分。

41. 从核糖体亚基大小、rRNA 种类和 mRNA 起始序列三个方面，论述原核生物 70S 起始复合体与真核生物 80S 起始复合体的差异。

42. 一碳单位是如何将氨基酸代谢与核苷酸生物合成联系起来的?

2013年全国硕士研究生入学统一考试农学门类联考

植物生理学与生物化学试题参考答案及解析

植物生理学

一、单项选择题:每小题1分,共15分

1.B　2.D　3.D　4.A　5.C　6.D　7.D　8.C　9.D　10.B
11.B　12.C　13.D　14.A　15.B

二、简答题:每小题8分,共24分。

16.【答题要点】

(1)短日植物:在24 h昼夜周期中,日照长度短于一定时数才能成花的植物。(2分)

(2)长日植物:在24 h昼夜周期中,日照长度长于一定时数才能成花的植物。(2分)

(3)日中性植物:成花对日照长度不敏感的一类植物,在任何长度的日照下都能开花。(2分)

(4)此外,还有少数其他反应类型的植物,如中日性植物、短长日植物和长短日植物。(2分)

17.【答题要点】

植物吸收的硝酸根在细胞质基质中被硝酸还原酶还原为亚硝酸根;亚硝酸根在质体或叶绿体中被亚硝酸还原酶还原为NH_4^+;(6分)

产生的NH_4^+以及植物吸收的NH_4^+通过谷氨酸合酶途径形成谷氨酸。(2分)

18.【答题要点】

(1)放热增温,促进开花、授粉、种子萌发等;(3分)

(2)抵御逆境;(3分)

(3)平衡细胞内呼吸底物氧化和电子传递间的关系。(2分)

三、实验题:10分。

19.【答题要点】

(1)原理:用$Ba(OH)_2$溶液吸收发芽种子呼吸过程中释放的CO_2,一定时间后,用标准草酸溶液滴定剩余的$Ba(OH)_2$。以沸水煮死的发芽种子为对照,根据对照组和样品组两者消耗草酸溶液的差值计算呼吸过程中释放的CO_2量。由此可计算出呼吸强度,即单位时间、单位鲜重的发芽种子所释放的CO_2量。(7分)

(2)还可以用红外线CO_2分析仪法或简易测定法等。(3分)

四、分析讨论题:每小题 13 分,共 26 分。

20.【答题要点】

CO_2 是光合作用的主要原料,在一定的 CO_2 浓度范围内,光合速率随着 CO_2 浓度的增加而增加。在净光合速率为零时的 CO_2 浓度为 CO_2 补偿点,光合速率达到最大时的 CO_2 浓度为 CO_2 饱和点。(2 分)

C_4 植物的 PEP 羧化酶对 CO_2 的亲和力高,且经 C_4 途径能浓缩 CO_2,抑制光呼吸。因此,C_4 植物 CO_2 补偿点、饱和点低。(6 分)

C_3 植物 Rubisco 对 CO_2 的亲和力低,C_3 植物有较高的光呼吸,因此,C_3 植物的 CO_2 补偿点和 CO_2 饱和点均高于 C_4 植物。(5 分)

21.【答题要点】

(1)酶促清除系统

超氧化物歧化酶:主要存在于叶绿体和线粒体中,催化超氧阴离子自由基发生歧化反应,生成 O_2 和 H_2O_2;(3 分)

过氧化物酶:催化 H_2O_2 与还原性物质发生反应,将 H_2O_2 还原成 H_2O 和 O_2;(2 分)

过氧化氢酶:催化 H_2O_2 分解成 H_2O 和 O_2;(2 分)

三者相互协调,有效地清除代谢过程产生的活性氧,防止了活性氧的伤害。

(2)非酶促清除系统

植物体内存在多种能与活性氧作用的抗氧化剂,如维生素 E、抗坏血酸、谷胱甘肽、类胡萝卜素等,它们能有效清除活性氧,保护细胞免受活性氧伤害。(6 分)

生 物 化 学

五、单项选择题:每小题 1 分,共 15 分。

22.C 23.C 24.A 25.A 26.D 27.C 28.B 29.B 30.B

31.B 32.B 33.C 34.A 35.B 36.B

六、简答题:每小题 8 分,共 24 分。

37.【答题要点】

(1)ATP 不仅是磷酸果糖激酶的底物,而且也是该酶的别构抑制剂。

(2)当 ATP 浓度高时,它不仅可以与酶的底物结合位点结合,而且还可以与酶的调节位点结合,致使酶构象发生改变,使酶与 6-磷酸果糖结合减弱,导致酶催化反应能力降低,反应速度下降。

38.【答题要点】

蛋白质变性后有如下变化:

(1)在结构上:保持天然构象的次级键(或非共价键)被破坏,天然构象解体,疏水氨基酸残基暴露,多肽链伸展开来。

(2)在功能上:失去生物活性。

(3)理化性质上:溶解度降低,扩散系数降低,黏度增加,对蛋白酶的水解更敏感。

39.【答题要点】

(1)线粒体合成ATP基于电子传递链和氧化磷酸化相偶联。由代谢产生的高还原力物质上的电子和质子,经过线粒体内膜电子传递链后,产生跨线粒体内膜的质子梯度;当内膜外侧的质子通过内膜上的F_0,F_1-ATP合酶的质子通道、回流到线粒体内部时,即发生氧化磷酸化,驱动ATP合成。

(2)2,4-二硝基苯酚为解偶联剂,可以使氧化磷酸化和电子传递两个过程分离。因为DNP是一种疏水性物质,可以在膜中自由移动;它又是一种弱酸,可以解离出质子,将内膜外侧的质子运回膜内侧,这就破坏了跨膜质子梯度,从而使线粒体的氧化磷酸化因为没有驱动力而不能进行。

七、实验题:10分

40.【答题要点】

(1)能。各取少量分别与地衣酚试剂、双缩脲试剂反应。能与地衣酚试剂发生明显颜色反应的是酵母核糖核酸;能与双缩脲试剂发生明显颜色反应的是胰凝乳蛋白酶;不发生颜色反应的是半胱氨酸。

(2)因为地衣酚法是定量核糖核酸(RNA)的典型方法,地衣酚试剂可以和酵母核糖核酸发生颜色反应;胰凝乳蛋白酶属于蛋白质,双缩脲试剂能和肽键发生颜色反应;半胱氨酸属于小分子有机酸,在该溶液中加入上述两种试剂,不会有显著颜色变化。

八、分析论述题:每小题13分,共26分

41.【答题要点】

	核糖体大小	rRNA种类	mRNA序列
原核生物70S起始复合体	70S(50S与30S大小两个亚基组成)	5S rRNA 16 S rRNA 23 S rRNA	在mRNA上有SD序列,与蛋白质翻译起始相关
真核生物80S起始复合体	80S(60S与40S大小两个亚基组成)	5S rRNA 5.8S rRNA 18S rRNA 28S rRNA	在mRNA上有帽子结构,与蛋白质翻译起始相关

42.【答题要点】

(1)一碳单位:只含有一个碳原子的基团。如—CH_3、—CHO、—CH_2—、—COOH等。

(2)四氢叶酸是一碳单位的载体。

(3)在氨基酸代谢中,一些反应能够生成携带一碳单位的化合物。例如,在丝氨酸与甘氨酸的转化过程中,有亚甲基四氢叶酸的生成,而该化合物又是dUMP生成dTMP所必需的,通过一碳单位的生成和使用,氨基酸代谢与核苷酸发生相互联系。

2014年全国硕士研究生招生考试农学门类联考

植物生理学与生物化学试题

植物生理学

一、单项选择题:1～15 小题,每小题 1 分,共 15 分。下列每题给出的四个选项中,只有一个选项是符合题目要求的。

1. 磷脂酶 C 作用于质膜上的磷脂酰肌醇二磷酸,产生的胞内第二信使是(　　)。

A. 肌醇二磷酸和三酰甘油　　B. 肌醇三磷酸和二酰甘油

C. 肌醇二磷酸和二酰甘油　　D. 肌醇三磷酸和三酰甘油

2. 植物细胞壁中含量最高的矿质元素是(　　)。

A. 镁　　B. 锌

C. 钙　　D. 铁

3. 植物细胞膜上通道蛋白运输离子的特点是(　　)。

A. 顺电化学势梯度进行,有饱和效应　　B. 顺电化学势梯度进行,无饱和效应

C. 逆电化学势梯度进行,有饱和效应　　D. 逆电化学势梯度进行,无饱和效应

4. 当土壤中缺钼时,植物通常也表现出(　　)。

A. 缺氮症状　　B. 缺磷症状

C. 缺钙症状　　D. 缺镁症状

5. 筛管受伤时,能及时堵塞筛孔的蛋白质是(　　)。

A. 扩张蛋白　　B. 肌动蛋白

C. G 蛋白　　D. P 蛋白

6. 根的向重力性生长过程中,感受重力的部位是(　　)。

A. 静止中心　　B. 根冠

C. 分生区　　D. 伸长区

7. 植物抗氰呼吸途径中的交替氧化酶位于(　　)。

A. 线粒体内膜上　　B. 线粒体基质中

C. 细胞质基质中　　D. 过氧化物酶体膜上

8. 植物吐水现象说明(　　)。

A. 水分向上运输的动力是蒸腾拉力　　B. 根系水势高于土壤溶液水势

C. 内聚力保持了导管水柱的连续性　　D. 根系中存在使水分向上运输的压力

9. 在光照、温度和水分适宜的条件下，植物处于 CO_2 补偿点时(　　)。
A. 净光合速率为零　B. 净光合速率等于呼吸速率
C. 真正光合速率为零　D. 净光合速率最大

10. 植物受病菌侵染时呼吸作用的变化表现为(　　)。
A. 呼吸速率增强，PPP 增强　B. 呼吸速率增强，PPP 降低
C. 呼吸速率降低，PPP 增强　D. 呼吸速率降低，PPP 降低

11. 植物光合作用每光解 2 mol 水，理论上需要吸收的光量子是(　　)。
A. 4 mol　B. 6 mol
C. 8 mol　D. 12 mol

12. 生长素可诱导细胞壁酸化，其原因是生长素激活了(　　)。
A. P 型 H^+-ATP 酶　B. V 型 H^+-ATP 酶
C. 过氧化物酶　D. 纤维素酶

13. 以下关于植物光敏素的叙述，错误的是(　　)。
A. 光敏素是一种易溶于水的蓝色蛋白质　B. 日光下光敏素主要以 Pr 形式存在
C. 光敏素的发色团是链状四吡咯环　D. Pfr 是光敏素的生理活性形式

14. 光呼吸过程中，丝氨酸的合成发生在(　　)。
A. 叶绿体　B. 线粒体
C. 过氧化物酶体　D. 细胞质基质

15. 下列物质中，不属于植物激素的是(　　)。
A. 玉米素　B. 赤霉素
C. 生长素　D. 叶黄素

二、简答题：16～18 小题，每小题 8 分，共 24 分。

16. 比较初级主动运输和次级主动运输的异同。
17. 简述提高植物光能利用率的途径。
18. 乙烯促进果实成熟的原因是什么？

三、实验题：19 小题，10 分。

19. 下图是在大气 CO_2 浓度条件下测得的植物光合作用量子产量对温度的响应曲线。请描述图示的实验结果，并根据所学植物生理学知识分析产生该结果的原因。

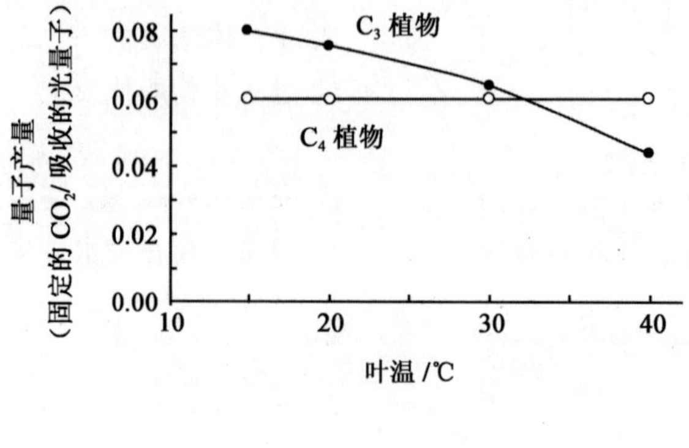

四、分析论述题:20～21小题,每小题13分,共26分。

20. 论述种子休眠的原因,打破种子休眠的措施有哪些?

21. 植物根系感受到干旱信号后,其叶片气孔的开度会减小或关闭。试述在这一生理过程中信息传递和信号转导的途径。

生物化学

五、单项选择题:22～36小题,每小题1分,共15分。下列每题给出的四个选项中,只有一个选项是符合题目要求的。

22. 下列科学家中,对揭示蛋白质 α-螺旋结构做出显著贡献的是(　　)。

A. D. E. Atkinson　　B. J. B. Sumner

C. H. A. Krebs　　D. L. C. Pauling

23. 在下列构成蛋白质分子的氨基酸残基中,能够被磷酸化的是(　　)。

A. 缬氨酸残基　　B. 丝氨酸残基

C. 丙氨酸残基　　D. 亮氨酸残基

24. 在一个米氏酶催化的单底物反应中,当[S]远小于 K_m 时,该反应的特点之一是(　　)。

A. 反应速度最大　　B. 反应速度与底物浓度成正比

C. 反应速度达到最大反应速度的一半　　D. 反应速度与底物浓度成反比

25. 下列辅助因子中,既能转移酰基,又能转移氢的是(　　)。

A. NAD^+　　B. $NADP^+$

C. 硫辛酸　　D. 四氢叶酸

26. 下列维生素中,属于酰基载体蛋白组成成分的是(　　)。

A. 核黄素　　B. 叶酸

C. 泛酸　　D. 钴胺素

27. tRNA结构中,携带氨基酸的部位是(　　)。

A. DHU环　　B. 3′末端CCA-OH

C. TψC环　　D. 反密码子环

28. 下列酶中,能催化葡萄糖转变为6-磷酸葡萄糖的是(　　)。

A. 丙酮酸激酶　　B. 果糖磷酸激酶

C. 葡萄糖磷酸酯酶　　D. 己糖激酶

29. 将乙酰CoA从线粒体转运至胞浆的途径是(　　)。

A. 三羧酸循环　　B. 磷酸甘油穿梭

C. 苹果酸穿梭　　D. 柠檬酸穿梭

30. 下列反应过程中,发生氧化脱羧的是(　　)。

A. 乳酸→丙酮酸　　B. α-酮戊二酸→琥珀酰CoA

C. 丙酮酸→草酰乙酸　　D. 苹果酸→草酰乙酸

31. 下列三羧循环的酶中,以草酰乙酸为底物的是(　　)。

A. 柠檬酸合酶　　B. 琥珀酸脱氢酶

C. 异柠檬酸脱氢酶　　D. 顺乌头酸酶

32. 软脂酸 β-氧化分解途径中，丁酰辅酶 A 脱氢酶存在的部位是(　　)。
A. 线粒体的外膜上　　B. 线粒体的内膜上
C. 胞浆中　　D. 线粒体的基质中

33. 下列化合物中，直接参与丁酰 ACP 合成己酰 ACP 过程的是(　　)。
A. 草酰乙酸　　B. 苹果酸
C. 琥珀酰 CoA　　D. 丙二酸单酰 CoA

34. 鸟类嘌呤代谢的终产物是(　　)。
A. 尿素　　B. 尿囊素
C. 尿酸　　D. 尿囊酸

35. 在逆转录过程中，逆转录酶首先是以(　　)。
A. DNA 为模板合成 RNA　　B. DNA 为模板合成 DNA
C. RNA 为模板合成 DNA　　D. RNA 为模板合成 RNA

36. 真核细胞中催化线粒体 DNA 复制的酶是(　　)。
A. DNA 聚合酶 α　　B. DNA 聚合酶 β
C. DNA 聚合酶 γ　　D. DNA 聚合酶 δ

六、简答题:37～39 小题,每小题 8 分,共 24 分。

37. 简述酶反竞争性抑制剂作用特点。

38. 简述大肠杆菌 DNA 半保留复制时后随链合成的主要特点。

39. 写出乙酰 CoA 羧化酶组成成分的名称及该酶催化的总反应式。

七、实验题:40 小题,10 分。

40. 请简要说明 Folin-酚法测定蛋白质含量的原理。当用该法测定某一蛋白质溶液的浓度时，发现因所用标准蛋白质种类不同，测定结果存在差异，请说明原因。

八、分析论述题:41～42 小题,每小题 13 分,共 26 分。

41. 研究表明，当细胞中软脂酸从头合成加快时，葡萄糖分解也加快。请分析葡萄糖分解加快的原因。

42. 试分析真核生物呼吸链氧化磷酸化与糖酵解中底物水平磷酸化有何不同。

2014年全国硕士研究生招生考试农学门类联考

植物生理学与生物化学试题参考答案及解析

植物生理学

一、单项选择题:1～15小题,每小题1分,共15分

1.B　2.C　3.B　4.A　5.D　6.B　7.A　8.D　9.A　10.A
11.C　12.A　13.B　14.B　15.D

二、简答题:16～18小题,每小题8分,共24分。

16.【答题要点】

相同点:由膜上的运输蛋白执行的、逆着所转运溶质的电化学势梯度、需要消耗能量的溶质跨膜运输过程。

不同点:初级主动运输是由膜上的“泵”水解ATP或PPi,获得能量,转运溶质。

次级主动运输则是依赖于初级主动运输建立的离子(主要是氢离子)跨膜电化学势梯度将要转运的溶质逆电化学势梯度进行跨膜转运的过程,也称为共运输。

17.【答题要点】

(1)增加光合面积:合理密植;选择合理株型等。

(2)延长光合时间:提高复种指数;延长生育期等。

(3)提高光合能力:改善水肥等栽培条件;化学调控;降低有机物消耗等。

18.【答题要点】

(1)增加膜透性,促进果实呼吸作用和物质转化;

(2)促进与成熟相关酶的合成及活性提高,从而使果实变甜、果肉软化等。

三、实验题:19小题,10分。

19.【答题要点】

实验结果:

在测定温度范围内,随着温度提高,C_3 植物的量子产量下降,C_4 植物的量子产量保持稳定;在温度低于曲线交叉点所对应的温度时,C_3 植物的量子产量高于 C_4 植物的量子产量。

分析原因:

随着温度提高,叶组织中的$[CO_2]/[O_2]$值减小,C_3 植物 Rubisco 羧化活性下降,加氧活性提高,光呼吸增强,量子产量随温度提高而下降;

C_4 植物最初固定 CO_2 的酶是 PEP 羧化酶，它对 CO_2 亲合力高，可有效利用叶肉细胞中的低浓度 CO_2，从而维持维管束鞘细胞中高 CO_2 浓度，使 Rubisco 保持高的羧化活性，因此在测定温度范围内可维持量子产量基本不变。

由于 C_4 植物固定 CO_2 比 C_3 植物需要的 ATP 多，所以在较低温度下 C_4 植物的量子产量较低。

四、分析讨论题：20～21 题，每小题 13 分，共 26 分。

20.【答题要点】

原因：胚未成熟；种子未完成后熟；种皮(果皮)限制；抑制物存在。

措施：低温层积处理；破除种皮；淋洗；激素处理等。

21.【答题要点】

干旱胁迫使根系细胞膨压降低，引起细胞膜上的一些蛋白构象变化，进而激活细胞内蛋白激酶等，启动脱落酸合成酶基因的表达，合成 ABA；

根系合成的 ABA 通过木质部运输到地上部；

运输到地上部的 ABA 与保卫细胞膜上的受体作用，促进保卫细胞质基质 Ca^{2+} 浓度提高，抑制质膜 H^+-ATPase 活性，膜去极化，外向 K^+ 通道打开，内向 K^+ 通道关闭，胞内 K^+ 浓度下降，气孔开度减小或关闭。

生物化学

五、单项选择题：22～36 小题，每小题 1 分，共 15 分。

22. D　23. B　24. B　25. C　26. C　27. B　28. D　29. D　30. B
31. A　32. D　33. D　34. C　35. C　36. C

六、简答题：37～39 小题，每小题 8 分，共 24 分。

37.【答题要点】

(1)反竞争性抑制剂不能与游离的酶结合，只能与 ES 复合物结合 ESI 复合物；这种 ESI 复合物不能生成产物。

(2)反竞争性抑制剂可使酶促反应的 V_{max} 和 K_m 降低。

38.【答题要点】

(1)后随链的合成需要 dNTP、复制复合体和连接酶等。

(2)后随链合成是不连续的，合成中形成冈崎片段，每个冈崎片段的合成都需要引物。

(3)冈崎片段的合成按照碱基互补配对原则进行，其合成的方向为 $5'\to3'$。

39.【答题要点】

(1)组成成分：生物素羧基载体蛋白、生物素羧化酶和转羧基酶。

(2)总反应式

$$乙酰\ CoA + HCO_3^- + ATP \xrightarrow{乙酰\ CoA\ 羧化酶} 丙二酸单酰\ CoA + ADP + Pi$$

七、实验题:40 小题,10 分

40.【答题要点】

(1)原理:碱性条件下,Folin-酚试剂与蛋白质反应生成蓝色物质;在一定蛋白质浓度范围内,其光吸收值与蛋白质含量成正比。

(2)不同标准蛋白质中,与 Folin-酚试剂反应的氨基酸残基(如酪氨酸)含量不同,导致标准曲线存在差异,从而出现不同的测定结果。

八、分析论述题:41～42 小题,每小题 13 分,共 26 分

41.【答题要点】

(1)软脂酸从头合成需要乙酰 CoA、$NADPH+H^+$、CO_2、ATP 等,这些物质需要葡萄糖分解途径来提供。

(2)葡萄糖通过磷酸戊糖途径产生的 $NADPH+H^+$ 是合成软脂酸的还原力,葡萄糖分解的中间产物柠檬酸是乙酰 CoA 羧化酶的别构激活剂,葡萄糖分解的中间产物乙酰 CoA 是软脂酸合成的原料,葡萄糖分解产生的 CO_2 可以为乙酰 CoA 羧化酶提供底物,葡萄糖分解代谢产生的 ATP 为软脂酸从头合成提供能量。

42.【答题要点】

(1)呼吸链氧化磷酸化是指在有氧条件下,氧化还原反应产生的质子和电子沿呼吸链传递到氧并偶联形成 ATP 的过程;糖酵解中底物水平磷酸化是指底物的高能磷酸基团转移给 ADP 形成 ATP 的过程。

(2)呼吸链氧化磷酸化在线粒体内膜上进行,糖酵解中底物水平磷酸化是在细胞质基质中进行。

(3)呼吸链氧化磷酸化需要氧的参与,而糖酵解中底物水平磷酸化不需要氧的参与。

(4)底物水平磷酸化不受电子传递链和呼吸链氧化磷酸化抑制剂的影响,也不受解偶联剂的影响。

2015年全国硕士研究生招生考试农学门类联考

植物生理学与生物化学试题

植物生理学

一、单项选择题:1~15小题,每小题1分,共15分。下列每题给出的四个选项中,只有一个选项是符合题目要求的。

1. 植物生理学发展历史上,M. Calvin的主要贡献是(　　)。

A. 阐明了光合碳代谢C_3途径　　B. 阐明了光合碳代谢C_4途径

C. 创立了植物矿质营养学说　　D. 证实了植物细胞的全能性

2. Ca^{2+}在细胞各区域的分布是不均匀的。静息状态下,下列区域中Ca^{2+}浓度最低的是(　　)。

A. 细胞壁　　B. 细胞质基质

C. 液泡　　D. 内质网

3. 永久萎蔫系数是指植物发生永久萎蔫时的(　　)。

A. 大气相对湿度　　B. 土壤含水量

C. 植物叶片水势　　D. 植物含水量

4. 下列化合物中,在光合作用C_3途径中不出现的是(　　)。

A. 核糖-5-磷酸　　B. 甘油醛-3-磷酸

C. 果糖-1,6-二磷酸　　D. 果糖-2,6-二磷酸

5. 下列物质中,能抑制交替氧化酶活性的是(　　)。

A. 氰化物　　B. 抗霉素A

C. 一氧化碳　　D. 水杨基氧肟酸(SHAM)

6. 干旱胁迫条件下,植物叶片中(　　)。

A. 水解酶类活性降低,光合产物输出增加

B. 水解酶类活性增强,光合产物输出增加

C. 水解酶类活性降低,光合产物输出减少

D. 水解酶类活性增强,光合产物输出减少

7. 下列关于植物不同器官对生长素敏感性的叙述,正确的是(　　)。

A. 根的敏感性大于芽　　B. 茎的敏感性大于芽

C. 芽的敏感性大于根　　D. 茎的敏感性大于根

8. 下列激素中,在植物体内具有极性运输特性的是(　　)。

A. 赤霉素　　B. 玉米素

C. 吲哚乙酸　　D. 脱落酸

9. 有机物韧皮部装载过程中，蔗糖从质外体进入筛管-伴胞复合体的跨膜转运属于(　　)。

A. 主动运输，由载体蛋白完成　B. 被动运输，由载体蛋白完成

C. 主动运输，由通道蛋白完成　D. 被动运输，由通道蛋白完成

10. 以下关于叶片气孔保卫细胞的叙述，错误的是(　　)。

A. 保卫细胞与相邻细胞间有丰富的胞间连丝

B. 保卫细胞的线粒体数量比叶肉细胞的多

C. 保卫细胞体积比其他表皮细胞的小

D. 保卫细胞的细胞壁厚度不均匀

11. 具有引导花粉管定向生长作用的矿质离子是(　　)。

A. Zn^{2+}　B. Ca^{2+}

C. Mn^{2+}　D. Cu^{2+}

12. 将 $\Psi_s = -0.8$ MPa 的植物细胞放入 $\Psi_w = -0.3$ MPa 的水溶液中，观察到细胞水分外流，由此可判断在放入水溶液前该细胞的 Ψ_p(　　)。

A. 等于 0 MPa　B. 大于 0.5 MPa

C. 等于 0.5 MPa　D. 小于 0.5 MPa

13. 下列物质中，在植物细胞质膜中含量最高的是(　　)。

A. 硫脂　B. 磷脂

C. 糖脂　D. 固醇

14. 引起植物向光性弯曲最有效的光是(　　)。

A. 蓝光　B. 绿光

C. 黄光　D. 红光

15. 若要使我国北方地区菊花提前开花，可对正常生长的菊花植株进行(　　)。

A. 低温处理　B. 高温处理

C. 短日照处理　D. 长日照处理

二、简答题：16～18 小题，每小题 8 分，共 24 分。

16. 简述不同光周期反应类型植物的地理分布特点。

17. 应用溶液培养法培养植物时一般应注意哪些事项？

18. 逆境胁迫下，植物组织中丙二醛含量可反映细胞膜受损伤的程度，为什么？

三、实验题：19 小题，10 分。

19. 设计实验证明生长素可代替顶芽维持植物的顶端优势。要求简要写出实验步骤，预测并分析实验结果。

四、分析论述题：20～21 小题，每小题 13 分，共 26 分。

20. 类囊体膜上的蛋白复合体有哪些？请阐述它们的功能。

21. 论述植物营养生长与生殖生长的相关性。

生 物 化 学

五、单项选择题:22～36 小题,每小题 1 分,共 15 分。下列每题给出的四个选项中,只有一个选项是符合题目要求的。

22. 下列维生素中,能够预防脚气病的是(　　)。
A. 维生素 B_1　　B. 维生素 B_2
C. 维生素 A　　D. 维生素 D

23. 下列氨基酸中,分子量最小的是(　　)。
A. Ala　　B. Asp
C. Glu　　D. Gly

24. 下列密码子中,与反密码子 5′-ICA-3′配对的是(　　)。
A. 5′-GGA-3′　　B. 5′-GGC-3′
C. 5′-UGU-3′　　D. 5′-GGU-3′

25. 下列酶中,属于裂解酶的是(　　)。
A. 己糖激酶　　B. 顺乌头酸酶
C. 异柠檬酸脱氢酶　　D. 谷丙转氨酶

26. 大肠杆菌完整核糖体的沉降系数是(　　)。
A. 50S　　B. 60S
C. 70S　　D. 80S

27. 原核生物 RNA 聚合酶中,被称为起始因子的是(　　)。
A. α 亚基　　B. β 亚基
C. β' 亚基　　D. σ 亚基

28. 下列反应中,由激酶催化的是(　　)。
A. 葡萄糖转变为 6-磷酸葡萄糖　　B. 丙酮酸转变为乙酰 CoA
C. 6-磷酸葡萄糖转变为葡萄糖　　D. 3-磷酸甘油酸转变 2-磷酸甘油酸

29. 下列物质中,参与催化丙酮酸脱羧生成羟乙基化合物的是(　　)。
A. TPP　　B. NAD^+
C. FAD　　D. FMN

30. 下列酶中,既催化脱氢又催化脱羧反应的是(　　)。
A. 6-磷酸葡萄糖脱氢酶　　B. 6-磷酸葡萄糖酸脱氢酶
C. 3-磷酸甘油醛脱氢酶　　D. 琥珀酸脱氢酶

31. 下列关于真核生物成熟 mRNA 的描述,正确的是(　　)。
A. 转录与翻译均在细胞核进行　　B. 由核内不均一 RNA 加工形成
C. 3′端有帽子结构　　D. 5′端有 polyA 结构

32. 哺乳动物软脂酸从头合成途径中,β-酮脂酰-ACP 合酶存在于(　　)。
A. 线粒体　　B. 核糖体

C. 胞浆　　D. 内质网

33. 下列物质中，属于糖酵解途径中间产物的是(　　)。

A. 草酰乙酸　　B. 柠檬酸

C. 磷酸二羟丙酮　　D. 琥珀酸

34. Ribozyme 的化学本质是(　　)。

A. 蛋白质　　B. RNA

C. DNA　　D. 糖

35. 下列物质中，被称为细胞色素氧化酶的是(　　)。

A. Cyt b_1　　B. Cyt b

C. Cyt c　　D. Cyt aa_3

36. 大肠杆菌 DNA 复制过程中，切除引物的酶是(　　)。

A. 解旋酶　　B. 引物酶

C. DNA 聚合酶　　D. DNA 聚合酶Ⅲ

六、简答题：37～39 小题，每小题 8 分，共 24 分。

37. 简述蛋白质 α-螺旋中，3.6_{13} 螺旋的结构特点。

38. 写出糖酵解途径中，催化 1,3-二磷酸甘油酸转化成丙酮酸过程中 4 个酶的名称。

39. 写出酶活力单位中 IU 和 Katal 单位的含义。

七、实验题：40 小题，10 分。

40. 现有一种蛋白质，经分子筛层析测定其相对分子质量为 50 000。进一步采用 SDS-PAGE 进行分析，经考马斯亮蓝染色发现有两条带，其相对分子质量分别为 30 000 和 20 000。请说明 SDS 试剂在本实验中的作用。上述实验结果说明该蛋白质组成有何特点？

八、分析论述题：41～42 小题，每小题 13 分，共 26 分。

41. 当哺乳动物缺乏硫胺素和生物素时，软脂酸从头合成速率下降，请解释原因。

42. 从起始氨基酸、起始密码子、起始复合体、mRNA 结构和能量的角度，论述真核生物多肽链合成起始阶段的主要特点。

2015年全国硕士研究生招生考试农学门类联考

植物生理学与生物化学试题参考答案及解析

植物生理学

一、单项选择题:1～15小题,每小题1分,共15分

1. A　2. B　3. B　4. D　5. D　6. D　7. A　8. C　9. A　10. A
11. B　12. B　13. B　14. A　15. C

二、简答题:16～18小题,每小题8分,共24分。

16.【答题要点】

植物成花的光周期反应主要分为3种类型:长日性植物、短日性植物和日中性植物。长日性植物一般分布在高纬度地区(3分);短日性植物一般分布在低纬度地区(3分);日中性植物在各个纬度地区都有分布(2分)。

17.【答题要点】

溶液培养法培养植物时应注意的事项主要包括:培养液中含有浓度适宜的、生长发育所需的、全部的必需元素(3分);培养液调至合适的pH(3分);培养过程中,保持通气状态良好,补足氧气(2分)。

18.【答题要点】

逆境胁迫下,植物体内活性氧的产生增加,活性氧引发膜脂过氧化作用,膜的正常功能被破坏,细胞膜受损(4分)。膜脂过氧化的产物主要是丙二醛,因此,植物组织中丙二醛的含量可反映细胞膜受损伤的程度,膜脂过氧化程度越高,丙二醛含量越高(4分)。

三、实验题:19小题,10分。

19.【答题要点】

(1)实验步骤:(6分)

取数株具有明显顶端优势的植物,并分为三组:

1组:不做处理,作为对照组;

2组:去除顶芽,观测侧芽的生长状况;

3组:去除顶芽,并同时在切口处施加生长素,观测侧芽生长状况。

(2)实验结果预测与分析:(4分)

1组:植物的侧芽不生长或生长缓慢;

2组:植物侧芽生长较快,说明顶芽对侧芽生长有抑制作用;

3组:植物侧芽生长受抑制,说明生长素可代替顶芽维持植物的顶端优势。

四、分析讨论题:20~21题,每小题13分,共26分。

20.【答题要点】

(1)类囊体膜上的蛋白复合体包括四类:PSⅠ、PSⅡ、Cyt b_6/f、ATP合酶。(5分)

(2)功能:

PSⅡ复合体:吸收和转换光能,催化水裂解为氧和质子,并将电子传到PQ;(2分)

细胞色素b_6/f复合体:催化PQH_2的氧化和PC的还原,即将电子从PQH_2传递到PC,建立跨膜的H^+电化学势梯度。(2分)

PSⅠ复合体:吸收和转换光能,氧化PC,并将电子传到Fd;(2分)

ATP合酶:在H^+电化学势梯度的驱动下,催化ADP和Pi合成ATP。(2分)

21.【答题要点】

营养生长与生殖生长的关系即相互依赖,也相互对立。(3分)

生殖生长以营养生长为基础,花芽必须在一定的营养生长的基础上才分化。生殖器官生长所需的养料,大部分是由营养器官供应的,营养器官生长不好,生殖器官的发育也不会好。(5分)

营养生长与生殖生长之间又相互对立,营养器官生长过旺,会影响生殖器官的形成和发育。生殖生长抑制营养生长,一次开花植物开花后,营养生长基本结束;多次开花植物虽然营养生长和生殖生长并存,但在生殖生长期间,营养生长明显减弱。(5分)

生物化学

五、单项选择题:22~36小题,每小题1分,共15分。

22. A　23. D　24. C　25. B　26. C　27. D　28. A　29. A　30. B
31. B　32. C　33. C　34. B　35. D　36. C

六、简答题:37~39小题,每小题8分,共24分。

37.【答题要点】

(1)右手螺旋。

(2)每3.6个氨基酸残基旋转一周。

(3)每个氢键闭合环中主链的原子数为13。

(4)有特定的螺距。

38.【答题要点】

磷酸甘油酸激酶、磷酸甘油酸变位酶、烯醇化酶和丙酮酸激酶。

39.【答题要点】

(1)1个IU是指在规定条件下,每分钟催化1 μmol底物转化为产物的酶量。

(2)1个Katal是指在规定条件下,每秒钟催化1 mol底物转化为产物的酶量。

七、实验题:40 小题,10 分

40.【答题要点】

(1)SDS 是一种阴离子变性剂,能与蛋白质结合,使亚基解聚;SDS 可以使电泳迁移率主要依赖于相对分子质量。

(2)说明该蛋白质有两种亚基,其相对分子质量分别为 30 000 和 20 000。

八、分析论述题:41~42 小题,每小题 13 分,共 26 分

41.【答题要点】

(1)硫胺素进入体内转变为 TPP,TPP 是丙酮酸脱氢酶的辅酶,丙酮酸脱氢酶是丙酮酸脱氢酶复合体的组成成分。丙酮酸脱氢酶复合体催化丙酮酸转化为乙酰 CoA,后者是软脂酸合成的原料。缺乏硫胺素时,导致软脂酸合成的原料乙酰 CoA 不足。

(2)生物素是乙酰 CoA 羧化酶的辅酶,乙酰 CoA 羧化酶催化乙酰 CoA 羧化生成丙二酸单酰 CoA。缺乏生物素时,导致软脂酸合成的原料丙二酸单酰 CoA 不足。

42.【答题要点】

(1)起始氨基酸为甲硫氨酸。

(2)通常只有一个起始密码子(AUG),通过扫描机制被识别。

(3)起始复合体为 80S。

(4)mRNA 上有 5′帽子结构,能与小亚基结合。

(5)需要 ATP 和 GTP。

2016 年全国硕士研究生招生考试农学门类联考

植物生理学与生物化学试题

植物生理学

一、单项选择题:1～15 小题,每小题 1 分,共 15 分。下列每题给出的四个选项中,只有一个选项是符合题目要求的。

1. 植物生理学发展历史上,许多科学家做出了重要贡献,下列叙述**错误**的是(　　)。
   A. J. von Sachs 发现植物可净化空气
   B. C. Darwin 发现植物向光弯曲现象
   C. W. W. Garner 和 H. A. Allard 发现植物光周期现象
   D. M. D. Hatch 和 C. R. Slack 阐明了光合作用的 C_4 途径
2. 在细胞伸长生长中,促进细胞壁松弛的蛋白质主要是(　　)。
   A. 过氧化物酶和扩张蛋白
   B. 纤维素酶和伸展蛋白
   C. 果胶酶和伸展蛋白
   D. 木葡聚糖内糖基转移酶和扩张蛋白
3. 水通过水通道的跨膜运输属于(　　)。
   A. 主动运输,水由 Ψ_w 低处运向高处
   B. 主动运输,水由 Ψ_w 高处运向低处
   C. 被动运输,水由 Ψ_w 低处运向高处
   D. 被动运输,水由 Ψ_w 高处运向低处
4. 缺锌会引起果树的小叶病,其主要原因是锌影响(　　)。
   A. IAA 的合成　　B. BR 的合成
   C. CTK 的合成　　D. GA 的合成
5. 植物胚胎发育晚期丰富蛋白(LEA 蛋白)(　　)。
   A. 可被干旱诱导合成　　B. 是一类疏水性蛋白质
   C. 只在胚胎发育晚期表达　　D. 是一类不耐热的蛋白质
6. 光反应过程中,天线色素吸收光能的传递顺序是(　　)。
   A. 类胡萝卜素→叶绿素 b→叶绿素 a→中心色素
   B. 叶绿素 a→叶绿素 b→类胡萝卜素→中心色素
   C. 类胡萝卜素→叶绿素 a→叶绿素 b→中心色素
   D. 叶绿素 b→叶绿素 a→类胡萝卜素→中心色素
7. 下列元素中,作为光合作用放氧复合体组成成分的是(　　)。
   A. Mo　　B. Mn　　C. K　　D. Na

8. 根据植物花器官发育的 ABC 模型，当 C 组基因缺失时，花器官的变化表现为(　　)。

A. 萼片转变为雌蕊、雄蕊转变为雌蕊

B. 萼片转变为雌蕊、花瓣转变为雄蕊

C. 花瓣转变为萼片、雄蕊转变为雌蕊

D. 雄蕊转变为花瓣、雌蕊转变为萼片

9. 植物授粉时，在花粉与柱头表面起识别作用的物质是(　　)。

A. 糖蛋白　　B. 脂蛋白　　C. 胼胝质　　D. 纤维素

10. 细胞内 ABA 合成的主要部位是(　　)。

A. 线粒体　　B. 核糖体　　C. 过氧化物酶体　　D. 质体

11. 下列关于植物光合作用光反应中心的叙述，错误的是(　　)。

A. 组成光反应中心的蛋白质具有疏水性

B. 光反应中心是进行光化学反应的场所

C. 电子传递、质子转移和光合磷酸化的过程发生在光反应中心

D. 光反应中心发生原初电荷分离的色素分子是特殊状态叶绿素 a

12. 能够促进莲座状植物抽薹开花的激素是(　　)。

A. IAA　　B. ETH　　C. GA　　D. CTK

13. 当遇到干旱胁迫时，植物组织中的脱落酸和渗透调节物质含量的变化分别是(　　)。

A. 增高、降低　　B. 增高、增高　　C. 降低、降低　　D. 降低、增高

14. 下列物质中，作为高等植物体内硝酸还原酶催化 NO_3^- 转化为 NO_2^- 的电子供体是(　　)。

A. $FMNH_2$　　B. UQH_2　　C. $NADH+H^+$　　D. CoA—SH

15. 在我国，若将短日性植物大豆和长日性植物大麦从北方引种至南方，一般开花期分别会(　　)。

A. 提前、推迟　　B. 推迟、推迟　　C. 提前、提前　　D. 推迟、提前

二、简答题：16～18 小题，每小题 8 分，共 24 分。

16. 简述镁在植物生命活动中的主要作用。

17. 氧浓度升高时，植物的光合速率会降低，请解释原因。

18. 简述种子萌发过程中的吸水特性。

三、实验题：19 小题，10 分。

19. 请以 $^{14}CO_2$ 为光合作用的原料，设计实验证明光合产物是通过韧皮部进行长距离运输的。要求简要写出实验步骤，预测并分析实验结果。

四、分析论述题：20～21 小题，每小题 13 分，共 26 分。

20. 论述植物激素在调节植物生长发育过程中协同作用和颉颃(拮抗)作用。

21. 论述土壤盐分过多对植物造成的伤害。

生 物 化 学

五、单项选择题:22～36 小题,每小题 1 分,共 15 分。下列每题给出的四个选项中,只有一个选项是符合题目要求的。

22. 下列代谢途径中,由德国科学家 Hans Krebs 等提出的是(　　)。

A. 卡尔文循环　　B. 糖酵解途径

C. 磷酸戊糖途径　　D. 尿素循环

23. 下列氨基酸中,与茚三酮反应生成黄色化合物的是(　　)。

A. His　　B. Pro　　C. Trp　　D. Tyr

24. 镰状细胞贫血病患者血红蛋白 β 亚基的第 6 位氨基酸残基是(　　)。

A. Gln 残基　　B. Glu 残基　　C. Ala 残基　　D. Val 残基

25. 下列化合物中,属于磷酸戊糖途径中 6-磷酸葡萄糖酸脱氢酶催化反应的产物是(　　)。

A. ATP　　B. GTP　　C. $NADPH+H^+$　　D. $NADH+H^+$

26. 求米氏酶的 K_m 和 V_{max} 时,用 Lineweaver-Burk 双倒数作图法得到一条直线,该直线在纵轴上的截距为(　　)。

A. $1/V_{max}$　　B. $1/K_m$　　C. $-1/V_{max}$　　D. $-1/K_m$

27. 辅酶 NAD^+ 含有的维生素是(　　)。

A. 吡哆醛　　B. 核黄素　　C. 烟酰胺　　D. 硫胺素

28. 下列化合物中,含有高能键的是(　　)。

A. 6-磷酸果糖　　B. 3-磷酸甘油酸

C. 琥珀酰 CoA　　D. AMP

29. 糖原合成时,葡萄糖的活化形式是(　　)。

A. CDPG　　B. UDPG　　C. CMPG　　D. UMPG

30. 催化 5-磷酸核糖与 ATP 生成 PRPP 的是(　　)。

A. 5-磷酸核酮糖异构酶　　B. 磷酸核糖焦磷酸激酶

C. 5-磷酸核酮糖差向异构酶　　D. 6-磷酸葡萄糖脱氢酶

31. 下列酶中,属于软脂酸从头合成途径限速酶的是(　　)。

A. 乙酰 CoA 羧化酶　　B. β-酮脂酰-ACP 还原酶

C. β-羟脂酰-ACP 脱水酶　　D. 烯脂酰-ACP 还原酶

32. 下列试剂中,不与游离氨基酸反应的是(　　)。

A. DNFB　　B. PITC　　C. 茚三酮　　D. 双缩脲试剂

33. 大肠杆菌 DNA 复制过程中,冈崎片段合成的方向是(　　)。

A. $5'\rightarrow3'$　　B. $3'\rightarrow5'$　　C. N→C　　D. C→N

34. 真核生物多肽链合成过程中,起始密码子编码的氨基酸是(　　)。

A. 甲酰甲硫氨酸　　B. 甲硫氨酸

C. 甘氨酸　　D. 谷氨酸

35. 下列化合物中,能与大肠杆菌核糖体 30S 亚基结合,并引起密码错读的是(　　)。

A. 青霉素　　B. 四环素　　C. 链霉素　　D. 寡霉素

36. 辅酶 Q 是一种(　　)。

A. 醌类化合物　　B. 糖类化合物

C. 肽类化合物　　D. 核苷类化合物

六、简答题:37～39 小题,每小题 8 分,共 24 分。

37. 写出葡萄糖通过糖酵解途径生成 3-磷酸甘油醛过程中所有激酶及其催化反应产物的名称。

38. 简述酶活性中心的结构特点。

39. 简述 Peter Mitchell 提出的化学渗透学说的要点。

七、实验题:40 小题,10 分。

40. 在淀粉酶底物专一性实验中,某学生取 6 支试管,加入的试剂及记录的实验现象见下表。回答下列问题:

(1)为什么 3 号试管内产生砖红色沉淀?

(2)请分别解释 1、2、3、4、5 和 6 号试管中溶液呈淡蓝色的原因。

试管编号	1	2	3	4	5	6
直链淀粉溶液/mL	4	0	4	0	4	0
蔗糖溶液/mL	0	4	0	4	0	4
唾液淀粉酶液/mL	0	0	1	1	0	0
煮沸过的唾液淀粉酶液/mL	0	0	0	0	1	1
蒸馏水/mL	1	1	0	0	0	0
37℃恒温水浴 15 min,加费林(Fehling)试剂后沸水浴 5 min						
实验现象	淡蓝色	淡蓝色	砖红色沉淀	淡蓝色	淡蓝色	淡蓝色

八、分析论述题:41～42 小题,每小题 13 分,共 26 分。

41. 论述细胞中谷氨酸通过糖异生途径生成葡萄糖的代谢过程。

42. 论述大肠杆菌 DNA 半保留复制时保证复制忠实性的主要机制。

2016 年全国硕士研究生招生考试农学门类联考

植物生理学与生物化学试题参考答案及解析

植物生理学

一、单项选择题

1. A　2. D　3. D　4. A　5. C　6. A　7. B　8. D　9. A　10. D
11. C　12. C　13. B　14. C　15. A

二、简答题

16.【答题要点】

镁是叶绿素组成成分;(3 分)

镁是光合碳代谢的主要酶如 RuBP 羧化酶、5-磷酸核酮糖激酶等的活化剂;(2 分)

镁是 ATP 酶的激活剂;(2 分)

镁是核糖核酸聚合酶的活化剂。(1 分)

17.【答题要点】

O_2 浓度增高时,植物的光合速率会降低,主要原因是由于光呼吸。(4 分)

光呼吸主要受 O_2 和 CO_2 的调节,即 O_2 和 CO_2 对 RuBP 的竞争作用。(2 分)

在大气中 CO_2/O_2 比例高的条件下,Rubisco 的加氧活性被抑制,主要进行羧化反应;当大气中 CO_2/O_2 值降低时,Rubisco 加氧活性表现出来,主要进行加氧反应。因此,当 O_2 浓度增高时,植物的光合速率会降低。(2 分)

18.【答题要点】

种子萌发过程中的吸水可分为 3 个阶段:干种子在萌发初期迅速吸水;随后吸水速度减慢或几乎停滞;胚根长出之后又出现快速吸水过程。(2 分)

种子吸水的第一阶段是由于种子内的细胞壁物质、蛋白质及其他亲水性物质所引起的吸胀作用,即吸胀吸水。(2 分)

第二阶段中,细胞利用已吸收的水分进行代谢作用。(2 分)

第三阶段,由于胚的迅速生长和细胞体积的增大,重新大量吸水,此时的吸水是与代谢作用相连的渗透性吸水。(2 分)

三、实验题

19.【答题要点】

(1)实验步骤:(5 分)

用放射性 $^{14}CO_2$ 饲喂成年植株的叶片,叶片经过一定时间的光合作用后,将茎切下并固定,对茎横切面进行放射性自显影,利用放射性测定仪或放射性自显影方法测定茎各段的 ^{14}C 放射性。

(2)实验结果预测与分析:(5分)

在茎段的韧皮部可观察到^{14}C标记的光合同化物。

根据不同节位茎段韧皮部中含有的^{14}C,可以证明韧皮部中光合产物的长距离运输。

四、分析论述题

20.【答题要点】

(1)激素之间的相互协同关系:生长素和赤霉素对于促进植物胚芽鞘、下胚轴、茎段等的生长表现出协同作用。在这个过程中,赤霉素促进了木葡聚糖内糖基转移酶(XET)的活性,增加了细胞壁对扩张蛋白的通透性,使大量的扩张蛋白进入细胞壁;生长素激活质子泵,促进质子分泌,酸化细胞壁环境,活化扩张蛋白,促进细胞壁的松弛,细胞生长。此外,赤霉素可提高内源生长素的水平。生长素也能调控活性赤霉素水平。高浓度生长素可诱导乙烯的合成(7分)

(2)激素之间的相互拮抗关系:在种子萌发过程中,赤霉素和脱落酸有拮抗作用。赤霉素诱导种子萌发,脱落酸抑制种子萌发。在控制植物顶端优势方面,生长素抑制侧芽萌发,维持着顶端优势,而细胞分裂素则促进侧芽生长,消除顶端优势,二者表现为相互拮抗关系。在调控气孔运动方面,脱落酸和细胞分裂素表现为相互拮抗作用。(6分)

21.【答题要点】

(1)生理干旱。土壤中可溶性盐分过多使土壤溶液水势降低,导致吸水因难,甚至水分外渗,造成生理干旱。(4分)

(2)离子失调。土壤中某种离子过多往往排斥植物对其他离子的吸收,造成单盐毒害作用。(3分)

(3)代谢紊乱。呼吸作用不稳定、光合作用减弱、蛋白质合成受阻、有毒物质积累等。(3分)

(4)活性氧积累。盐胁迫下,植物体内活性氧积累。活性氧的积累加剧膜脂的过氧化作用,导致膜的结构完整性被破坏,加剧代谢紊乱。(3分)

生 物 化 学

五、单项选择题:每小题1分,共15分。

22.D　23.B　24.D　25.C　26.A　27.C　28.C　29.B　30.B

31.A　32.D　33.A　34.B　35.C　36.A

六、简答题:每小题8分,共24分。

37.【答题要点】

(1)己糖激酶(或葡萄糖激酶),产物是6-磷酸葡萄糖和ADP;

(2)磷酸果糖激酶,产物是1,6-二磷酸果糖和ADP。

38.【答题要点】

(1)有结合部位和催化部位;

(2)通常位于酶分子表面的凹穴中;

(3)通常由三维结构上彼此靠近的几个氨基酸残基的侧链基团组成;

(4)构象有柔韧性。

39.【答题要点】

(1)电子传递过程导致跨线粒体内膜质子浓度梯度的形成;

(2)质子通过 ATP 合酶内流导致 ATP 合成。

七、实验题:10 分。

40.【答题要点】

(1)3 号管中淀粉被唾液淀粉酶水解生成还原糖,还原糖与费林试剂反应生砖红色淀淀。

(2)原因:

1 号管淀粉是非还原糖,不与费林试剂反应,而呈费林试剂的淡蓝色;

2 号管蔗糖是非还原糖,不与费林试剂反应;

4 号管蔗糖不是唾液淀粉酶的底物,不生成还原糖;

5 号管有淀粉但唾液淀粉酶失活,不能催化淀粉水解产生还原糖;

6 号管只含有蔗糖和失活的唾液淀粉酶,无还原糖。

八、分析论述题:每小题 13 分,共 26 分。

41.【答题要点】

(1)谷氨酸在转氨酶催化下转变为 α-酮戊二酸;

(2)α-酮戊二酸经三羧酸循环生成苹果酸;

(3)苹果酸经脱氢、脱羧等反应生成磷酸烯醇式丙酮酸;

(4)磷酸烯醇式丙酮酸进一步生成葡萄糖。

42.【答题要点】

(1)以亲代 DNA 单链为模板;

(2)遵循碱基互补配对原则;

(3)DNA 聚合酶Ⅰ和 DNA 聚合酶Ⅲ的选择和校对作用;

(4)RNA 引物的合成与切除。

2017年全国硕士研究生招生考试农学门类联考

植物生理学与生物化学试题

植物生理学

一、单项选择题:1～15小题,每小题1分,共15分。下列每题给出的四个选项中,只有一个选项是符合题目要求的。

1. 制备植物细胞原生质体时,常用的酶是(　　)。

A. 纤维素酶和蛋白酶　　B. 纤维素酶和果胶酶

C. 果胶酶和蛋白酶　　D. 蛋白酶和脂肪酶

2. 光照条件下,植物体内水分沿木质部导管上升的主要动力是(　　)。

A. 附着力　　B. 内聚力

C. 根压　　D. 蒸腾拉力

3. 栽培以茎叶为收获对象的叶菜类作物时,可适当多施(　　)。

A. 磷肥　　B. 氮肥

C. 钾肥　　D. 草木灰

4. 下列物质中,可作为植物细胞无氧呼吸底物的是(　　)。

A. 乙醇　　B. 乳酸

C. 乙醇酸　　D. 葡萄糖

5. 植物体内,P蛋白存在于(　　)。

A. 导管　　B. 管胞

C. 筛管　　D. 筛胞

6. 下列物质中,在光下能与Rubisco结合并导致其活化的是(　　)。

A. O_2 和 Mg^{2+}　　B. CO_2 和 Mg^{2+}

C. CO_2 和 Zn^{2+}　　D. Zn^{2+} 和 Mg^{2+}

7. CAM植物叶肉细胞中淀粉和苹果酸含量昼夜变化的趋势是(　　)。

A. 淀粉含量白天增加,苹果酸含量夜间增加

B. 淀粉含量夜间增加,苹果酸含量白天增加

C. 淀粉含量和苹果酸含量均白天增加

D. 淀粉含量和苹果酸含量均夜间增加

8. 敌草隆(DCMU)是一种除草剂,其除草作用的机制是(　　)。

A 阻断光合电子传递　　B. 阻断卡尔文循环

C. 阻断磷酸戊糖途径　　D. 阻断三羧酸循环

9. 植物光呼吸过程中，H_2O_2 的生成部位是（　　）。

A. 线粒体　　B. 细胞质基质

C. 叶绿体　　D. 过氧化物酶体

10. 植物受到逆境胁迫时，体内激素含量会发生变化，其中含量明显增加的是（　　）。

A. 脱落酸性和乙烯　　B. 脱落酸和细胞分裂素

C. 生长素和赤霉素　　D. 生长素和细胞分裂素

11. 下列变化有利于植物抗旱性提高的是（　　）。

A. LEA 蛋白含量降低　　B. 可溶性糖含量降低

C. 自由水与束缚水的比值提高　　D. 根与冠的比值提高

12. 植物光敏色素的生色团是（　　）。

A. 链状四吡咯环　　B. FMN

C. FAD　　D. 卟啉环

13. 促进莴苣种子萌发最有效的光是（　　）。

A. 远红光　　B. 红光

C. 绿光　　D. 蓝紫光

14. 植物在达到花熟状态之前的时期称为（　　）。

A. 成年期　　B. 生殖期

C. 幼年期　　D. 休眠期

15. 沙漠中的某些植物只有在雨季才迅速萌发、生长和开花结实，整个生命过程在短时间内完成。植物对环境的这种适应性称为（　　）。

A. 渗透调节　　B. 交叉适应

C. 避逆性　　D. 御逆性

二、简答题：16～18 小题，每小题 8 分，共 24 分。

16. 简述叶绿体中铁氧还蛋白(Fd)的性质与功能。

17. 影响根系吸水的土壤因素有哪些？

18. 逆境下植物体内脯氨酸的积累有什么生理意义？

三、实验题：19 小题，10 分。

19. 已知蓝光具有激活保卫细胞质膜上 H^+-ATPase 的作用，请设计实验加以证明。要求简要写出实验步骤，预测并分析实验结果。

四、分析论述题：20～21 小题，每小题 13 分，共 26 分。

20. 论述钙在植物生命活动中的主要生理作用。

21. 论述植物器官脱落与植物激素的关系。

生 物 化 学

五、单项选择题:22～36 小题,每小题 1 分,共 15 分。下列每题给出的四个选项中,只有一个选项是符合题目要求的。

22. 下列氨基酸中,不吸收紫外光(波长为 200～400 nm)的是(　　)。

A. Trp　　B. Tyr

C. Lys　　D. Phe

23. 下列物质中,可用于蛋白质盐析的是(　　)。

A. 硝酸银　　B. 硫酸铵

C. 苦味酸　　D. 三氯乙酸

24. 下列叙述中,符合别构酶特点的是(　　)。

A. 别构酶是单体蛋白

B. 别构酶的动力学曲线是双曲线

C. 底物不可能是别构调节物

D. 别构酶有调节部位和催化部位

25. 凝血维生素是指(　　)。

A. 维生素 A　　B. 维生素 C

C. 维生素 E　　D. 维生素 K

26. 下列化合物中含有金属离子的是(　　)。

A. TPP　　B. 生物素

C. 维生素 B_{12}　　D. $NADP^*$

27. 下列酶中,属于糖酵解途径中氧化还原酶的是(　　)。

A. 醛缩酶　　B. 己糖激酶

C. 3-磷酸甘油醛脱氢酶　　D. 琥珀酸脱氢酶

28. 下列酶中,可催化生成还原型辅酶Ⅰ和 CO_2 的是(　　)。

A. 柠檬酸合酶　　B. 异柠檬酸脱氢酶

C. 顺乌头酸酶　　D. 苹果酸脱氢酶

29. 磷酸戊糖途径的限速酶是(　　)。

A. 6-磷酸葡萄糖脱氢酶　　B. 磷酸果糖激酶

C. 内酯酶　　D. 磷酸戊糖异构酶

30. 下列化合物中,在磷脂酰乙醇胺生成磷脂酰胆碱反应中提供甲基的是(　　)。

A. S-腺苷甲硫氨酸　　B. 亚甲基-FH_4

C. 腺苷钴胺素　　D. 亚氨甲基-FH_4

31. 下列化合物中,属于磷酸果糖激酶催化反应的产物是(　　)。

A. NAD^+　　B. $NADH+H^+$

C. ATP　　D. ADP

32. 原核生物 mRNA 与核糖体小亚基结合时，与 SD 序列互补的序列位于（　　）。

A. 5S rRNA 3′端　　B. 16S rRNA 3′端

C. 5S rRNA 5′端　　D. 23S rRNA 5′端

33. 紫外线照射下，原核生物 DNA 分子中最容易产生的碱基二聚体是（　　）。

A. GG　　B. CC

C. TT　　D. AA

34. 下列酶中，参与脂肪酸 β-氧化过程是的（　　）。

A. 乙酰 CoA 羧化酶　　B. 脂酰 CoA 脱氢酶

C. 转酮酶　　D. 转醛酶

35. 下列核酸中，由真核生物 RNA 聚合酶Ⅲ催化合成的是（　　）。

A. hnRNA　　B. 28S rRNA

C. 5. 8S rRNA　　D. tRNA

36. 下列原核生物蛋白质合成的步骤中，需要 GTP 供能的是（　　）。

A. 核糖体大小亚基解离　　B. 氨酰-tRNA 进入核糖体 A 位

C. 肽键形成　　D. 空载 tRNA 离开核糖体 P 位

六、简答题：37～39 小题，每小题 8 分，共 24 分。

37. $FADH_2$ 呼吸链的组成成分有哪些？

38. 什么是 RNA 的一级结构？简述真核生物 mRNA 一级结构的特点。

39. 简述球状蛋白三级结构的主要特点。

七、实验题：40 小题，10 分。

40. 简述考马斯亮蓝 G-250 法测定蛋白质含量的实验原理，并简要写出用该方法测定某样品溶液中蛋白质含量的实验步骤。

八、分析论述题：41～42 小题，每小题 13 分，共 26 分。

41. 三羧酸循环是糖类和脂肪分解代谢最后阶段的共同途径，请论述其原因。

42. 论述原核生物转录过程的 3 个主要阶段。

2017年全国硕士研究生招生考试农学门类联考

植物生理学与生物化学试题参考答案及解析

植物生理学

一、单项选择题

1. B　2. D　3. B　4. D　5. C　6. B　7. A　8. A　9. D　10. A
11. D　12. A　13. B　14. C　15. C

二、简答题

16.【答题要点】

(1)性质:含有Fe-S中心的可溶性蛋白质。(2分)

(2)功能:是光合电子传递体,参与非环式、环式和假环式电子传递;参与N、S等的同化;通过还原硫氧还蛋白调节光合碳代谢途径中多种酶的活性。(6分)

17.【答题要点】

(1)土壤温度;(2分)

(2)土壤通气状况;(2分)

(3)土壤水分状况;(2分)

(4)土壤溶液浓度。(2分)

18.【答题要点】

(1)作为渗透调节物质,降低细胞渗透势,维持细胞膨压;(4分)

(2)脯氨酸与蛋白质相互作用,增加蛋白质水合能力;(2分)

(3)脯氨酸的合成可减少逆境下产生的游离氨的毒害作用;逆境解除后,脯氨酸还可以作为植物直接利用的氮源。(2分)

三、实验题

19.【答题要点】

(1)实验步骤:(5分)

分离保卫细胞或其原生质体,置于pH适宜的介质中,在红光(或黑暗)下处理一段时间,分为三组:

1组:继续保持在红光(或黑暗)下,作为对照;

2组:增加蓝光照射;

3组:增加蓝光照射,同时施加H^+-ATPase特异性抑制剂;一段时间后,测定介质的 pH。

(2)实验结果预测与分析:(5 分)

与 1 组相比,2 组介质 pH 下降,表明有 H^+ 跨膜转运到膜外介质中;3 组介质 pH 与 1 组介质 pH 无明显差异,表明质膜 H^+-ATPase 特异性抑制剂抑制了 H^+ 的跨膜转运。

以上结果表明,蓝光可以激活保卫细胞质膜上 H^+-ATPase。

四、分析论述题

20.【答题要点】

(1)是细胞壁中果胶酸钙的组成成分,有固化细胞壁的作用;(4 分)

(2)是生物膜中磷脂与蛋白质之间联系的桥梁,维持膜结构的稳定性;(3 分)

(3)是一些酶(如 α-淀粉酶)的激活剂,参与相应的代谢过程;(3 分)

(4)是细胞内的第二信使,参与细胞信号转导过程。(3 分)

21.【答题要点】

(1)乙烯是调控器官脱落的主要激素。乙烯诱导许多细胞壁水解酶的合成,提高酶的活性,如果胶酶、纤维素酶和多聚半乳糖醛酸酶,加速细胞壁降解,导致离区细胞分离,促进器官的脱落。(5 分)

(2)生长素调控植物器官脱落,较高浓度生长素可抑制脱落,当叶片中生长素含量高时,离层细胞对乙烯不敏感;当生长素含量或活性降低时,离层细胞对乙烯敏感性增加,促进脱落。生长素在离区两侧的浓度梯度也影响器官脱落。(4 分)

(3)ABA 能诱导少数植物器官脱落。(2 分)

(4)GA 和 CTK 对脱落有抑制作用,可能因其延缓衰老而减少脱落。(2 分)

生 物 化 学

五、单项选择题:每小题 1 分,共 15 分。

22. 选择 C。

【考点】氨基酸的光吸收特性。

【解析】氨基酸在可见光无吸收,在红外区和远紫外区(<200 nm)均有光吸收。在近紫外区 280 nm 附近,3 个属于芳香族的氨基酸 Phe、Tyr 和 Trp 有最大光吸收,而赖氨酸没有光吸收,因此答案是 C。

23. 选择 B。

【考点】蛋白质溶解度盐析。

【解析】如果在蛋白质的水溶液中加入大量中性盐,蛋白质会沉淀下来,这种现象叫盐析。实验室常使用的中性盐是硫酸铵。硫酸铵在适当条件下使蛋白质沉淀,但是不影响蛋白质的活性。三氯乙酸常作为终止酶反应的试剂,该试剂能够导致蛋白性质的酶失去活性,从而达到终止酶促反应的效果,与硝酸银、苦味酸导致蛋白质沉淀相似,均属于变性沉淀蛋白质,不是盐析。

24. 选择 D。

【考点】别构酶。

【解析】别构酶通常由多个亚基组成，它不仅具有底物结合位点，而且还含有调节物的结合位点。别构酶催化的反应不符合米氏动力学方程，其动力学曲线是“S”形的。例如磷酸果糖激酶Ⅰ催化 ATP 和 6-磷酸果糖生成 1，6-二磷酸果糖的反应，其中 ATP 既是底物，也是调节物。所以答案是 D。

25. 选择 D。

【考点】辅酶与维生素。

【解析】根据溶解性，维生素分为水溶性和脂溶性两类。维生素 C 是水溶性维生素，其他 A、E 和 K 属于脂溶性维生素。其中，维生素 K 的主要功能是参与凝血因子的合成，所以本题答案是 D。

26. 选择 C。

【考点】辅酶结构。

【解析】选项给出的 4 种辅因子中，TPP 是焦磷酸硫胺素，维生素 B_1 作为辅酶的活性形式，生物素即维生素 B_7，$NADP^+$ 是烟酰胺腺嘌呤二核苷酸磷酸的氧化形式，三者均不含有金属离子。维生素 B_{12}，也称钴胺素，结构复杂，含有钴啉环，中心有一个金属 Co 原子，因此答案是 C。

27. 选择 C。

【考点】糖酵解途径。

【解析】糖酵解途径(EMP)是细胞中糖代谢非常重要的途径之一。学生需要掌握该途径中与 ATP、NADH 生成相关的反应以及使用 ATP 的反应及催化各反应的酶的名称。其中 3-磷酸甘油醛脱氢酶催化的是此途径中唯一的氧化还原反应。醛缩酶催化的是裂合反应，己糖激酶催化的是磷酸基团转移的反应。琥珀酸脱氢酶催化的是氧化还原反应，但是该酶是三羧酸循环途径的酶。

28. 选择 B。

【考点】酶与所催化反应的对应关系。

【解析】本题 4 个选项均属于三羧酸循环途径的酶，其中只有异柠檬酸脱氢酶催化的反应是脱羧脱氢反应，其产物包含 CO_2 和 NADH。此外还需注意，通常辅酶Ⅰ是指 NAD^+/NADH，辅酶Ⅱ是指 $NADP^+$/NADPH，还原性辅酶Ⅰ指的是 NADH。

29. 选择 A。

【考点】磷酸戊糖途径(PPP)中的限速酶。

【解析】4 个选项中，磷酸果糖激酶是糖酵解途径的酶，其余 3 个酶是 PPP 途径的酶。6-磷酸葡萄糖脱氢酶催化的是该途径的第一个氧化还原反应，是整条路径的关键调节酶。

30. 选择 A。

【考点】磷脂合成。

【解析】磷脂酰乙醇胺是脑磷脂，磷脂酰胆碱是卵磷脂。查看两者的结构，不难发现卵磷脂比脑磷脂多 3 个甲基。在合成过程中通过转移甲基给脑磷脂即可获得卵磷脂，其中的甲基供体是S-腺苷甲硫氨酸，反应如下图所示。

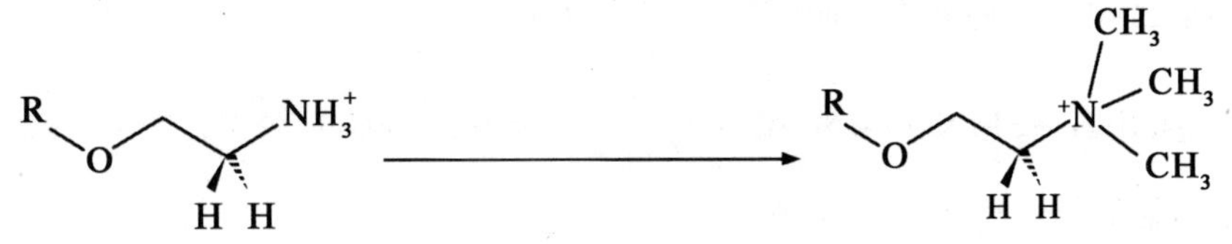

脑磷脂　　　　卵磷脂

31. 选择D。

【考点】糖酵解途径。

【解析】磷酸果糖激酶有Ⅰ型和Ⅱ型。Ⅰ型是糖酵解途径中催化6-磷酸葡萄糖和ATP生成1,6-二磷酸果糖和ADP的酶。因此答案为D

32. 选择B。

【考点】大肠杆菌蛋白质合成的起始过程。

【解析】大肠杆菌mRNA起始密码子上游的5′端富含嘌呤核苷酸的序列，也称SD序列，是核糖体的结合位点。SD序列与核糖体小亚基上16S rRNA 3′端富含嘧啶的序列，也称反SD序列结合，最终形成蛋白质合成的70S起始复合物。

33. 选择C。

【考点】DNA损伤。

【解析】紫外线照射是造成DNA损伤的因素之一，通常是导致DNA中相邻的两个核苷酸上胸腺嘧啶碱基形成嘧啶二聚体。

34. 选择B。

【考点】脂肪酸β-氧化。

【解析】脂肪酸β-氧化是脂代谢中非常重要的代谢过程。学生需要掌握该途径的所有内容。4个选项中，A选项是脂肪酸从头合成途径的关键调节酶，它催化乙酰CoA和CO_2以及ATP生成丙二酸单酰CoA的反应；C和D选项的酶在磷酸戊糖途径中学习过，只有B选项是脂肪酸β-氧化中催化第一个氧化还原反应的酶。

35. 选择D。

【考点】真核生物RNA合成。

【解析】真核生物RNA聚合酶有Ⅰ、Ⅱ和Ⅲ三类。RNA聚合酶Ⅰ：存在于核仁，转录28S,18S,5.8S rRNA；RNA聚合酶Ⅱ：存在于核质，转录mRNA；RNA聚合酶Ⅲ：存在于核质，转录tRNA和5S rRNA。hnRNA是mRNA的前体，因此只有D选项是正确的。

36. 选择B。

【考点】原核生物蛋白质合成。

【解析】原核生物蛋白质合成过程中，氨基酸的活化需要ATP提供能量，氨基酸进位到核糖体A位点以及核糖体移位由GTP提供能量。因此4个选项中，只有B是正确的。

六、简答题：每小题8分，共24分。

37. $FADH_2$呼吸链的组成成分有哪些？

【考点】电子传递链的组成。

【解析】细胞生物氧化主要电子传递链有两条，它们分别是 NADH 和 $FADH_2$ 呼吸链。两者的电子传递载体有所不同，如下图所示。

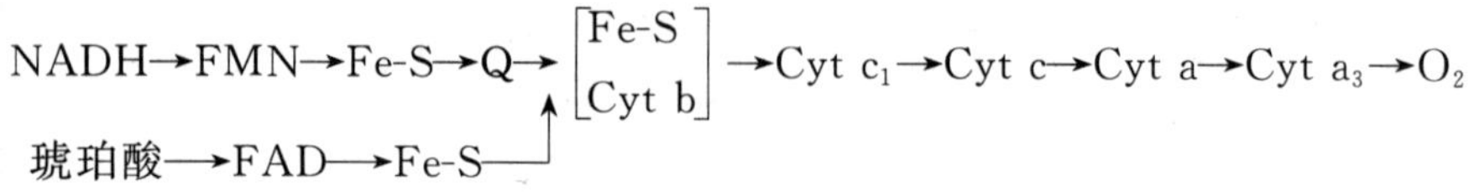

因此，琥珀酸在琥珀酸脱氢酶的催化下将电子转给 FAD，生成 $FADH_2$。电子传递链的组分包括：FAD(琥珀酸脱氢酶的辅基)，Fe-S，CoQ，Cyt b，Cyt c_1，Cyt c，Cyt a 和 Cyt a_3。

38. 什么是 RNA 的一级结构？简述真核生物 mRNA 的一级结构特点。

【考点】核糖核酸的结构特征。

【解析】①RNA 的一级结构指的是组成 RNA 的核糖核苷酸以 3′,5′-磷酸二酯键相连形成的核苷酸排列顺序。②真核生物 mRNA 具有 5′帽子结构，3′多聚 polyA 尾巴，个别核苷酸的碱基和核糖上存在基团修饰。

39. 简述球状蛋白质三级结构的主要特点。

【考点】蛋白质三级结构的特征。

【解析】①蛋白质三级结构：是指一条多肽链借助各种次级键折叠成的具有特殊肽链走向的紧密构象。②通常情况下，肽链是先行形成特定的 α-螺旋或者 β-折叠等蛋白质二级结构单位或者二级结构的组合体，并在此基础上进一步折叠形成具有紧密结构的球状蛋白。其中，亲水的氨基酸以及具有不规则二级结构的转角和无规则卷曲等处于蛋白质的表面，而疏水氨基酸或者疏水肽段(包括一些 α-螺旋或者 β-折叠)大多处于球状蛋白的内部。③蛋白质的表面不是平滑的，而是具有很多沟壑。对于半胱氨酸，虽然具有一定的亲水性，但可能是由于二硫键的形成而不完全暴露在蛋白质的表面。

七、实验题：10 分。

40. 简述考马斯亮蓝 G-250 法测定蛋白质含量的实验原理，并简要写出用该方法测定某样品溶液中蛋白质含量的实验步骤。

【考点】G-250 法蛋白质含量测定。

【解析】

①测定原理：

• 考马斯亮蓝 G-250 分子通过范德华力、疏水作用等次级键与蛋白质中的碱性氨基酸相互作用，两者互作的结果使 G-250 分子的最大光吸收从 465 nm 转移至 595 nm。

• 在一定的蛋白质浓度范围内，由于 G-250 与蛋白质结合产物的最大光吸收与蛋白质含量成正比，因此，可以通过测定 G-250 和蛋白质结合产物在 595 nm 的最大光吸收来确定蛋白质的含量。

②测定步骤：

• 首先进行标准曲线的制作：以牛血清白蛋白为标准品，进行蛋白质母液制备，之后测定不同浓度牛血清白蛋白的蛋白质含量，并以此为横坐标，以 595 nm 光吸收为纵坐标绘制标准曲线。

• 对样品进行 595 nm 的光吸收测定，利用标准曲线查找，并计算样品的蛋白质含量。

八、分析论述题：每小题13分，共26分。

41. 三羧酸循环是糖类和脂肪分解代谢最后阶段的共同途径，请论述其原因。

【考点】三羧酸循环。

【解析】三羧酸循环是三大营养物质（糖、脂和蛋白质）彻底降解所经历的共同途径。

①生物体内的糖，不论是糖原、淀粉都能够代谢产生葡萄糖，葡萄糖通过糖酵解途径生成丙酮酸，后者继而脱氢脱羧产生乙酰CoA。

②脂肪可以被脂酶降解产生甘油和脂肪酸。甘油在甘油激酶的催化下产生3-磷酸甘油，后者脱氢生成磷酸二羟丙酮，进入糖酵解途径，生成乙酰CoA。脂肪酸经过β-氧化产生乙酰CoA。

③乙酰CoA与草酰乙酸反应进入三羧酸循环彻底氧化成CO_2和水，并生成大量的能量。

因此，三羧酸循环是糖类和脂肪分解代谢最后阶段的共同途径。

42. 论述原核生物转录过程的三个主要阶段。

【考点】原核生物RNA的转录。

【解析】原核生物RNA的转录包括起始、延伸和终止三个阶段。

①转录起始：RNA聚合酶在起始因子σ的帮助下与启动子完成特异识别并形成转录起始复合物，起始转录。

②转录延伸：RNA聚合酶核心酶沿DNA模板链$3'\to 5'$方向滑行，以NTP为底物按照$5'\to 3'$方向合成RNA，使RNA链不断延伸。

③RNA聚合酶核心酶在DNA模板上遇到终止序列（终止子）后便停止前进，转录产物从转录复合物上释放下来，转录终止。

2018年全国硕士研究生招生考试农学门类联考

植物生理学与生物化学试题

植物生理学

一、单项选择题:1～15小题,每小题1分,共15分。下列每题给出的四个选项中,只有一个选项是符合题目要求的。

1. 促进植物气孔张开最有效的光是(　　)。

A. 蓝光　　B. 绿光

C. 黄光　　D. 远红光

2. 下列生物膜中存在Ⅴ型 H^+-ATP酶的是(　　)。

A. 线粒体膜　　B. 质膜

C. 类囊体膜　　D. 液泡膜

3. 下列植物激素中,能诱导多种逆境蛋白合成的是(　　)。

A. 生长素　　B. 细胞分裂素

C. 赤霉素　　D. 脱落酸

4. 植物细胞内活性氧产生的主要部位是(　　)。

A. 叶绿体和细胞核　　B. 线粒体和液泡

C. 叶绿体和线粒体　　D. 叶绿体和液泡

5. 下列物质中,属于细胞壁组分的非多糖类物质是(　　)。

A. 果胶　　B. 淀粉

C. 胼胝质　　D. 木质素

6. 下列代谢途径中,既可在细胞质基质又可在质体中进行的是(　　)。

A. C_3 途径　　B. 磷酸戊糖途径

C. 柠檬酸循环　　D. 乙醛酸循环

7. 在促进细胞伸长生长过程中,赤霉素的作用主要是活化了(　　)。

A. 扩张蛋白　　B. 木葡聚糖内糖基转移酶

C. 果胶酶　　D. 纤维素酶

8. 下列关于铁元素生理功能的叙述,错误的是(　　)。

A. 铁可作为光系统Ⅰ的组分参与光合电子传递

B. 铁可作为细胞色素的组分参与呼吸电子传递

C. 铁是硝酸还原酶的组分,缺铁时 NO_3^- 还原过程受阻

D. 铁是叶绿素分子的组分,缺铁时植物会发生缺绿症状

9. 植物从暗中转移到光下,类囊体膜上的玉米黄素和紫黄素含量的变化分别是(　　)。

A. 升高、升高　　B. 升高、降低

C. 降低、升高　　D. 降低、降低

10. 照射红光可以使植物体内的(　　)。

A. 光敏素转变成生理活跃形式　　B. 向光素转变成有活性的形式

C. 光敏素转变成生理钝化形式　　D. 向光素转变成无活性的形式

11. 叶肉细胞的细胞质基质中的无机磷酸(Pi)可以调节光合产物在叶绿体和细胞质基质间的分配,下列说法正确的是(　　)。

A. 当 Pi 浓度高时,有利于光合产物在叶绿体中积累

B. 当 Pi 浓度高时,有利于光合产物向细胞质基质转移

C. 当 Pi 浓度低时,有利于细胞质基质中淀粉的积累

D. 当 Pi 浓度低时,有利于叶绿体基质中蔗糖的积累

12. 下列物质中,在脱落酸生物合成途径中出现的是(　　)。

A. 蛋氨酸　　B. 色氨酸

C. 异戊烯基焦磷酸　　D. 1-氨基环丙烷-1-羧酸

13. 下列蛋白质中,属于乙烯受体的是(　　)。

A. ETR1　　B. GID1

C. TIR1　　D. CRE1

14. 下列关于细胞质基质中 Ca^{2+} 浓度($[Ca^{2+}]_i$)变化的叙述,正确的是(　　)。

A. 液泡膜 Ca^{2+} 泵运转时会导致$[Ca^{2+}]_i$ 升高

B. 液泡膜 Ca^{2+} 通道关闭会导致$[Ca^{2+}]_i$ 升高

C. 质膜 Ca^{2+} 泵运转时会导致$[Ca^{2+}]_i$ 降低

D. 质膜 Ca^{2+} 通道开放会导致$[Ca^{2+}]_i$ 降低

15. 秋天,落叶树的叶片会发生脱落,在这一过程中植物感受的主要环境信号和感受这一信号的部位分别是(　　)。

A. 短日照、叶片　　B. 短日照、芽

C. 水分供应减少、叶片　　D. 水分供应减少、芽

二、简答题:16～18 小题,每小题 8 分,共 24 分。

16. 简述 IAA 生物合成的主要途径。

17. 植物组织受伤时呼吸作用会增强,解释其原因。

18. 简述植物体内水分运输的动力。

三、实验题:19 小题,10 分。

19. 设计实验测定某种植物光合作用的光饱和点。要求简要写出实验思路并预测实验结果。

四、分析论述题:20～21 小题,每小题 13 分,共 26 分。

20. 论述植物成花诱导的调控途径。

21. 试述氮、磷、钾对植物根冠比的调节作用。

生物化学

五、单项选择题：22～36 小题，每小题 1 分，共 15 分。下列每题给出的四个选项中，只有一个选项是符合题目要求的。

22. 下列技术中，由英国科学家 F. Sanger 发明的是(　　)。

A. 离子交换层析　　B. SDS-聚丙烯酰胺凝胶电泳

C. 多聚酶链式反应　　D. 用 DNFB 鉴定 N-末端氨基酸

23. 下列氨基酸中，最有可能出现在水溶性球状蛋白质分子表面的是(　　)。

A. Val　　B. Thr

C. Leu　　D. Pro

24. 假设某蛋白质氨基酸有 1 个羧基和 2 个氨基，其 $pK_1=2.18$、$pK_2=8.95$ 和 $pK_R=10.53$，那么该氨基酸的等电点应为(　　)。

A. 9.74　　B. 7.22

C. 6.36　　D. 5.57

25. 胰岛素分子中形成二硫键的氨基酸残基是(　　)。

A. Met 残基　　B. Ser 残基

C. Glu 残基　　D. Cys 残基

26. 下列酶中，催化丙酮酸生成乙酰 CoA 的是(　　)。

A. 丙酮酸激酶　　B. 柠檬酸合酶

C. 丙酮酸脱氢酶复合体　　D. 延胡索酸酶

27. 谷草转氨酶的辅因子是(　　)。

A. 磷酸吡哆醛　　B. 四氢叶酸

C. 硫辛酸　　D. 生物素

28. 关于酶的反竞争性抑制作用，下列叙述正确的是(　　)。

A. 抑制剂以共价键与游离酶结合　　B. 抑制剂能与酶-底物复合物结合

C. 抑制剂能与底物结合　　D. 属于不可逆抑制

29. 糖酵解途径中，碘乙酸能直接抑制的酶是(　　)。

A. 转酮酶　　B. 琥珀酸脱氢酶

C. 磷酸甘油酸变位酶　　D. 3-磷酸甘油醛脱氢酶

30. 下列化合物中，属于磷酸戊糖途径生成的产物是(　　)。

A. $NADH+H^+$　　B. HS-ACP

C. $NADPH+H^+$　　D. $FADH_2$

31. 下列化合物中，含有高能磷酸键的是(　　)。

A. ADP　　B. 1,6-二磷酸果糖

C. 3-磷酸甘油醛　　D. 乙酰 CoA

32. 下述物质中，能专一性阻断 ATP 合酶中质子通道的是(　　)。

A. 鱼藤酮　　B. 抗霉素 A

C. 寡霉素　　D. 缬氨霉素

33. 下列氨基酸中,可作为一碳单位供体的是(　　)。

A. Pro　　B. Ser

C. Glu　　D. Ala

34. 真核生物细胞中催化 hnRNA 合成的酶是(　　)。

A. RNA 聚合酶Ⅰ　　B. RNA 聚合酶Ⅱ

C. RNA 聚合酶Ⅲ　　D. 引物酶

35. 下列化合物中,需要通过肉碱从细胞质基质转入线粒体的是(　　)。

A. 乙酰 CoA　　B. α-酮戊二酸

C. 丙酮酸　　D. 软脂酰 CoA

36. 大肠杆菌多肽链生物合成过程中,ATP 直接参与(　　)。

A. 氨基酸活化　　B. 氨酰-tRNA 进入核糖体 A 位

C. 起始复合物的形成　　D. 氨酰-tRNA 与 mRNA 的识别和结合

六、简答题:37～39 小题,每小题 8 分,共 24 分。

37. 什么是酶的别构调节？写出糖酵解途径中 3 种别构酶的名称。

38. 简述酵母丙氨酸 tRNA 二级结构的特点。

39. 什么是限制性核酸内切酶？简述其生物学意义。

七、实验题:40 小题,10 分。

40. 设计实验测定某哺乳动物唾液淀粉酶的最适温度。要求简要写出实验设计思路,以及在确定实验条件时应遵循的原则。

八、分析论述题:41～42 小题,每小题 13 分,共 26 分。

41. 论述三羧酸循环中含有腺苷酸的辅因子的作用。

42. 从细胞中发生的部位、能量、酰基载体、原料与产物的角度,论述脂肪酸 β-氧化和从头合成途径的区别。

2018年全国硕士研究生招生考试农学门类联考

植物生理学与生物化学试题参考答案及解析

植物生理学

一、单项选择题

1.A　2.D　3.D　4.C　5.D　6.B　7.B　8.D　9.B　10.A
11.B　12.C　13.A　14.C　15.A

二、简答题

16.【答题要点】

(1)色氨酸依赖合成途径

①吲哚丙酮酸途径

②色胺途径

③吲哚乙腈途径

④吲哚乙酰胺途径

(2)非色氨酸依赖合成途径

17.【答题要点】

(1)受伤使细胞中呼吸底物与呼吸酶接触,促进底物氧化,耗氧量增加。

(2)伤口处已经分化的细胞会脱分化,重新回到分生状态形成愈伤组织。分生细胞的代谢强,呼吸速率高。

(3)受伤会刺激组织产生乙烯,促进呼吸作用。

18.【答题要点】

(1)蒸腾拉力是水分运输的主要动力。随着蒸腾作用的进行,叶肉细胞不断失水,产生拉力,促使水分从根系向上运输。

(2)根系通过主动吸收矿质离子使根部导管内水势降低,产生根压,驱动水分运输。

三、实验题

19.【答题要点】

(1)思路

取正常生长的植株,在其他条件适宜且稳定的情况下,按照由弱到强的顺序设置光照强度,测定相应光强下功能叶片的光合速率,绘制光合速率的光强响应曲线。

(2)结果预测

植物的光合速率随光强的增加而增大。当光强达到某一数值时,再增加光强,光合速率不再增加。此时的光强即为所测植物的光饱和点。

四、分析论述题

20.【答题要点】

(1)光周期途径:光周期适宜时可通过生物钟-成花素途径促进开花。

(2)春化途径:低温抑制开花抑制物基因的表达,从而促进开花。

(3)自主途径:植物通过内源信号抑制开花抑制物基因的表达,从而促进开花。

(4)赤霉素途径:赤霉素可通过促进 *SOC*1 等基因的表达促进开花。

(5)糖途径:蔗糖可通过促进 *SOC*1 等基因的表达促进开花。

21.【答题要点】

(1)氮是蛋白质、核酸、磷脂等的组成成分。氮不足时,根系吸收的氮首先满足自身需要,地上部分获得的氮减少,生长受限,根冠比增大;氮充足时,地上部分生长旺盛,糖消耗增多,运输到根部的糖减少,根系生长受限,根冠比降低。

(2)磷能促进光合产物运输,使根系获得更多的有机营养物质,促进根系生长。因此,磷充足时可使根冠比变大。

(3)钾能促进光合产物向块根等地下器官运输,促进地下器官生长。因此,钾充足时可使根冠比变大。

生物化学

五、单项选择题:22～36小题,每小题1分,共15分。

22.选择D。

【考点】氨基酸序列测定/蛋白质一级结构测定。

【解析】Sanger反应和Edman反应是课程的重点内容,常常作为考点。这部分内容涉及科学家与成果的对应关系;涉及两类反应的主要试剂,分别是DNFB(2,4-二硝基氟苯)和PITC(苯异硫氰酸酯);两种方法的主要作用(测定蛋白质N-末端氨基酸,也可用来测序)。

23.选择B。

【考点】氨基酸的极性。

【解析】水溶性蛋白质表面的氨基酸通常是极性亲水的氨基酸,在给定的选项中,Val、Leu及Pro在氨基酸分类中属于R基团非极性的类别,而苏氨酸侧链有羟基,属于极性不带电的氨基酸,所以苏氨酸出现在蛋白质表面的可能性最大。

24.选择A。

【考点】氨基酸等电点的计算。

【解析】根据其带电性质不同,氨基酸等电点计算分为三类。碱性氨基酸His、Arg和Lys,其等电点等于氨基酸的α-氨基解离常数和侧链基团解离常数之和的一半;酸性氨基酸Glu和Asp,其等电点等于氨基酸的α-羧基解离常数和侧链基团解离常数之和的一半;其他属于中性氨基酸,绝大多数不考虑侧链的解离,其等电点等于氨基酸的α-羧基和α-氨基解离常数之和的一半。

25.选择D。

【考点】个别氨基酸的结构特点。

【解析】不同氨基酸侧链不同,作为蛋白质的结构单位具有不同的作用。半胱氨酸具有巯基,在蛋白质中有可能形成二硫键,其他氨基酸没有这种特点。

26. 选择 C。

【考点】丙酮酸生成乙酰 CoA 的反应。

【解析】这个反应是课程中的重点内容。考点很多,可以从不同的侧面进行考查。例如,本题是考哪个酶催化了该反应,也可以考该酶的辅酶是什么,以及该反应是否可以产生还原性辅酶等。选项中丙酮酸激酶是催化 EMP 途径最后一步反应的酶,柠檬酸合酶以及延胡索酸酶是 TCA 循环中的酶。

27. 选择 A。

【考点】辅酶和酶的对应关系。

【解析】维生素 B_6 的活性形式是 PMP(磷酸吡哆胺)和 PLP(磷酸吡哆醛),二者参与转氨酶催化的转氨基反应。四氢叶酸是一碳单位的载体,硫辛酸是丙酮酸脱氢酶复合体的辅因子,生物素通常是羧化酶的辅酶。

28. 选择 B。

【考点】抑制剂与酶结合的特点。

【解析】首先需要知道酶抑制剂的概念,其次知道抑制剂又有可逆和不可逆之分;再次知道可逆抑制剂又根据其与酶结合的特点分为竞争、非竞争和反竞争等类型,并且需要掌握它们的作用特点。这部分内容有时候还会涉及三者的动力学方程及相关参数 V_{max} 和 K_m 等比较,甚至绘图。反竞争性抑制剂通过非共价键的相互作用,只与酶-底物复合物结合,不单独与酶结合。

29. 选择 D。

【考点】糖酵解途径中酶的抑制作用——抑制剂。

【解析】在整个 EMP 途径中,作为酶的抑制剂常提到的就是碘乙酸与 3-磷酸甘油醛脱氢酶的抑制关系;其次是氟化物与烯醇化酶的抑制关系。其次是 TCA 循环中的琥珀酸脱氢酶,常见到的丙二酸是该酶的抑制剂。此题考的是碘乙酸与 3-磷酸甘油醛脱氢酶的抑制关系。

30. 选择 C。

【考点】磷酸戊糖途径。

【解析】磷酸戊糖途径的生理学意义之一就是能产生大量的 NADPH 和戊糖。其他选项 $NADH+H^+$ 和 $FADH_2$ 常出现在 TCA 和脂肪酸 β-氧化过程中。HS-ACP 是脂肪酸合酶复合体中的组分。

31. 选择 A。

【考点】高能化合物/高能磷酸键。

【解析】需要知道什么是高能化合物、高能化合物类型。ADP 含有高能磷酸键,乙酰 CoA 是含有硫酯键的高能化合物。其他两个选项没有高能键。

32. 选择 C。

【考点】ATP 合酶和电子传递链抑制剂。

【解析】ATP 合酶分为基部和头部,基部是质子通道,寡霉素具有抑制质子从线粒体内膜外侧通过基部质子通道回流进入线粒体基质的用。缬氨霉素是离子载体抑制剂,能够携带钾离子进入线粒体基质,从而破坏线粒体内膜内、外两侧的电位梯度。其他两种是电子传递链的抑制剂。

33. 选择 B。

【考点】一碳单位及氨基酸代谢。

【解析】这道题有点难度，它涉及 Ser 的代谢过程。考生首先应该了解一碳单位，其次要了解 Ser 代谢的一些知识。如下图所示。

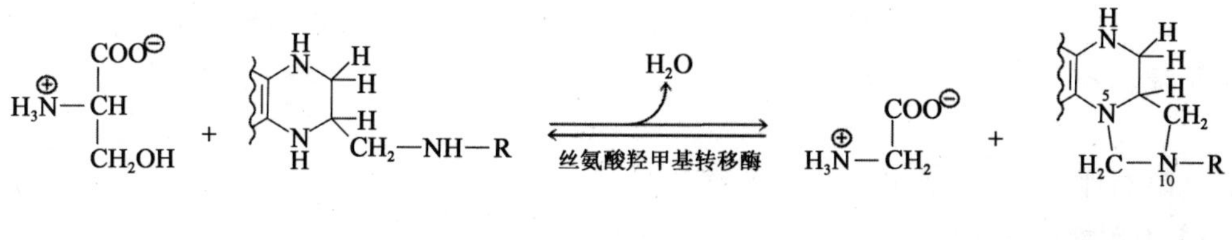

34. 选择 B。

【考点】真核生物 RNA 聚合酶的分类和功能。

【解析】真核生物 RNA 聚合酶有三种，RNA 聚合酶Ⅱ负责前体 mRNA 的合成，hnRNA 是核内不均一 RNA，是 mRNA 的前体。RNA 聚合酶Ⅰ负责核糖体 RNA 的合成，RNA 聚合酶Ⅲ负责 tRNA 和 5S rRNA 的合成，引物酶合成引物。

35. 选择 D。

【考点】脂肪酸的转运。

【解析】长链脂肪酸不能自由通过线粒体内膜，其需要先活化转化成脂酰 CoA，之后通过肉毒碱转运系统，跨线粒体内膜转运至线粒体基质进行氧化。

36. 选择 A。

【考点】原核生物蛋白质合成。

【解析】原核生物蛋白质合成过程中，氨基酸的活化需要 ATP 提供能量，蛋白质合成起始复合物、氨基酸进位到核糖体 A 位点以及核糖体移位都由 GTP 提供能量。

六、简答题：37～39 小题，每小题 8 分，共 24 分。

37. 什么是酶的别构调节？写出 EMP 途径三种别构酶的名称。

【考点】别构酶及其调节，EMP 途径中的别构酶。

【解析】首先需要了解别构酶，其次是别构酶调节，最后是糖酵解途径的别构酶。

① 一些代谢物与酶活性中心以外的调节部位可逆结合、通过使酶构象发生变化来改变酶催化活性的调节方式称为别构调节(allosteric regulation)，相应的酶称为别构酶(allosteric enzyme)。别构酶常存在于代谢途径的起始步骤或分支处，可快速感知代谢物的变化，从而做出灵活调节。

②糖酵解途径是细胞内葡萄糖等单糖降解的主要途径，在这条途径的关键部位分布着一些别构酶，如己糖激酶、磷酸果糖激酶和丙酮酸激酶。

【知识拓展】如果此题修改成“什么是酶的别构调节？请写出 EMP 途径最关键的别构酶及其别构激活剂和抑制剂。”

那么，答题要点则为①同上，② 磷酸果糖激酶；激活剂是 2,6-二磷酸果糖和 AMP 抑制剂是 ATP 和柠檬酸。

38. 简述酵母丙氨酸 tRNA 的二级结构特点。

【考点】tRNA 的二级结构特点。

【解析】题目中尽管出现酵母丙氨酸的字样，但其考点就是所有 tRNA 的二级结构特征。事实上有关 tRNA 的结构特征，包括一级、二级和三级结构特征都是考点，这里只强调了二级结构特征，其他特征在教材和相应的辅导书中都有明确的表述。tRNA 的二级结构特征主要包括：①三叶草结构；②有四环：反密码环、额外环、二氢尿嘧啶环、TψC 环；③四臂：反密码臂、TψC 臂、二氢尿嘧啶环臂和氨基酸臂(具有 CCA 核苷酸序列位于 tRNA 3′末端)。

39. 什么是限制性内切酶？简述其生物学意义。

【考点】限制性内切酶的定义及功能。

【解析】①限制性内切酶是指细菌或霉菌中存在的一类能识别并水解外源双链 DNA 的核酸内切酶。②限制性内切酶可将外源大分子的 DNA 水解成小的核酸片段，但是通常不水解自身 DNA，以达到破坏外来生物，保护自身的目的。

七、实验题：40 小题，10 分。

40. 设计实验测定哺乳动物唾液淀粉酶的最适温度，要求写出实验设计思路，以及在确定实验条件时应遵循的原则。

【考点】酶活性测定。

【解析】这个考点是课程的重要内容，包括①什么是酶活性，如何表示？② 酶活性测定的原则是什么？

①酶活性：也称酶活力，是指酶催化某一化学反应的能力。测定酶活力，就要测定酶促反应速度。

a. 酶促反应速度也是用单位时间内底物的消耗量或产物的生成量来表示。与底物相比，产物从无到有，浓度变化大，容易检测，所以多数情况下是测定产物的生成量。

b. 要想准确获得酶的催化活力，必须测定酶促反应初速度，即反应初期产物浓度随反应进程成正比例增加时段内的反应速度。

②酶活性测定原则：最适条件下测定，才能反应酶真实的催化能力。

a. 首先反应体系中，底物过量，远远大于酶的量。

b. 保证测定反应初速度，以计算酶活性。

c. 创造合适的缓冲体系、最适 pH，如果酶需要激活剂，也需要加入合适剂量以确保酶促反应处于最适条件。

③思路：在遵循上述原则的基础上，查阅相关资料，确定几个温度，在相同体系下，仅温度是唯一变量，进行酶活性测定(设置几个重复)，在最后测定结果中，哪个测试温度下，酶活性最高，则该温度是酶的最适温度。

八、分析论述题：每小题 13 分，共 26 分。

41. 论述三羧酸循环中含有腺苷酸的辅因子的作用。

【考点】腺苷酸的作用/腺苷酸衍生物的功能；三羧酸循环。

【解析】三羧酸循环是三大营养物质(糖、脂和蛋白质)彻底降解所经历的共同途径。该途径非常重要，是考试的焦点，可以从不同的角度对此考点进行考查。2017 年的考题中就涉及该循环。

①分析三羧酸循环中哪些酶与腺苷酸及其衍生物有关系。

②三羧酸循环主要功能之一是通过氧化磷酸化生成ATP，如此转移到电子传递链，由此自然又想到电子传递载体NADH、$FADH_2$，它们都是腺苷酸衍生物；其次，HS-CoA，它也是腺苷酸衍生物。

③在三羧酸循环中，生成NADH的反应有三步，分别由异柠檬酸脱氢酶、α-酮戊二酸脱氢酶复合体、苹果酸脱氢酶催化；生成$FADH_2$的反应由琥珀酸脱氢酶催化；HS-CoA是α-酮戊二酸脱氢酶复合体的辅因子，作为酰基载体。

42. 从细胞发生的部位、能量、酰基载体、原料与产物的角度论述脂肪酸β-氧化和从头合成过程的差别。

【考点】脂肪酸的β-氧化以及脂肪酸的从头合成途径。

【解析】脂肪酸β-氧化和脂肪酸从头合成过程是脂肪酸代谢非常重要的两个过程。每个过程单独都可以作为一个简单题进行考查。两个过程在细胞的不同部分发生，是完全不同的过程，二者不是同一个过程的互逆过程。可以从不同的角度比较它们之间的异同。如下表所示。

区别点	脂肪酸从头合成	脂肪酸β-氧化
细胞内进行部位	细胞溶胶	线粒体
脂酰基载体	ACP	CoA
加入或断裂的二碳单位	丙二酸单酰CoA	乙酰CoA
电子供体或受体	$NADPH+H^+$	NAD^+、FAD
β-羟脂酰基的立体异构	*D*型	*L*型
酶	7种(多酶复合体或多功能蛋白)	4种，联合程度不明
能量	消耗7个ATP及14个$NADPH+H^+$	产生106个ATP
对HCO_3^-和柠檬酸的需求	需要	不需要
底物的转运	柠檬酸穿梭系统	肉碱转运
反应方向	从ω位到羧基	从羧基端开始降解
循环次数	7次	7次

本题中的对比点如下表所示。

区别点	脂肪酸从头合成	脂肪酸β-氧化
细胞部位	细胞质	线粒体
能量	消耗ATP	生成NADH和$FADH_2$进入电子传递链产生ATP
酰基载体	ACP	HS-CoA
原料	乙酰CoA/丙二酸单酰CoA	脂酰CoA
产物	脂肪酸	乙酰CoA

2019 年全国硕士研究生招生考试农学门类联考

植物生理学与生物化学试题

植物生理学

一、单项选择题:1~15 小题,每小题 1 分,共 15 分。下列每题给出的四个选项中,只有一个选项是符合题目要求的。

1. 植物体中磷的分布不均匀。下列部位中磷含量相对较少的是(　　)。

A. 茎尖　　B. 根尖

C. 幼叶　　D. 老叶

2. 下列离子中,在植物细胞渗透调节中起重要作用的是(　　)。

A. Mo^{2+}　　B. Zn^{2+}

C. K^{+}　　D. Fe^{2+}

3. 在根尖分生组织中,静止中心细胞与其周围细胞相比,主要特点是(　　)。

A. 细胞不具分裂能力　　B. 细胞体积小

C. 细胞代谢旺盛　　D. 细胞周期长

4. 下列植物生长物质中,能促进侧根形成的是(　　)。

A. IAA　　B. KT

C. 6-BA　　D. GA_3

5. 向光素是植物体内的一种蓝光受体,其发色团是(　　)。

A. 卟啉环　　B. FMN

C. NAD^+　　D. 开链四吡咯环

6. 植物组织以苹果酸为底物进行有氧呼吸时,其呼吸商(　　)。

A. 大于 1　　B. 等于 1

C. 等于 0.5　　D. 等于 0

7. 下列关于离子跨膜主动运输的说法错误的是(　　)。

A. 初级主动运输一般要消耗 ATP　　B. 共运输中离子和质子运输方向总是一致的

C. 钙离子的跨膜转运可由钙泵完成　　D. 次级主动运输总是需要载体蛋白参与

8. 下列膜蛋白中,能够跨膜转运光合产物的是(　　)。

A. PSⅡ　　B. LHCⅡ

C. AQP　　D. TPT

9. 若将 C_4 和 C_3 植物移入同一密闭容器内光照培养,下列说法正确的是(　　)。

A. C_4 植物的净光合速率不断增大　　B. C_3 植物的净光合速率不断增大

C. C_4 植物的净光合速率先达到零　　D. C_3 植物的净光合速率先达到零

10. 为了促使春天补种的冬小麦在当年夏初正常开花,可采取的有效措施是(　　)。

A. 对吸涨种子低温处理　　B. 对吸涨种子干旱处理

C. 苗期增加供水　　D. 苗期增施磷肥

11. 下列酶中,在 C_4 途径中起作用的是(　　)。

A. $NADP^+$-苹果酸酶　　B. 丙酮酸激酶

C. 乙醇酸氧化酶　　D. ADPG 焦磷酸化酶

12. 向日葵种子发育过程中,最先累积的有机物质是(　　)。

A. 蛋白质　　B. 不饱和脂肪酸

C. 糖类　　D. 脂肪

13. 植物处于逆境时,通过自身的生理生化变化来阻止、降低或修复由逆境造成的损伤,这种对逆境的适应性称为(　　)。

A. 御逆性　　B. 耐逆性

C. 避逆性　　D. 选择性

14. 与初生壁相比,植物细胞次生壁中含量较多的组分是(　　)。

A. 纤维素和果胶质　　B. 果胶质和结构蛋白

C. 纤维素和木质素　　D. 木质素和果胶质

15. 用饱和红光照射叶片,一段时间后补充蓝光照射,会导致(　　)。

A. 保卫细胞膨压减小,气孔开度减小

B. 保卫细胞膨压减小,气孔开度增大

C. 保卫细胞膨压增大,气孔开度减小

D. 保卫细胞膨压增大,气孔开度增大

二、简答题:16~18 小题,每小题 8 分,共 24 分。

16. 什么是水势? 简述构成植物细胞水势各组分的含义。

17. 生产实践中果农经常对果树进行疏花疏果。请简述疏果措施的生理基础。

18. 简述生长素和赤霉素在促进细胞伸长生长过程中引起细胞壁松弛的机制。

三、实验题:19 小题,10 分。

19. 为研究干旱胁迫对气孔运动的影响,某同学选取正常生长的植物进行实验,处理和结果如下表。

分组	处理	结果	
		气孔开度/%	叶片水势/MPa
1	根系正常供水	100	−0.6
2	根系的一半正常供水,另一半进行干旱胁迫	55	−0.6

回答下列问题:

(1)分别写出一种测定气孔开度和叶片水势的方法。

(2)分析第 2 组气孔开度减小的原因。

四、分析论述题:20～21 小题,每小题 13 分,共 26 分。

20. 论述植物根系吸收矿质离子的过程及特点。

21. 论述植物逆境蛋白的生理功能。

生 物 化 学

五、单项选择题:22～36 小题,每小题 1 分,共 15 分。下列每题给出的四个选项中,只有一个选项是符合题目要求的。

22. 下列氨基酸的分子结构中没有自由 α-氨基的是(　　)。
A. Ala　　B. Glu
C. Phe　　D. Pro

23. 腺嘌呤核苷中糖苷键的连接方式是(　　)。
A. C_1'-C_6　　B. C_1'-C_5
C. C_1'-N_1　　D. C_1'-N_9

24. A. Rich 在研究人工合成的 d(CGCGCG)寡聚脱氧核苷酸结构时发现了 DNA 左手螺旋,这种 DNA 称为(　　)。
A. A 型 DNA　　B. B 型 DNA
C. Z 型 DNA　　D. 超螺旋 DNA

25. 下列氨基酸中,在遗传密码表中没有对应密码子的是(　　)。
A. 精氨酸　　B. 鸟氨酸
C. 缬氨酸　　D. 丙氨酸

26. 下列蛋白质中,不含血红素辅基的是(　　)。
A. 铁硫蛋白　　B. 肌红蛋白
C. 细胞色素 b　　D. 细胞色素 c

27. 有机磷农药对乙酰胆碱酯酶的抑制作用属于(　　)。
A. 不可逆抑制　　B. 竞争性抑制
C. 反竞争性抑制　　D. 非竞争性抑制

28. 下列反应过程中,伴随有底物水平磷酸化的是(　　)。
A. 葡萄糖→6-磷酸葡萄糖　　B. 6-磷酸果糖→1,6-二磷酸果糖
C. 3-磷酸甘油醛→磷酸二羟丙酮　　D. 1,3-二磷酸甘油酸→3-磷酸甘油酸

29. 下列酶中,属于线粒体苹果酸-天冬氨酸穿梭系统的是(　　)。
A. 苹果酸合酶　　B. 苹果酸脱氢酶
C. 苹果酸酶　　D. 3-磷酸甘油脱氢酶

30. 真核生物中参与氧化磷酸化的 ATP 合酶存在于(　　)。
A. 内质网膜　　B. 线粒体外膜
C. 核膜　　D. 线粒体内膜

31. 通常在二级结构中含 TψC 环的 RNA 分子是(　　)。
A. rRNA　　B. mRNA
C. tRNA　　D. hnRNA

32. 在线粒体脂肪酸 β-氧化途径中，脂酰 CoA 脱氢酶的辅因子是（　　）。

A. FAD　　B. FMN

C. NAD^+　　D. $NADP^+$

33. 下列物质中，可以直接作为磷酸戊糖途径转醛酶催化反应底物的是（　　）。

A. 4-磷酸赤藓糖和 5-磷酸木酮糖　　B. 5-磷酸木酮糖和 5-磷酸核糖

C. 3-磷酸甘油醛和 7-磷酸景天庚酮糖　　D. 3-磷酸甘油醛和 6-磷酸果糖

34. 大肠杆菌 DNA 复制中，为 DNA 连接酶催化反应直接提供能量的是（　　）。

A. NAD^+　　B. $NADP^+$

C. UTP　　D. GTP

35. 下列化合物中，不能作为动物糖异生前体的是（　　）。

A. 乳酸　　B. 乙酰 CoA

C. 甘油　　D. 丙酮酸

36. 在进行蛋白质纯化时，若要进行脱盐操作，可选用的方法是（　　）。

A. 离子交换层析　　B. SDS-PAGE

C. 凝胶过滤层析　　D. 盐析

六、简答题：37～39 小题，每小题 8 分，共 24 分。

37. 科学家 F. Sanger 等首次完成了胰岛素测序工作。请简述牛胰岛素一级结构的特点。

38. 写出米氏方程，并简述米氏常数的物理意义。

39. 三羧酸循环中的酰基载体和催化底物脱羧反应的酶分别有哪些？

七、实验题：40 小题，10 分。

40. 某实验采用醋酸纤维素薄膜电泳分离 5 种蛋白质，其等电点和相对分子质量见下表。

蛋白质	等电点	相对分子质量
a	3.88	70
b	4.50	200
c	5.06	300
d	6.12	70
e	7.00	300

若电泳时采用 pH 8.6 的电极缓冲液，回答下列问题：

(1)简述醋酸纤维素薄膜电泳分离蛋白质的原理。

(2)在电泳时，薄膜的点样端应该放在电泳槽的阴极还是阳极？说明理由。

(3)迁移速率最快和最慢的蛋白质分别为哪一种？说明理由。

八、分析论述题：41～42 小题，每小题 13 分，共 26 分。

41. 从基本氨基酸 R 基团极性的角度，论述球状蛋白质三级结构的特征及其胶体溶液的稳定性。

42. 论述 ATP、ADP 和 AMP 对糖酵解途径的调节作用。

2019年全国硕士研究生招生考试农学门类联考

植物生理学与生物化学试题参考答案及解析

植物生理学

一、单项选择题

1. D　2. C　3. D　4. A　5. B　6. A　7. B　8. D　9. D

10. A　11. A　12. C　13. B　14. C　15. D

二、简答题

16.【答案要点】

(1)定义:水势是指每偏摩尔体积水的化学势差。

(2)植物细胞水势主要由渗透势、压力势、衬质势组成。渗透势是指因细胞中溶质颗粒的存在而降低的水势;压力势是指因细胞压力的存在而增加的水势;衬质势是指因细胞内亲水大分子的存在而降低的水势。

17.【答案要点】

(1)作为代谢库的果实之间对光合产物有竞争关系。通常光合产物供应是有限的,果实过多时分配到每个果实的光合产物少。因此疏果有利于单果的发育和品质的提高。

(2)生殖生长与营养生长存在竞争关系。若果树结果过多,养分大量消耗会抑制果树营养生长,导致植物体内养分积累少,花芽分化受到影响,引起下一年开花结果减少。因此疏果有利于果树的稳产。

18.【答案要点】

(1)生长素通过活化 H^+-ATPase 使细胞壁酸化,导致扩张蛋白活化,引起细胞壁松弛,促进细胞伸长生长。

(2)赤霉素可以提高木葡聚糖内糖基转移酶(XET)的活性,XET 作用于细胞壁上的交联多糖链,增加了细胞壁对扩张蛋白的透性,使大量扩张蛋白进入细胞壁引起细胞壁松弛,促进细胞伸长生长。

三、实验题

19.【答案要点】

(1)气孔开度的测定可用显微观测法。

叶片水势的测定可用小液流法。

(2)根系感受干旱后向叶片传递了引起气孔开度减小的信号。

四、分析论述题

20.【答案要点】

(1)过程

①离子吸附到根部细胞表面。

②离子通过质外体途径和共质体途径到达内皮层，再通过共质体途径进入木质部薄壁细胞。

③离子从木质部薄壁细胞进入木质部导管。

(2)特点

①对矿质离子和水分的相对吸收。

②对离子的选择性吸收。

③单盐毒害和离子拮抗。

21.【答案要点】

(1)热激蛋白：在热激等伤害中起到稳定蛋白质结构、维持其活性的作用；作为分子伴侣协助蛋白质进行正确折叠、组装及膜间转运等；促进错误折叠蛋白质的降解等。

(2)低温诱导蛋白：低温诱导产生的抗冻蛋白、LEA蛋白等具有防止细胞脱水等作用，可提高植物抗寒性。

(3)水分胁迫蛋白：干旱、盐渍诱导产生的渗调蛋白、LEA蛋白等具有调节细胞渗透势、防止细胞脱水和维持细胞膨压等作用，可提高植物的抗旱性和抗盐性。

(4)病程相关蛋白：能诱导与防卫系统有关酶的合成，提高植物的抗病能力。

生物化学

五、单项选择题：22～36小题，每小题1分，共15分。

22. 选择D。

【考点】氨基酸的结构式。

【解析】在20种组成蛋白质的氨基酸中，脯氨酸(Pro)是唯一的亚氨基酸。注意掌握20种氨基酸侧链基团的特点。详见配套复习指南中重要氨基酸相关表格。

23. 选择D。

【考点】核苷的结构，主要考察碱基与戊糖的连接方式。

【解析】组成核酸的结构单元是核苷酸，核苷是核苷酸的组成部分，其中碱基与戊糖的连接是重要的考点，嘌呤碱与戊糖是N_9与C_1'相连，嘧啶碱基与戊糖是N_1与C_1'相连。其次还要注意核苷中戊糖是β-构型。

24. 选择C。

【考点】DNA双螺旋结构的多态性。

【解析】教材上一般介绍的DNA双螺旋结构包括：典型的B-DNA结构、A-DNA结构以及左手的Z-DNA结构。本题几乎是很多生物化学教材的原文表述。此外，这部分内容还常常会涉及B-DNA结构的结构参数及其存在的生物学意义。详见配套复习指南中DNA双螺旋结构模型和名词解释。

25. 选择 B。

【考点】非蛋白质氨基酸。

【解析】依据氨基酸是否组成蛋白质，氨基酸分为蛋白质氨基酸和非蛋白质氨基酸。组成蛋白质的氨基酸又可依据其是否具有密码子，分为基本氨基酸和稀有氨基酸。本题中的鸟氨酸是非蛋白质氨基酸，没有密码子。如果 B 选项是羟脯氨基酸，那么该氨基酸属于稀有氨基酸，也没有密码子。

26. 选择 A。

【考点】蛋白质的组成。

【解析】这道题涉及的四种蛋白质分属于不同的章节，有一定的综合性。肌红蛋白一般出现在蛋白质结构部分，它由血红素和多肽链组成，而且血红素螯合的 Fe^{2+}，可以结合氧气；而铁硫蛋白、细胞色素 b 和细胞色素 c 都属于电子传递链组分，其中铁硫蛋白由蛋白质和铁硫中心组成，不含有血红素，铁硫中心中的 Fe^{3+} 能够获得电子转化为 Fe^{2+}，Fe^{2+} 再失去电子形成 Fe^{3+}，通过这种变化实施电子传递。细胞色素 b 和细胞色素 c 都含有血红素和多肽链。

27. 选择 A。

【考点】酶的抑制剂。

【解析】教材通常介绍酶的抑制剂就含有本题选项所给出的类型，其中 B、C、D 选项的三种抑制剂属于可逆抑制剂。有机磷农药与酶通过共价键结合，属于不可逆抑制剂。关于可逆抑制剂的考点其实很多，包括动力学方程、加入抑制剂后的 K_m 和 V_{max} 变化等，值得重视。详见配套复习指南中酶的抑制剂类型及特点。

28. 选择 D。

【考点】底物水平磷酸化。

【解析】一般教材上介绍的代谢过程中底物水平磷酸化反应通常有三步，分别是 EMP 途径的两步反应 1,3-二磷酸甘油酸 → 3-磷酸甘油酸和 PEP → 丙酮酸，以及 TCA 循环的琥珀酰 CoA→琥珀酸。这里考的是第一步。

29. 选择 B。

【考点】苹果酸-天冬氨酸穿梭。

【解析】苹果酸-天冬氨酸穿梭是细胞质中的 NADH 进入线粒体电子传递链的途径之一。在细胞质中，草酰乙酸与 NADH 在苹果酸脱氢酶的催化下产生苹果酸，苹果酸进入线粒体，在线粒体中苹果酸脱氢酶催化下，生成草酰乙酸和 NADH，后者进入电子传递链。此外，还有磷酸甘油穿梭也可以将细胞质中的 NADH 转化为 $FADH_2$ 进入电子传递链，在这个过程中 3-磷酸甘油脱氢酶参与反应。

30. 选择 D。

【考点】ATP 合酶的存在位置。

【解析】ATP 合酶是氧化磷酸化的重要结构基础，存在于线粒体内膜上，负责 ATP 的生成。关于 ATP 合酶的考题还包括其组成、F_1 和 F_0 的各自功能以及质子通道抑制剂。详见配套复习指南呼吸链电子传递体排列顺序的测定和名词解释线粒体氧化磷酸化抑制剂。

31. 选择 C。

【考点】tRNA 的结构特征。

【解析】需要掌握三种 RNA 的结构特征。TψC 是 tRNA 三叶草结构中 TψC 环中的三个碱基。搞清楚 hnRNA 的概念，它是 mRNA 的前体。

32. 选择 A。

【考点】酶与辅酶的关系。

【解析】脂酰 CoA 脱氢酶是脂肪酸 β-氧化的第一步催化脱氢反应的酶，它的辅酶是 FAD；催化第二步脱氢反应的酶是 *L*-β-羟脂酰 CoA 脱氢酶，它的辅酶是 NAD^+。有关酶与辅酶关系，很重要的还有 PLP、生物素、TPP 等与酶的对应关系。

33. 选择 C。

【考点】磷酸戊糖途径非氧化阶段的反应。

【解析】这一阶段的反应有两个酶非常重要，即转酮酶和转醛酶。两者的共同特点是基团供体为酮糖，受体为醛糖。转醛酶转移的是 3C 基团，转酮酶转移的是 2C 基团。只有 C 选项符合，即 7-磷酸景天庚酮糖为供体，3-磷酸甘油醛为受体，后者接受 3C 基团转化为 6-磷酸果糖，前者失去 3C 基团转化为 4-磷酸赤藓糖。

34. 选择 A。

【考点】DNA 连接酶。

【解析】原核生物在催化 DNA 连接反应时，NAD^+ 参与反应提供能量，而真核生物是 ATP 参与反应功能。

35. 选择 B。

【考点】乙醛酸循环和葡萄糖异生。

【解析】乳酸、甘油和丙酮酸均可作为哺乳动物葡萄糖异生的前体。与微生物和植物不同，哺乳动物没有乙醛酸循环途径，无法将两个乙酰 CoA 合成琥珀酸用于葡萄糖的合成。

36. 选择 C。

【考点】蛋白质分离纯化方法。

【解析】四个选项均可以用于蛋白质分离纯化，SDS-PAGE 还可以用来鉴定蛋白质。而脱盐是将大分子物质，诸如蛋白质和小分子盐分开的操作，本题的选项中只有凝胶过滤层析方法能够完成脱盐。这部分内容也提醒大家要清楚蛋白质分离纯化方法的原理和用途。

六、简答题：37～39 小题，每小题 8 分，共 24 分。

37.【答题要点】

【考点】蛋白质结构。

【解析】蛋白质结构包括一级结构和空间结构。此题明确写出要表述的是一级结构的特点。蛋白质一级结构指的是蛋白质多肽链中氨基酸排列顺序以及二硫键的位置。胰岛素的结构如下图所示：

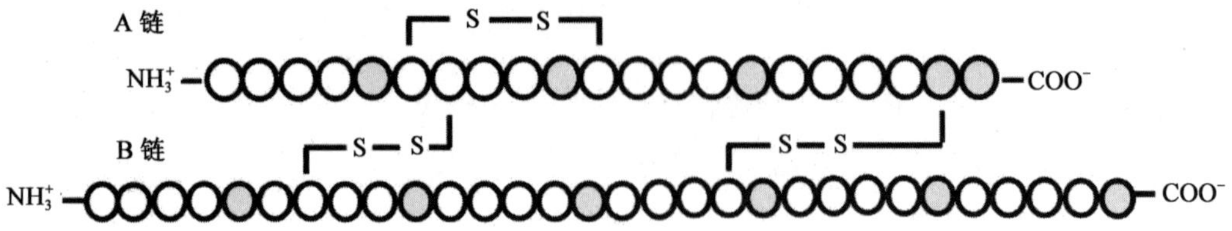

胰岛素由 51 个氨基酸组成,分成 A 链 21 个氨基酸,B 链 30 个氨基酸,A 链有一个链内二硫键,位于 6 和 11 位半胱氨基酸之间;A 链和 B 链之间有两个链间二硫键,分别是 A 链 7,20 位半胱氨酸与 B 链 7,19 位半胱氨酸之间。

我们很难记住氨基酸的排列顺序,所以答题要点是:胰岛素由 A 链和 B 链组成,A 链含有 21 个氨基酸,有一个链内二硫键,B 链含有 30 个氨基酸,A 链和 B 链之间有两个链间二硫键。大家可以根据题目,自己出题回答。比如:简述肌红蛋白的结构/血红蛋白的结构等,举一反三。

38.【答题要点】

【考点】米氏方程及 K_m 值的意义。

【解析】直接写出米氏方程,指出 K_m 值的意义即可。

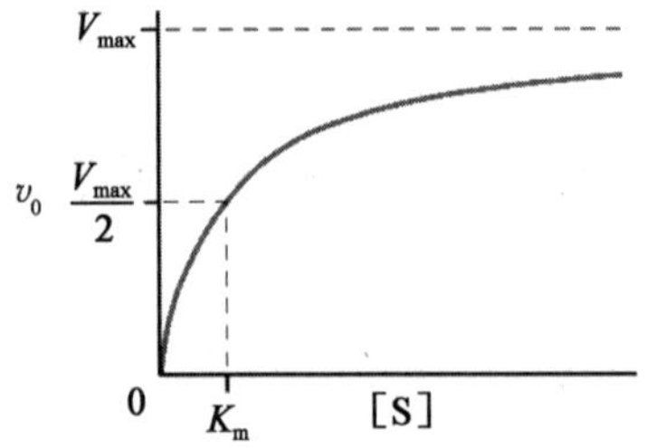

$$v_0=\frac{V_{max}[S]}{K_m+[S]}$$

从图中可以看出,K_m 值正好是当酶促反应速度达到最大反应速度的一半时的底物浓度。

39.【答题要点】

【考点】三羧酸循环。

【解析】三羧酸循环中第一步反应是由柠檬酸合酶催化草酰乙酸和乙酰 CoA 首先形成柠檬酰 CoA,之后水解产生柠檬酸。柠檬酰基的载体是 CoA;琥珀酰 CoA 是三羧酸循环的中间代谢物,其酰基载体是 CoA;α-酮戊二酸脱氢酶复合体由三部分组成,E2 是硫辛酰胺琥珀酰转移酶,其中的硫辛酸与蛋白以酰胺键形成硫辛酰胺,其巯基能够携带脂酰基,所以酰基载体有两种:辅酶 A/CoA 和硫辛酸。

三羧酸循环有两步脱酸反应,分别是异柠檬酸脱氢酶和 α-酮戊二酸脱氢酶复合体催化的反应。

七、实验题:40 小题,10 分。

40.【答题要点】

【考点】电泳原理,蛋白质带电性与等电点。

【解析】(1)所谓电泳是指带电粒子在电场中向着与自己相反电荷的电极移动的现象。以蛋白质为例,在电场中蛋白质的泳动速率与其带电量、大小和形状均有关系。本题采用醋酸纤维薄膜为蛋白质电泳的支持介质,由于该介质对蛋白质的吸附作用和阻力较小,蛋白质的泳动速率受电荷影响最大。被分离的蛋白质由于其等电点不同,在相同 pH 条件下带电量就不同,而且分子量也不同,因此蛋白质在电场中迁移速率不同,因而得以分离。

(2)依据给定的表格中各蛋白质等电点数据以及电极缓冲液 pH 为 8.6,可以判断,蛋白质电泳时都带负电,因此在电泳槽的阴极/负极上样,接通电源后,带电的蛋白质将向阳极/正极移动。

(3)对比 5 种蛋白质的等电点,可以发现蛋白 a 等电点最小,在 pH 8.6 下,带电量最大;蛋白 e 等电点最大,在 pH 8.6 下,带电量最小。同时考虑到蛋白分子量,蛋白 a 分子量最小,蛋白 e 分子量最大,因此可以判断蛋白 a 跑在最前面,蛋白 e 跑在最后面。

八、分析论述题:每小题 13 分,共 26 分。

41.【答题要点】

【考点】氨基酸的极性、蛋白质的三级结构以及蛋白质胶体溶液。

【解析】(1)依据氨基酸的侧链,组成蛋白质的 20 种氨基酸分成非极性氨基酸、极性不带电、极性带正电和极性带负电的氨基酸 4 类。绝大多数蛋白质的肽链折叠成近乎球状的结构。科学研究表明,球状蛋白质服从"非极性在内、极性在外的原则",即蛋白质内部主要存在一些具有非极性侧链的氨基酸,也有少量侧链带电的极性氨基酸,如天冬氨酸、谷氨酸、赖氨酸和精氨酸等;绝大多数具有带电侧链的氨基酸分布在蛋白质表面,蛋白质表面也存在极少数非极性氨基酸,如亮氨酸、异亮氨酸、缬氨酸等。

(2)蛋白质的分子直径一般在 1～100 nm 之间,正好处于胶体颗粒的直径范围;蛋白质表面有许多极性基团,可以吸附水分子,形成水化膜,阻止蛋白质分子之间相互靠近而发生沉淀;蛋白质具有两性解离的性质,当溶液 pH 远离蛋白质的等电点时,蛋白质发生解离,带有一定的电荷,同种蛋白质带有相同的电荷,它们之间发生相互排斥,这种作用阻止了同种蛋白分子发生聚集沉淀。以上因素维持了蛋白质胶体溶液的稳定性。

42.【答题要点】

【考点】糖酵解途径的调节。

【解析】糖酵解途径的调节涉及三个关键调节酶,己糖激酶、磷酸果糖激酶Ⅰ以及丙酮酸激酶。

(1)磷酸果糖激酶是别构酶,ATP 是它的底物,同时也是该酶的别构抑制剂。当 ATP 浓度高时,ATP 结合酶的调节部位会抑制酶的活性。ADP 和 AMP 是该酶的别构激活剂,AMP 能够减缓 ATP 对该酶的抑制作用。

(2)ATP 是丙酮酸激酶的别构抑制剂。

(3)己糖激酶是别构酶,受到 6-磷酸葡萄糖的抑制。当细胞中 ATP 浓度高时,由于磷酸果糖激酶Ⅰ受到抑制而导致 6-磷酸葡萄糖积累,从而抑制了己糖激酶的活性。

(4)ATP、ADP 和 AMP 构成细胞中的腺苷酸库,这三者中含有高能磷酸基团的量表征了细胞的能量状态。当细胞中能量高时,糖酵解途径会受到抑制,反之则受到激活。

2020 年全国硕士研究生招生考试农学门类联考

植物生理学与生物化学试题

植物生理学

一、选择题:1～15 小题,每小题 1 分,共 15 分。在每小题给出的四个选项中,只有一个选项是符合题目要求的。

1.植物气孔运动受多种因素影响,以下处理可促使蚕豆叶片气孔关闭的是(　　)。

A.低浓度 CO_2 处理　　B.红光照射

C.脱落酸溶液处理　　D.蓝光照射

2.下列元素中,易从衰老叶片转移到幼嫩器官中被再次利用的一组是(　　)。

A.N、K、Mn　　B.N、P、Mg

C.P、K、Fe　　D.Mg、Zn、Ca

3.某种植物经适度干旱处理后,其抗旱性提高的同时抗盐性也会提高,这种现象称为(　　)。

A.抗旱锻炼　　B.抗盐锻炼

C.交叉适应　　D.趋同适应

4.根据“红降现象”与“爱默生效应”,科学家推测出植物叶绿体中存在(　　)。

A.光系统Ⅰ和光系统Ⅱ　　B.C_3 途径和 C_4 途径

C.光反应和碳反应　　D.光呼吸和 CAM 途径

5.叶肉细胞中,NO_3^- 还原为 NO_2^- 和 NO_2^- 还原为 NH_4^+ 的过程分别发生在(　　)。

A.细胞质基质和线粒体中　　B.线粒体和叶绿体中

C.细胞质基质和叶绿体中　　D.线粒体和高尔基体中

6.成熟植物细胞在纯水中吸水达到饱和状态时,细胞的(　　)。

A.$\Psi_w=0,\Psi_s=\Psi_p$　　B.$\Psi_w=0,\Psi_s=-\Psi_p$

C.$\Psi_p>0,\Psi_w=\Psi_p-\Psi_s$　　D.$\Psi_p<0,\Psi_w=\Psi_p+\Psi_s$

7.下列物质中,能接受蓝光信号并影响植物形态建成的是(　　)。

A.花色素　　B.质蓝素

C.向光素　　D.叶绿素

8.对长日植物而言,临界日长和临界暗期分别是指能诱导其开花的(　　)。

A.最短日照长度,最长暗期长度　　B.最长日照长度,最长暗期长度

C.最短日照长度,最短暗期长度　　D.最长日照长度,最短暗期长度

9.种子在发育期大量表达 LEA 蛋白的生理作用是(　　)。

A.促进种子蛋白质合成　　B.促进种子淀粉合成

C.延缓种子成熟　　D.防止种子过度脱水

10. 在成熟小麦种子中含量最高的贮藏物质是(　　)。

A. 脂肪　　B. 蔗糖

C. 蛋白质　　D. 淀粉

11. 类胡萝卜素在光合作用中的功能是(　　)。

A. 传递电子,抑制光系统　　B. 吸收和传递光能,抑制光系统

C. 传递电子,保护光系统　　D. 吸收和传递光能,保护光系统

12. 下列植物生长物质中,属于萜类化合物的是(　　)。

A. ABA 和 GA_3　　B. GA_3 和 IAA

C. IAA 和 6-BA　　D. 6-BA 和 ABA

13. 植物抗氰呼吸过程中,电子传递途径的末端氧化酶是(　　)。

A. 细胞色素氧化酶　　B. 多酚氧化酶

C. 抗坏血酸氧化酶　　D. 交替氧化酶

14. 对于收获种子的禾谷类作物来说,可通过控制氮磷钾肥的比例来提高产量。下列施肥措施中合理的是(　　)。

A. 营养生长期少施氮肥,生殖生长期增施磷钾肥

B. 营养生长期增施氮肥,生殖生长期增施磷钾肥

C. 营养生长期少施磷钾肥,生殖生长期增施氮肥

D. 营养生长期增施磷钾肥,生殖生长期增施氮肥

15. 下列关于有机物长距离运输的叙述,错误的是(　　)。

A. 运输的部位是韧皮部　　B. 运输的方向是由源到库

C. 运输的主要形式是葡萄糖　　D. 运输的机理可用压力流动学说解释

二、简答题:16～18 小题,每小题 8 分,共 24 分。

16. 细胞分裂素是植物体内一种重要的生长物质。请简述细胞分裂素的主要生理作用。

17. 农业生产中,小麦常因倒伏而减产。简述导致小麦倒伏的主要环境因素。

18. 什么是植物运动?简述植物运动的类型并举例说明。

三、实验题:19 小题,10 分。

19. 以 23℃下生长状态一致的 A、B 两个品种玉米幼苗为材料进行实验,实验过程中连续进行不同温度处理,然后测定其相对电导率。处理方式及测定结果见下表。

玉米品种	分组	处理				相对电导率/%
		温度/℃	时间/h	温度/℃	时间/h	
A	A1	15	48	4	4	20.64
	A2	23		4		35.32
	A3	23		23		8.56
B	B1	15	48	4	4	28.92
	B2	23		4		41.57
	B3	23		23		8.96

请分析实验结果并得出结论。

四、分析论述题：20～21 小题，每小题 13 分，共 26 分。

20. 分析比较植物光合电子传递链和呼吸电子传递链的异同。

21. 植物的生长发育与环境因素密切相关。论述温度对植物生长发育的影响。

生物化学

五、选择题：22～36 小题，每小题 1 分，共 15 分。在每小题给出的四个选项中，只有一个选项是最符合题目要求的。

22. 凯氏定氮法测定蛋白质含量是基于蛋白质的平均含氮量约为(　　)。

A. 12%　　B. 16%

C. 20%　　D. 24%

23. 酵母苯丙氨酸 rRNA 的三级结构为(　　)。

A. 双螺旋　　B. 三螺旋

C. 倒 L 形　　D. 三叶草形

24. 在 pH 7.0 条件下，下列氨基酸中带正电荷的是(　　)。

A. 丙氨酸　　B. 酪氨酸

C. 赖氨酸　　D. 甲硫氨酸

25. 下列因素中，决定结合酶专一性的是(　　)。

A. 底物浓度　　B. 酶浓度

C. 辅因子　　D. 酶蛋白

26. 下列维生素中，可以由 β-胡萝卜素生成的是(　　)。

A. 维生素 A　　B. 维生素 D

C. 维生素 E　　D. 维生素 K

27. 下列酶中，参与脂肪酸从头合成途径的是(　　)。

A. 乙酰-CoA 羧化酶　　B. 丙酮酸激酶

C. 脂酰-CoA 合成酶　　D. 丙酮酸羧化酶

28. 在三羧酸循环中，催化琥珀酸转变为苹果酸的酶是(　　)。

A. 琥珀酰-CoA 合成酶　　B. 琥珀酸脱氢酶和苹果酸合酶

C. 苹果酸脱氢酶　　D. 琥珀酸脱氢酶和延胡索酸酶

29. 下列酶中，能催化氧化脱羧反应的是(　　)。

A. 3-磷酸甘油醛脱氢酶　　B. 乳酸脱氢酶

C. 异柠檬酸脱氢酶　　D. 谷氨酸脱氨酶

30. 脂肪酸 β-氧化的每一轮循环包含 4 步反应，依次是(　　)。

A. 脱氢、水合、脱氢、硫解　　B. 脱氢、水合、脱氢、水解

C. 脱氢、脱水、脱氢、硫解　　D. 脱氢、脱水、脱氢、水解

31. 下列 DNA 修复系统中，属于复制后修复的是(　　)。

A. 光修复　　B. 切除修复

C. 直接修复　　D. 重组修复

32. 下列物质的从头合成途径中，中间产物出现乳清酸的是（　　）。

A. 嘌呤核苷酸　　B. 嘧啶核苷酸

C. 豆蔻酸　　D. 软脂酸

33. 下列关于不连续 SDS-PAGE 实验的叙述，错误的是（　　）。

A. SDS 是一种阴离子去污剂　　B. 灌胶时先灌浓缩胶、后灌分离胶

C. 凝胶贮备液应保存在棕色试剂瓶中　　D. 凝胶加样端电极应连接电泳仪阴极

34. 下列关于 DNA 熔解温度（T_m）的叙述，正确的是（　　）。

A. T_m 是指 DNA 开始变性时的温度　　B. T_m 是指 DNA 完全解链时的温度

C. T_m 与溶液的离子强度无关　　D. T_m 与 DNA 的 G-C 含量有关

35. 下列 RNA 聚合酶中，对 α-鹅膏蕈碱最敏感的是（　　）。

A. 原核生物 RNA 聚合酶　　B. 真核生物 RNA 聚合酶Ⅰ

C. 真核生物 RNA 聚合酶Ⅱ　　D. 真核生物 RNA 聚合酶Ⅲ

36. 下列参与大肠杆菌蛋白质合成的氨基酸中，均只有一个对应密码子的是（　　）。

A. 甲硫氨酸和色氨酸　　B. 苏氨酸和色氨酸

C. 甲硫氨酸和亮氨酸　　D. 苏氨酸和丝氨酸

六、简答题：37～39 小题，每小题 8 分，共 24 分。

37. 诱导契合学说可以用来解释酶作用的专一性，请简述该学说的要点。

38. 简述 3-磷酸甘油穿梭途径及其作用。

39. 体检时血液中谷丙转氨酶活性是重要的检测指标，该酶可以催化谷氨酸与丙酮酸反应。请写出反应产物和酶的辅因子名称，并按照国际系统分类法指出该酶的类别。

七、实验题：40 小题，10 分。

40. 某同学从大肠杆菌中提取质粒 DNA 时，得到了线状和超螺旋两种形态的 DNA。若采用密度梯度离心法分离这两种形态的 DNA，请简要写出实验原理、预测并分析实验结果。

八、分析论述题：41～42 小题，每小题 13 分，共 26 分。

41. 6-磷酸葡萄糖是糖代谢的重要中间产物，请论述 6-磷酸葡萄糖参与的葡萄糖分解与糖异生途径。

42. 论述原核生物翻译过程中保障蛋白质生物合成忠实性的主要机制。

2020年全国硕士研究生招生考试农学门类联考

植物生理学与生物化学试题参考答案及解析

植物生理学

一、选择题

1. C	2. B	3. C	4. A	5. C	6. B	7. C	8. A	9. D
10. D	11. D	12. A	13. D	14. B	15. C			

二、简答题

16.【答案要点】

(1)促进细胞分裂与生长。

(2)促进芽的分化与发育。

(3)延缓叶片衰老。

(4)促进气孔张开。

17.【答案要点】

(1)土壤水分过多。

(2)土壤氮素过多。

(3)光照不足。

(4)种植密度过大。

18.【答案要点】

(1)植物器官在空间位置上的有限移动称为植物运动。

(2)类型。

①向性运动:植物器官由于受到环境因素的单方向刺激而产生的定向运动。如燕麦胚芽鞘的向光性运动。

②感性运动:由没有一定方向的外界刺激所引起的器官运动。如含羞草小叶的感震性运动。

③近似昼夜节律运动:适应外界环境昼夜变化而产生的内在节律性运动。如菜豆叶片的昼夜节律运动。

三、实验题

19.【答案要点】

(1)幼苗经低温处理后,与对照组(A3 或 B3)相比,电导率均升高,表明细胞膜受到损伤,透性增大。

(2)A1(B1)电导率升高的幅度小于 A2(B2),说明适当低温预处理(抗寒锻炼)能提高幼苗的抗寒能力。

(3)相同低温下，品种 A 电导率的升高幅度小于品种 B，说明低温对 A 的细胞膜损伤程度小于 B，A 比 B 的抗寒能力强。

四、分析论述题

20.【答案要点】

(1)相同点

①都是膜上存在的由一系列电子传递体构成的电子传递轨道。

②电子传递过程中都能建立跨膜的质子电化学势梯度。

(2)不同点

①光合电子传递链位于叶绿体类囊体膜上，呼吸电子传递链位于线粒体内膜上。

②二者的电子传递体和氢传递体不同。

③光合电子传递链将来自 H_2O 的电子传递给 $NADP^+$，进而生成 NADPH；呼吸电子传递链将来自 NADH 和 $FADH_2$ 的电子传递给 O_2，进而生成 H_2O。

④光合电子传递链将光能转化成 ATP 和 NADPH 中的化学能；呼吸电子传递链将 NADH 和 $FADH_2$ 的化学能转化成 ATP 中的化学能。

21.【答案要点】

(1)植物生长的温度“三基点”：植物生长需要在一定温度范围内进行，每种植物的生长都有最低、最适和最高温度。

(2)植物生长的温周期现象：在生长季节，白天温度较高，夜晚温度较低，这种昼夜温差对植物生长有利。

(3)温度对开花的影响：低温对一些植物的成花过程具有促进作用。

(4)温度对种子和芽休眠的影响：低温不仅能诱导芽的休眠，也可解除芽和一些种子的休眠。

生 物 化 学

五、单项选择题：22～36 小题，每小题 1 分，共 15 分。

22. 选择 B。

【考点】蛋白质的元素组成(2021 年新大纲加入的内容)。

【解析】组成蛋白质的元素主要包括碳(50%～55%)、氢(6%～7%)、氧(19%～24%)、氮(0～16%)和硫元素(0～4%)，还有少量磷和金属元素等。各种蛋白质中的氮素含量比较接近，平均为 16%。

23. 选择 C。

【考点】tRNA 的结构特征。

【解析】tRNA 的结构特征包括一级结构、二级结构和高级结构。一级结构特征主要是含有大量稀有核苷酸，二级结构特征有四环四臂、三叶草形等，三级/高级结构特征之一是倒 L 形。

24. 选择 C。

【考点】氨基酸的两性解离。

【解析】依据侧链，氨基酸被分成非极性、极性不带电、极性带正电和极性带负电几个类别。其中赖氨酸是极性带正电的氨基酸。氨基酸有两性解离的性质，当 pH 小于氨基酸等电点时，氨基酸带正电。赖氨酸等电点是 10.59，当 pH 为 7.0 时，赖氨酸带正电荷。这里要特别注意天冬氨酸、谷氨酸、赖氨酸和精氨酸的解离特性，这通常是考核的重点。

25. 选择 D。

【考点】酶的组成。

【解析】依据酶的组成，酶可以分成单成分和双成分酶(结合酶)。含辅因子的酶为结合酶。通常结合酶中酶蛋白的部分决定酶的专一性，辅因子决定反应的性质。酶的专一性不受酶浓度、底物浓度的影响。

26. 选择 A。

【考点】维生素与辅酶。

【解析】β-胡萝卜素氧化分解可以产生 2 分子维生素 A。本题考查的是同学们对脂溶性维生素 A、维生素 D、维生素 E 和维生素 K 的掌握情况。有关这部分，同学们还应该了解缺乏某种维生素会导致人体产生何种疾病的相关知识。

27. 选择 A。

【考点】饱和脂肪酸从头合成。

【解析】乙酰 CoA 羧化酶是脂肪酸从头合成途径的关键调节酶。丙酮酸激酶是参与糖酵解途径的酶；丙酮酸羧化酶催化丙酮酸羧化生成草酰乙酸，后者本身是三羧酸循环的中间化合物，也可以进入葡萄糖异生途径，也可以通过转氨作用转化为天冬氨酸等；脂酰 CoA 合成酶参与脂肪酸的活化，催化脂肪酸合成脂酰 CoA，后者通过肉碱转运系统进入线粒体，进行氧化。所以，选项 A 是正确的。

28. 选择 D。

【考点】三羧酸循环。

【解析】本题考查的是催化三羧酸循环反应的酶名称。选项中除了苹果酸合酶，其他所有酶都是催化三羧酸循环反应的，但是只有选项 D 的酶是正确的。苹果酸合酶催化乙醛酸循环中乙醛酸和乙酰 CoA 合成苹果酸的反应。

29. 选择 C。

【考点】糖酵解、三羧酸循环、氨基酸代谢。

【解析】本题有一定的综合性，四个选项分别属于不同的代谢途径。3-磷酸甘油醛脱氢酶、乳酸脱氢酶属于乳酸发酵途径的酶；谷氨酸脱氢酶参与氨基酸的代谢，催化谷氨酸氧化脱氨产生 α-酮戊二酸的可逆反应；异柠檬酸脱氢酶催化异柠檬酸氧化脱羧产生 α-酮戊二酸的反应，该反应是三羧酸循环中的不可逆反应。

30. 选择 A。

【考点】脂肪酸 β-氧化。

【解析】脂肪酸 β-氧化是生物化学考试的重点内容。本题考查的是同学们对该途径反应过程的理解。在脂肪酸 β-氧化过程中，依次循环进行的反应包括脂酰 CoA 脱氢酶催化的脱氢反应；烯脂酰 CoA 催化的水合反应、L-β-羟脂酰 CoA 脱氢酶催化的脱氢反应以及 β-酮脂酰 CoA 硫解酶催化的硫解反应。只有选项 A 符合。

31. 选择 D。

【考点】DNA 修复。

【解析】与光修复、直接修复和切除修复相比较，重组修复发生在复制之后，所以属于复制后修复方式。

32. 选择 B。

【考点】嘧啶核苷酸合成。

【解析】本题选项涉及的内容包括氨基酸、嘌呤核苷酸和嘧啶核苷酸的合成。豆蔻酸、软脂酸是饱和脂肪酸，在它们的合成过程中没有提到过乳清酸；嘌呤核苷酸与嘧啶核苷酸的合成相比较，合成前体不同，再就是嘌呤核苷酸的合成是在 PRPP 的骨架上不断加入小分子前体最终合成 IMP，而嘧啶核苷酸的合成是先合成嘧啶环，之后再加入 PRPP 合成 UMP。乳清酸就是嘧啶核苷酸合成过程中生成的一种嘧啶环。

33. 选择 B。

【考点】SDS-PAGE 的原理及操作。

【解析】选项 A 是 SDS 的特性，是正确的；选项 B 是电泳操作，应先灌注分离胶，而不是浓缩胶，所以 B 选项是错误的；选项 C 涉及的内容是试剂的保存，凝胶贮备液应保存在棕色试剂瓶中，目的是避光保存以免其中的物质发生降解；选项 D 涉及电泳操作，进行 SDS-PAGE 电泳的样品带负电，向正极移动，所以样品端电极连接电泳仪的阴极。

34. 选择 D。

【考点】核酸的性质。

【解析】考察 T_m 概念及其影响因素。DNA 热变性时，双螺旋破坏一半时所需要的温度被称为 DNA 的熔解温度，即 T_m。影响 T_m 值的因素有 DNA 中的 G-C 含量、DNA 溶液的离子强度等。只有选项 D 是正确的。

35. 选择 C。

【考点】真核生物 RNA 聚合酶。

【解析】真核生物有三种细胞核 RNA 聚合酶。三种酶催化生成的产物不同，对鹅膏蕈碱的敏感性也不同。三类酶的产物也常常是考试的重点。

	RNA 聚合酶Ⅰ	RNA 聚合酶Ⅱ	RNA 聚合酶Ⅲ
对鹅膏蕈碱的敏感性	不敏感	非常敏感	中度敏感
转录产物	核糖体 28S rRNA、 18 S rRNA、 5.8 S rRNA	mRNA、 一些特殊的 RNA	tRNA、 5S rRNA、 snRNA

36. 选择 A。

【考点】密码子。

【解析】原核生物蛋白质合成的起始氨基酸是甲酰甲硫氨酸，该氨基酸是在 tRNA 与甲硫氨酸形成氨酰-tRNA 后被甲酰化的。在密码薄中，AUG 编码起始氨基酸和甲硫氨酸，UGG 编码色氨酸。所以，甲硫氨酸和色氨酸均只有一个对应密码子，本题选项 A 是正确的。

六、简答题：37～39 小题，每小题 8 分，共 24 分。

37.【考点】酶的专一性假说。

【解析】通常教材给出的酶的专一性假说有两个："锁钥学说"和"诱导契合学说"。本题考的是后者。这个内容比较简单，教材上也说明得非常清楚。

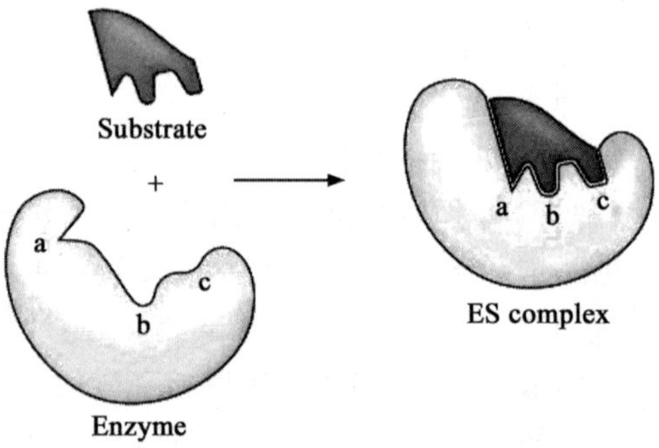

(1) 从图中可知，酶的活性中心的空间结构的角度与底物空间结构是不完全匹配的。

(2) 当底物与酶结合后，酶的活性中心空间构象发生了改变，与底物可以很好地契合。说明酶活性中心的空间构象具有一定的柔性，底物诱导了酶空间结构发生改变，有利于反应进行，体现了酶对底物的专一性。

38.【考点】生物氧化部分的内容，细胞质中的 NADH 如何进入电子传递链。

【解析】真核细胞细胞质中的 NADH 进入线粒体电子传递链有两条路径。一条是磷酸甘油穿梭，一条是苹果酸-天冬氨酸穿梭。这里考的是磷酸甘油穿梭。

(1) 途径。从图中可以看出，在细胞质中 3-磷酸甘油脱氢酶催化 NADH 和磷酸二羟丙酮生成 3-磷酸甘油和 NAD^+，之后 3-磷酸甘油在线粒体内膜外侧上的 3-磷酸甘油脱氢酶催化下，重新生成磷酸二羟丙酮，FAD 是该酶的辅因子，在上述反应过程中得到电子形成 $FADH_2$，之后 $FADH_2$ 将电子传递给辅酶 Q 等；

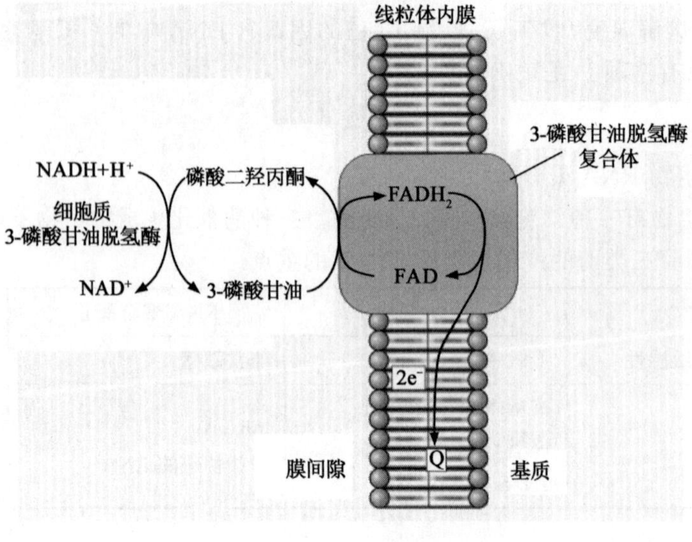

(2)作用。通过细胞质和线粒体内膜外侧上的两个 3-磷酸甘油脱氢酶催化的反应,细胞质中的 NADH 转换为 NAD^+,相当于 NADH 上的质子和电子以 $FADH_2$ 的形式参与了线粒体电子传递等过程。

39.【考点】谷丙转氨酶的国际系统分类、辅酶名称和催化的反应。

【解析】肝脏细胞中存在大量的谷丙转氨酶,当肝脏细胞受到损伤时,该酶从细胞中泄露进入血液。因此,通过检测该酶的活性可以部分了解肝脏的健康情况。

(1)谷丙转氨酶国际系统命名是:谷氨酸-丙酮酸转氨酶/谷氨酸-丙酮酸氨基转移酶,它催化如下反应:

$$谷氨酸 + 丙酮酸 \rightarrow \alpha\text{-}酮戊二酸 + 丙氨酸$$

(2)该酶的辅酶是磷酸吡哆醛(PLP)和磷酸吡哆胺(PMP)。

(3)该酶在国际系统分类法中属于第二类转移酶类。

七、实验题:40 小题,10 分。

40.【考点】密度梯度离心法的原理。

【解析】密度梯度离心法是指将样品装在具有惰性介质的离心管介质表面或者与介质混合,通过离心,样品中各组分颗粒依据沉降系数或者密度最后停留在离心管介质相应位置并形成区带的分离方法。

(1)原理:核酸密度梯度离心最常用的梯度介质是氯化铯(CsCl)或者蔗糖。一般分离 DNA 用氯化铯介质,将样品和介质混合在一起进行超速离心;随着介质在离心过程中形成自下而上的密度梯度,核酸分子通过上浮或下沉形成条带,稳定存在于等密度介质中。不同核酸分子大小、形状、密度不同,则条带形成和存在的位置不同,因而得以分离。

(2)实验结果预测及分析:当进行密度梯度离心时,由于超螺旋 DNA 密度大,离心后会在靠近离心管底部的位置形成区带,而线状 DNA 密度小,会在靠离心管开口端的位置形成区带,如此就可以将两者分开了。

八、分析论述题:每小题 13 分,共 26 分。

41.【考点】葡萄糖的降解和合成。

【解析】葡萄糖降解有磷酸戊糖途径、糖酵解途径、TCA 循环等;很多物质可以作为前体物质,通过葡萄糖的异生合成葡萄糖。

(1)葡萄糖降解。葡萄糖能够在己糖激酶催化产生 6-磷酸葡萄糖,后者经过糖酵解的多步反应产生丙酮酸。有氧的条件下,丙酮酸脱氢脱羧生成乙酰 CoA,乙酰 CoA 进入三羧酸循环彻底氧化分解成为 CO_2 和 H_2O;在无氧的条件下,丙酮酸可以进入乳酸发酵或者酒精发酵途径。

葡萄糖也可以直接通过磷酸戊糖途径进行代谢。葡萄糖在己糖激酶催化下生成 6-磷酸葡萄糖,后者进入磷酸戊糖途径产生磷酸戊糖、NADPH 和 CO_2。

(2)葡萄糖异生。有些细胞具有葡萄糖异生的能力。例如,细胞可以利用丙酮酸、氨基酸、甘油等前体进行葡萄糖异生作用。以丙酮酸为例,在丙酮酸羧化酶、PEP 羧激酶的催化下，丙酮酸转化为 PEP，后者利用糖酵解的可逆反应，经过多步反应转化为果糖-1，6-二磷酸；在果糖-1，6-二磷酸酶的催化下，果糖-1，6-二磷酸脱去磷酸产生 6-磷酸果糖。在磷酸己糖异构酶的催化下，6-磷酸果糖转化为 6-磷酸葡萄糖；葡萄糖-6-磷酸酶催化 6-磷酸葡萄糖脱去磷酸转化为葡萄糖。

42.【考点】原核生物蛋白质合成的忠实性。

【解析】参考刘国琴、杨海莲编著的《生物化学》第 382 页相关内容。

(1)氨酰 tRNA 合成酶的专一性及校正功能。氨酰 tRNA 合成酶专一性非常强，既能分辨氨基酸，又能识别特异 tRNA，而且有些酶还具有校对活性，可以使选择氨基酸和 tRNA 的错误率降低到万分之一以下。在氨酰-tRNA 合成酶作用下形成正确的氨酰-tRNA。

(2)高能耗有利于提高蛋白质合成的忠实性。蛋白质合成是一个高耗能过程，除了合成肽键所需要的能量，多提供的能量用来保证蛋白质合成的正确性。

(3)核糖体的校对作用。核糖体具有独特的结构组成，有多个功能位点，不仅方便氨酰-tRNA 与 mRNA 之间的碱基配对，它还能识别配对是否正确，在多种蛋白质因子协助下使错配氨酰 tRNA 在多个步骤上脱离下来，保障蛋白质合成的忠实性。

2021年全国硕士研究生招生考试农学门类联考

植物生理学与生物化学试题

植物生理学

一、选择题:1～10小题,每小题2分,共20分。在每小题给出的四个选项中,只有一个选项是最符合题目要求的。

1. 利用植物细胞的质壁分离现象可以(　　)。

A. 鉴别细胞壁的组分　　B. 鉴别膜蛋白的种类

C. 测定细胞膜的组成　　D. 测定细胞的渗透

2. 物质的跨膜运输可以通过通道和载体进行。下列关于通道运输和载体运输的叙述,错误的是(　　)。

A. 两种运输方式对所运输的物质均具有选择性

B. 通过通道的运输是顺电化学势梯度进行的

C. 两种运输方式均需要膜蛋白的参与

D. 两种运输方式均具有饱和效应

3. 异戊烯基焦磷酸(IPP)是植物萜类化合物合成的前体。下列途径中能够合成IPP的是(　　)。

A. 乳酸发酵途径　　B. 莽草酸途径

C. 甲羟戊酸途径　　D. 丙二酸途径

4. 光合电子传递是绿色植物光反应的重要环节。在光合电子传递链中,PSI传出电子的直接受体是(　　)。

A. Fd　　B. PQ

C. PC　　D. Cytb_6

5. 将C_3植物从光下转到暗中,短期内会有CO_2"猝发"现象发生。这主要是由于(　　)。

A. 葡萄糖的氧化　　B. 乙醇酸的氧化

C. 甘油醛-3-磷酸的氧化　　D. 3-磷酸甘油酸的氧化

6. 当韧皮部受到机械损伤时,植物会合成一种多糖使受伤的筛管封闭,这种多糖是(　　)。

A. 纤维素　　B. 果胶质

C. 淀粉　　D. 胼胝质

7. 用ETH处理拟南芥黄化幼苗时,不会出现的现象是(　　)。

A. 促进茎伸长生长　　B. 胚轴水平生长

C. 促进茎增粗生长　　D. 叶柄偏上生长

8. 下列关于植物体内ABA的叙述,错误的是(　　)。

A. 干旱可抑制植物体内ABA合成　　B. 根尖合成的ABA可运输到叶片

C. ABA可抑制GA的某些生理作用　　D. ABA属于倍半萜类化合物

9. FT 是拟南芥中产生的一种成花刺激物。下列关于 FT 的叙述,错误的是(　　)。

A. FT 是一种小分子量蛋白质
B. FT 在叶片中合成
C. FT 基因表达不受日照长度影响
D. FT 通过韧皮部运输到茎尖

10. 强光诱导植物衰老的主要原因是强光导致植物(　　)。

A. 呼吸速率下降
B. 活性氧大量产生
C. 物质运输速率变慢
D. 矿质吸收减少

二、实验题:11 小题,共 13 分。

11. 作物栽培实践中,发现某作物出现了缺 N 症状,分析认为这可能是由于缺 NO_3^- 或缺 Mo 引起的。请设计实验,通过测定 2 种生理指标(不包括直接测定 Mo 含量)来确定这一症状是由缺 NO_3^- 引起的还是缺 Mo 引起的。要求写出实验思路、实验设计的依据、预期实验结果和结论。

三、问答题:12～14 小题,每小题 6 分;15～16 小题,每小题 12 分。共 42 分。

12. 某些植物茎基部被切断时,其下切面会有汁液持续流出。请解释出现这一现象的原因。

13. 赤霉素对植物生长发育的调控作用是通过信号转导过程完成的。请简述赤霉素的信号转导途径。

14. 在我国北方地区,早春和晚秋经常发生作物冻害,造成减产。请简述植物受冻害后的主要症状及提高植物抗冻性的主要措施。

15. 依据碳同化途径,玉米和仙人掌分别属于哪种类型的植物?比较这两种植物碳同化途径的异同点。

16. 进入秋季,落叶树的叶片逐渐变黄或变红并脱落。请阐述叶片变色和脱落的生理机制。

生物化学

四、选择题:17～26 小题,每小题 2 分,共 20 分。在每题给出的四个选项中,只有一个选项是最符合题目要求的。

17. 下列科学家中,通过实验证明肺炎双球菌转化因子为 DNA 的是(　　)。

A. L. Pauling
B. O. Avery
C. J. Watson
D. F. Sanger

18. 下列构成蛋白质的氨基酸中,R 基团能够被磷酸化的是(　　)。

A. 甘氨酸
B. 酪氨酸
C. 苯丙氨酸
D. 甲硫氨酸

19. 下列酶中,可以从 C 末端水解多肽链的是(　　)。

A. 羧肽酶
B. 肽链内切酶
C. 氨肽酶
D. 限制性内切酶

20. 当米氏酶的反应速率达到最大反应速率的 60%时,K_m/[S]值应为(　　)。

A. 1/3
B. 2/3
C. 1/4
D. 2/5

21. 经常晒太阳可以促进人体皮肤合成的维生素是(　　)。

A. 维生素 A　　B. 维生素 B_1

C. 维生素 C　　D. 维生素 D_3

22. 下列酶中,能以磷酸二羟丙酮为底物的是(　　)。

A. 磷酸甘油酸激酶　　B. 磷酸甘油酸变位酶

C. 磷酸丙糖异构酶　　D. 磷酸甘油醛脱氢酶

23. 下列化合物中,能够直接抑制线粒体呼吸链复合物Ⅳ电子传递的是(　　)。

A. 氰化物　　B. 抗霉素 A

C. 寡霉素　　D. 安密妥

24. 下列化合物中,能将活化的棕榈酰基由细胞质基质转运进入线粒体的是(　　)。

A. ACP　　B. TPP

C. 柠檬酸　　D. 肉毒碱

25. 大肠杆菌 DNA 复制过程中,催化 DNA 双链打开的酶是(　　)。

A. 引发酵　　B. DNA 聚合酶Ⅰ

C. 解旋酶　　D. DNA 聚合酶Ⅲ

26. 下列通用密码子中,不能与 tRNA 上的反密码子 ICU 配对的是(　　)。

A. AGG　　B. AGA

C. AGU　　D. AGC

五、实验题:27 小题,共 13 分。

27. 在某湖泊中发现了一种细菌,并从该菌中分离得到一种蛋白酶。若要通过实验测定该蛋白酶的最适 pH,请写出实验原理及实验时应注意的事项(答出 4 点即可)。

六、问答题:28～30 小题,每小题 6 分;31～32 小题,每小题 12 分。共 42 分。

28. 小明同学在某蛋白质溶液中加入一些食盐,看到有白色的絮状物出现;兑水稀释后,又发现絮状物消失。请分析上述现象对应的生化原理。

29. 真核生物的呼吸链主要存在于线粒体内膜上。简述线粒体呼吸链的主要类型及其生物学意义。

30. 糖原是人体中主要的储能物质,在体内分解的主要方式是磷酸解。从产生 ATP 的角度分析,与水解相比,糖原磷酸解的优势是什么?

31. 在适当条件下,变性的 DNA 和蛋白质都可以复性,但相对而言,蛋白质复性较难。请结合 DNA 和蛋白质的结构特点分析其原因。

32. 某同学在实验中发现,当细胞中乙酰 CoA 浓度升高时,丙酮酸羧化酶活性会提高。请分析这一过程对糖代谢的影响。

2021 年全国硕士研究生招生考试农学门类联考

植物生理学与生物化学试题参考答案及解析

植物生理学

一、选择题

1.D　2.D　3.C　4.A　5.B　6.D　7.A　8.A　9.C　10.B

二、实验题

11.【答案要点】

(1)思路:取正常植株和缺素植株的功能叶片,测定 NO_3^- 含量和硝酸还原酶活性,据此判断缺 N 症状产生的原因。

(2)依据:Mo 是硝酸还原酶的组分,缺 Mo 时硝酸还原酶活性降低,导致体内积累 NO_3^-。硝酸还原酶是诱导酶,其表达受底物 NO_3^- 诱导,因此,缺 NO_3^- 时,硝酸还原酶活性低。

(3)预期结果和结论:与正常植株相比,若缺素植株 NO_3^- 含量高,硝酸还原酶的活性低,说明这一症状是由缺 Mo 引起的;若 NO_3^- 含量低,硝酸还原酶的活性低,说明这一症状是由缺 NO_3^- 引起的。

三、问答题

12.【答案要点】

(1)根系细胞主动吸收离子,导致根木质部导管溶质浓度增加,水势降低。

(2)土壤中水分顺水势梯度进入导管,所产生的根压推动汁液向上运输,从而使汁液从切面流出。

13.【答案要点】

(1)赤霉素与其受体结合形成复合体。

(2)复合体与 DELLA 蛋白结合导致 DELLA 蛋白泛素化,进而被蛋白酶体降解。

(3)DELLA 蛋白的降解导致受其阻遏的转录因子活化,赤霉素响应相关基因表达,产生相应生理效应。

14.【答案要点】

(1)症状

细胞失去膨压,组织柔软,叶片呈烫伤状,叶色变褐。

(2)措施

①抗冻锻炼:缓慢降低温度,提高植物对低温的适应能力。

②化学调控:喷施生长延缓剂,增强植物的抗冻性。

15.【答案要点】

(1)玉米是 C_4 植物,仙人掌是 CAM 植物。

(2)共同点

①都是在叶肉细胞中由 PEP 羧化酶催化 PEP 与 HCO_3^- 反应形成草酰乙酸,进一步还原为苹果酸。

②最终都通过卡尔文循环将 CO_2 合成酶。

(3)不同点

①卡尔文循环发生的部位不同:玉米在维管束鞘细胞中进行;仙人掌在叶肉细胞中进行。

②PEP 羧化反应发生的时间不同:玉米发生在白天,仙人掌发生在夜间。

③PEP 再生过程不同:玉米通过 PPDK 催化丙酮酸和 ATP 反应形成 PEP,而仙人掌通过淀粉降解等过程产生 PEP。

16.【答案要点】

(1)日照的缩短和气温的降低会诱导植物叶片衰老。衰老时叶绿素降解加快、合成减缓,叶绿素含量降低,而类胡萝卜素相对稳定,叶片呈现类胡萝卜素的颜色,叶片由绿变黄。

(2)有些植物受到低温影响,体内可溶性糖增多,花色素合成增加,叶片变红。

(3)秋季叶片生长素含量降低,使叶片和茎之间的生长素浓度梯度不能维持,导致离区细胞对乙烯敏感性增加;同时,短日照诱导乙烯合成。这样,在乙烯的作用下,离区细胞壁水解酶活性增加,细胞壁发生水解,叶片脱落。

(4)秋季叶片脱落酸含量增高。脱落酸能促进细胞壁水解酶合成,促进叶片脱落。

生物化学

四、选择题:17~26 小题,每小题 2 分,共 20 分。

17. 选择 B。

【考点】科学家贡献。

【解析】L. Pauling 提出了蛋白质的 α-螺旋结构模型;J. Watson 和 F. Crick 提出了 DNA 双螺旋结构模型;O. Avery 通过肺炎球菌转化实验证明遗传物质是 DNA;F. Sanger 建立了肽链的氨基酸顺序测定方法和双脱氧法测定 DNA 序列的方法。

18. 选择 B。

【考点】氨基酸的特性。

【解析】组成蛋白质的常见 20 种氨基酸中,酪氨酸、苏氨酸和丝氨酸具有羟基,常常是蛋白质磷酸化共价修饰的位点,组氨酸也可作为修饰位点。此题选择酪氨酸。

19. 选择 A。

【考点】蛋白质的酶切位点。

【解析】一些蛋白水解酶可以在特定的位点进行蛋白质肽键的切割。在进行蛋白质研究或者多肽链氨基酸顺序测定时可使用这些酶。蛋白水解酶分为内切酶和外切酶。内切酶是切断肽链内部氨基酸之间的肽键,外切酶是指从多肽链的 N 末端或者 C 末端依次切下氨基酸残基。本题选项羧肽酶,是外切酶,它从多肽链的 C 末端依次切下氨基酸残基。限制性内切酶是水解 3′，5′-磷酸二酯键的，不是水解蛋白质的。

20. 选择 B。

【考点】米氏方程的相关计算。

【解析】写出米氏方程，得知 $V/V_{max}=[S]/K_m+[S]$。$V/V_{max}=0.6$，因此，可得 $0.6=[S]/Km+[S]$，计算可知 $K_m/[S]=0.4/0.6=2/3$。

21. 选择 D。

【考点】维生素功能。

【解析】维生素是维持生物正常生长发育和代谢所必需的一类小分子微量有机化合物，大多需要从食物中摄取。而在紫外线照射下，人和动物的皮肤能够将 7-脱氢胆固醇转化为前维生素 D_3，继而再转变为维生素 D_3。因此，答案是维生素 D_3。

22. 选择 C。

【考点】糖酵解途径。

【解析】糖酵解途径有 10 步反应，都需要记忆。本题的考点是催化磷酸二羟丙酮的酶。本题选项中的 4 个酶，分别是磷酸甘油酸激酶、磷酸甘油酸变位酶、磷酸丙糖异构酶、磷酸甘油醛脱氢酶。其中只有磷酸丙糖异构酶能够以磷酸二羟丙酮为底物，催化磷酸二羟丙酮和 3-磷酸甘油醛之间的转化。

23. 选择 A。

【考点】生物氧化中电子传递链抑制剂及氧化磷酸化抑制剂。

【解析】我们学习的电子传递链抑制剂通常有三个抑制部位，分别是抑制电子从 NADH 向 CoQ 的传递，有安密妥等；抑制复合物Ⅲ电子传递的抗霉素 A；抑制电子通过复合物Ⅳ向氧气传递的抑制剂，有氰化物等。答案选择氰化物。寡霉素可以与 ATP 合酶结合抑制质子回流，从而抑制 ATP 的合成，它属于氧化磷酸化的抑制剂。

24. 选择 D。

【考点】脂肪酸的转运。

【解析】本题考点是长链脂肪酸从细胞质向线粒体基质的转运。转运过程需要肉毒碱（肉碱）转运系统。选项肉毒碱参与这个过程。选项 ACP 参与脂肪酸从头合成过程，作为脂酰基的载体。柠檬酸参与乙酰 CoA 从线粒体基质转运到细胞质的柠檬酸-丙酮酸循环。TPP 作为脱羧酶的辅因子发挥功能。

25. 选择 C。

【考点】原核生物 DNA 复制体系。

【解析】本题考察 DNA 复制体系中 4 个酶的功能。催化 DNA 双链打开的酶是解旋酶。引发酶（引物酶）参与引物合成，DNA 聚合酶Ⅲ参与前导链和后随链/滞后链的合成，DNA 聚合酶Ⅰ参与引物切除和填补空隙的过程，也可参与 DNA 的修复过程。

26. 选择 A。

【考点】密码子的特性。

【解析】本题考点是密码子与反密码子配对，考察学生对反向互补配对和碱基配对变偶规则的了解。密码子和反密码子变偶碱基位置分别是 3′端第一个碱基和 5′端第一个碱基，反密码子的变偶碱基是I时,可以与密码子变偶碱基A、U和C配对,所以答案是A,AGG无法和ICU配对。这道题略微有难度,因为考生得记住变偶规则,才能给出正确答案。

五、实验题:27小题,共13分。

27.【答题要点】

【考点】酶活性的测定,酶的最适pH测定。

【解析】①酶活性测定需要以下几个条件:最适温度、最适pH、底物浓度远大于酶浓度、测定酶促反应的初速度等。

②为了确定酶的最适pH,酶活性测定时需要满足除pH外的其他酶活性测定所需条件。

③设定不同酶促反应的缓冲体系,即pH不同的酶促反应体系,准确测定酶的活性。最后确定酶活性最高的酶促反应缓冲体系的pH为酶的最适pH。

六、问答题:28~30小题,每小题6分;31~32小题,每小题12分。共42分。

28.【答题要点】

【考点】蛋白质的性质-盐析和盐溶。

【解析】①蛋白质的溶解程度会受到溶液离子强度的影响。

②小明同学在蛋白质溶液中加入食盐(氯化钠),导致蛋白质发生沉淀,表现为白色絮状物,这是蛋白质的盐析现象;兑水后,溶液盐浓度降低,蛋白质溶解度增加,沉淀消失,表现为絮状物溶解消失,这是蛋白质的盐溶现象。

③盐析:是通过向蛋白质溶液中加入高浓度中性盐(如硫酸铵、氯化钠等),致使蛋白质发生沉淀的现象。盐析作用主要是由于大量中性盐的加入使水的活度降低,不仅原来溶液中的大部分水转变为盐离子的水化水,而且蛋白质分子表面通过静电作用结合的水化层也被移去以溶剂化盐离子,使蛋白质分子表面的疏水残基充分暴露,从而发生聚集而沉淀下来。

④低浓度中性盐增加蛋白质溶解度的现象称为盐溶。盐溶作用主要是由于蛋白质分子吸附某种盐类离子后形成带电层,使蛋白质分子彼此排斥,同时蛋白质分子与水分子间的相互作用加强,从而增加了蛋白质的溶解度。

29.【答题要点】

【考点】常见呼吸链类型及NADH和$FADH_2$的来源。

【解析】①真核细胞常见呼吸链类型有NADH呼吸链和$FADH_2$呼吸链。

② 细胞中生成NADH和$FADH_2$的反应很多,以脂肪酸β-氧化和TCA循环为例。脂肪酸本身的每一轮β-氧化将产生1个NADH、1个$FADH_2$和1个乙酰CoA;1个乙酰CoA进入TCA循环就能生成3个NADH,一个$FADH_2$。

③无论NADH还是$FADH_2$呼吸链,通过转移电子,可以建立线粒体内膜两侧的质子梯度,该梯度将推动ATP的合成。

④NADH进入NADH呼吸链可以产生2.5个ATP;$FADH_2$进入$FADH_2$呼吸链可以产生1.5个ATP,如此糖代谢或者脂肪酸β-氧化都能经过呼吸链产生大量ATP。

综上所述,呼吸链为物质彻底氧化产生ATP起到了关键的作用。

30.【答题要点】

【考点】糖原的降解。

【解析】①糖原是葡萄糖以 α-1,4-糖苷键和 α-1,6-糖苷键相连形成的多聚物。淀粉是葡萄糖以 α-1,4-糖苷键和 α-1,6-糖苷键相连形成的多聚物。

②糖原磷酸解的产物是 1-磷酸葡萄糖。如果淀粉水解的话,产物是葡萄糖。

③相比淀粉水解产物葡萄糖,糖原磷酸解的产物 1-磷酸葡萄糖通过磷酸己糖变位酶直接转化为 6-磷酸葡萄糖,继续进行糖酵解;而葡萄糖需要在激酶的作用下,消耗 1 分子 ATP 才能转化为 6-磷酸葡萄糖。因此,糖原磷酸解的产物代谢产生的 ATP 相对多于淀粉的水解产物。

31.【答题要点】

【考点】蛋白质结构和 DNA 结构;蛋白质和 DNA 的变性与复性。

【解析】①复性与生物大分子的空间结构复杂度以及维持空间结构的作用力相关。

②蛋白质是由氨基酸通过肽键相连形成的多肽链。有些蛋白质有三级结构,有些复杂的蛋白有四级结构。维持蛋白质空间结构的主要作用力是次级键,包括范德华力、氢键、离子键以及疏水相互作用,维持蛋白质三级结构的作用力还包括二硫键。蛋白质的变性是指维持蛋白质空间结构的次级键等被破坏,蛋白质空间结构发生不同程度的变化,无法执行生物学功能,但是肽键没有断裂。当去除变性因素后,蛋白质在特定的条件下可能会发生复性,即空间结构恢复正常,能够发挥功能。

③DNA 是由脱氧核糖核苷酸以 3′,5′磷酸二酯键相连形成的多核苷酸链。维持其空间结构的作用力包括碱基堆积力、氢键和离子键。当这些作用力受到破坏时,DNA 的双螺旋结构被破坏,但是 3′,5′磷酸二酯键没有断裂,DNA 发生变性。但去除变性因素后,DNA 在特定的条件下可能会发生复性,恢复双螺旋结构。

④与 DNA 的 4 种核苷酸组成及双螺旋结构相比较,组成蛋白质的氨基酸有 20 多种,其侧链基团多样性丰富,空间结构也复杂多样。氨基酸残基的侧链、蛋白质主链以及环境因素等多种因素参与蛋白质三级结构、四级结构的形成,因此,蛋白质复性的条件相对复杂,复性也就相对比较困难。

32.【答题要点】

【考点】糖代谢中丙酮酸生成乙酰 CoA、TCA 循环和葡萄糖异生途径的代谢调节。

【解析】①丙酮酸羧化酶是葡萄糖异生途径的调节酶。乙酰 CoA 是丙酮酸羧化酶的激活剂,它可以激活丙酮酸羧化酶,催化丙酮酸羧化产生草酰乙酸;草酰乙酸可以在磷酸烯醇式丙酮酸羧激酶催化下生成磷酸烯醇式丙酮酸进入葡萄糖异生途径。

②乙酰 CoA 和草酰乙酸均为 TCA 循环的底物,两者浓度的升高有助于提高柠檬酸合酶的活性,从而提高 TCA 循环的速度。

③乙酰 CoA 也是丙酮酸激酶的抑制剂,它的增加会抑制丙酮酸的生成,即抑制葡萄糖生成丙酮酸的酵解过程。

④丙酮酸在丙酮酸脱氢酶复合体催化下脱氢脱羧生成乙酰 CoA。乙酰 CoA 对丙酮酸脱氢酶复合体中二氢硫辛酰乙酰转移酶有抑制作用,当乙酰 CoA 积累时会抑制丙酮酸脱氢脱羧反应。

2022年全国硕士研究生招生考试农学门类联考

植物生理学与生物化学试题

植物生理学

一、选择题：1～10小题，每小题2分，共20分。在每小题给出的四个选项中，只有一个选项是最符合题目要求的。

1. 下列关于植物组织和细胞水势的叙述，错误的是（　　）。

A. 细胞的Ψ_p增大时水势变小　　B. 通常植物细胞水势≤0 MPa

C. 初始质壁分离的细胞$\Psi_w=\Psi_s$　　D. 叶片组织水势可用小液流法测定

2. 下列关于植物必需元素功能的叙述，错误的是（　　）。

A. 镍促进细胞内尿素的水解　　B. 缺磷时糖转运会受阻

C. 缺锌会导致IAA含量升高　　D. 氯参与光合放氧反应

3. 下列关于叶绿体的叙述，错误的是（　　）。

A. 叶绿体是半自主性细胞器　　B. 叶绿体内被膜上有叶绿素分布

C. 叶绿体的类囊体膜为单层膜　　D. 叶绿体基质是光合碳同化场所

4. 下列同化物转运过程中，需要质子电化学势梯度推动的是（　　）。

A. 通过共质体途径的韧皮部卸出　　B. 通过共质体途径的韧皮部装载

C. 同化物在韧皮部筛管中的运输　　D. 通过质外体途径的韧皮部装载

5. 植物的次生代谢物质可分为酚类、萜类和含氮化合物三大类。下列物质中属于酚类的是（　　）。

A. 尼古丁　　B. 花青素

C. 紫杉醇　　D. 咖啡因

6. 下列物质中，可作为植物胞内第二信使的是（　　）。

A. IP_3　　B. G蛋白

C. GA　　D. ABA

7. 下列植物生长物质中具有促进果实生长作用的是（　　）。

A. 赤霉素　　B. 乙烯

C. 水杨酸　　D. 脱落酸

8. 豌豆黄化幼苗经红光照射后（　　）。

A. 叶片展开和茎伸长生长均受到促进　　B. 叶片展开和茎伸长生长均受到抑制

C. 叶片展开受到抑制，茎伸长生长受到促进　　D. 叶片展开受到促进，茎伸长生长受到抑制

9. 下列关于 LDP 和 SDP 的叙述,正确的是(　　)。

A. 光期的暗间断促进 LDP 成花　　B. 暗期的光间断促进 SDP 成花

C. SDP 南种北引时开花会推迟　　D. LDP 的临界日长一定长于 SDP 的临界日长

10. 下列关于植物叶片衰老的叙述,错误的是(　　)。

A. 激动素具有延缓叶片衰老的作用　　B. 叶片衰老是细胞程序性死亡过程

C. 短日照可诱导落叶树叶片衰老　　D. 活性氧积累会抑制叶片衰老过程

二、实验题:11 小题,共 13 分。

11. 为研究某植物叶片水势与叶片扩展速率及光合速率之间的关系,研究人员进行了相关实验,结果如下表所示。

叶片水势/MPa	−0.2	−0.3	−0.4	−0.5	−0.8	−1.2	−1.6	−1.8
叶片扩展速率 (叶面积增加百分数/d)	15.8	14.5	0.2	0	0	0	0	0
光合速率 (μmol $CO_2/m^2 \cdot s$)	22.5	22.6	22.3	22.5	20.2	14.3	7.1	5.8

回答下列问题:

(1)据表分析实验结果并得出结论。

(2)写出一种测定光合速率的方法,并说明其原理。

三、问答题:12～14 小题,每小题 6 分;15～16 小题,每小题 12 分。共 42 分。

12. 水分和温度是影响种子萌发的重要因素。请简述水分和温度在种子萌发中的作用。

13. 什么是末端氧化酶? 请写出植物体内 4 种末端氧化酶。

14. PSⅠ是光合电子传递链的重要组分。请简述在 PSⅠ上进行的光能吸收传递及电子传递过程。

15. 提高植物抗旱性的栽培措施有哪些? 说明其生理依据。

16. 乙烯在植物体中广泛存在,并通过细胞信号转导过程产生生理作用。请阐述乙烯的生理作用(答出 4 点即可),并说明乙烯信号转导途径。

生 物 化 学

四、选择题:17～26 小题,每小题 2 分,共 20 分。在每小题给出的四个选项中,只有一个选项是最符合题目要求的。

17. 氨基酸是两性电解质,下列氨基酸侧链基团中,在生理条件下既可以作为质子受体,又可以作为质子供体的是(　　)。

A. His 的咪唑基　　B. Trp 的吲哚基

C. Arg 的胍基　　D. Cys 的巯基

18. α 螺旋是蛋白质二级结构的常见形式之一，稳定 α 螺旋的主要作用力是(　　)。

A. 酯键　　B. 氢键

C. 离子键　　D. 二硫键

19. 生物体内的一碳单位与氨基酸代谢密切相关。下列基团或化合物中，不属于一碳单位的是(　　)。

A. $—CH_3$　　B. —CHO

C. —CH═　　D. CO

20. 当人体缺乏某种维生素导致暗适应能力下降时，可以适当补充(　　)。

A. 维生素 A　　B. 烟酰胺

C. 维生素 D　　D. 叶酸

21. 巯基是某些生物分子中的重要基团。下列化合物中，没有巯基的是(　　)。

A. ACP　　B. Met

C. CoA　　D. GSH

22. 下列化合物中，属于三羧酸循环中间产物的是(　　)。

A. 磷酸烯醇式丙酮酸　　B. 延胡索酸

C. 丙二酸　　D. 磷酸二羟丙酮

23. 下列参与糖代谢的酶中，既参与糖酵解又参与糖异生的是(　　)。

A. 转醛酶　　B. 丙酮酸激酶

C. 转酮酶　　D. 醛缩酶

24. 下列酶中，催化糖原生成 1-磷酸葡萄糖的是(　　)。

A. 糖原磷酸化酶　　B. 糖原合酶

C. UDPG 焦磷酸化酶　　D. 磷酸葡萄糖变位酶

25. 下列有关大肠杆菌中转录的叙述，正确的是(　　)。

A. RNA 聚合酶的作用需要引物　　B. 转录需要 dNTP 作为底物

C. 核心酶催化 RNA 链延伸　　D. 转录起始依赖 ρ 因子

26. 核酸变性后理化性质会发生变化。双链 DNA 热变性后会出现的现象是(　　)。

A. T_m 值升高　　B. 黏度升高

C. 增色效应　　D. 减色效应

五、实验题：27 小题，共 13 分。

27. 在某种酶的反应体系中加入一种小分子抑制剂，发现酶活性受到抑制。请用两种实验来判断该小分子是可逆抑制剂还是不可逆抑制剂。要求写出实验设计的依据和实验方法，预测实验结果并得出实验结论。

六、问答题：28～30 小题，每小题 6 分；31～32 小题，每小题 12 分。共 42 分。

28. 人的头发中主要含有哪种蛋白质？利用化学试剂处理可以使直发变成卷发，请简述其生化原理。

29. 简述 NADPH 与 NADH 的结构差异，并写出它们在细胞代谢中的作用(各答出 1 点即可)。

30. β-氧化是脂肪酸分解的重要途径。请写出丁酰 CoA 经过 β-氧化途径分解所需酶和终产物(含有碳骨架)的名称。

31. 共价修饰调节是生物体内酶活性调节的重要方式。请写出酶活性共价修饰调节的概念,并阐述酶的磷酸化/脱磷酸化共价修饰调节作用的特点。

32. DNA 是主要的遗传物质。请结合 DNA 的结构、稳定性、合成和损伤修复的特点,阐述 DNA 适合作为遗传物质的原因。

2022 年全国硕士研究生招生考试农学门类联考

植物生理学与生物化学试题参考答案

植物生理学

一、选择题

1. A　2. C　3. B　4. D　5. B　6. A　7. A　8. D　9. C　10. D

二、实验题

11.【答案要点】

(1)在叶片水势为－0.5～－0.2 MPa 时，叶片扩展速率随着水势的下降而下降，在水势为－0.5 MPa 时，叶片停止扩展；在水势为－0.5～－0.2 MPa 时，光合速率基本不变，在水势低于－0.5 MPa 时，光合速率才随水势的下降而下降。上述结果表明一定范围内叶片水势的变化会影响叶片扩展速率和光合速率，且叶片扩展比光合作用更易受到水分亏缺的影响。

(2)红外线 CO_2 分析仪法。

原理：CO_2 能够吸收红外线，在一定浓度范围内吸收强度与 CO_2 浓度呈线性关系。通过测定叶室中 CO_2 浓度的变化，可计算出叶片单位时间内单位叶面积吸收 CO_2 的量，即光合速率。

三、问答题

12.【答案要点】

(1)种子吸水后，原生质由凝胶状态转变为溶胶状态，细胞代谢水平提高；种皮软化，使氧气容易透过、胚的呼吸作用增强，同时使胚根易于突破种皮。

(2)种了萌发时代谢活动受一系列酶的催化，酶促反应速率与温度密切相关。

13.【答案要点】

(1)末端氧化酶是指能将底物脱下的电子直接传递给 O_2，并生成 H_2O 或 H_2O_2 的酶类。

(2)细胞色素氧化酶，交替氧化酶，酚氧化酶，抗坏血酸氧化酶。

14.【答案要点】

(1)PSⅠ的天线色素吸收光能后通过诱导共振方式将能量传递到作用中心色素 P700，P700 接受能量成为激发态。

(2)激发态的 P700 将电子传递给电子受体 A_0，再通过 $A_1 \rightarrow Fes_X \rightarrow FeS_A/FeS_B$ 传递给 Fd。P700 失去电子后从 PC 接受电子。

15.【答案要点】

(1)抗旱锻炼。在适当的时期对植物进行适度的干旱处理可促进根系生长，根冠比增大，吸水能力增强;植物细胞的束缚水含量相对提高,渗透调节物质增加,吸水和保水能力增强。

(2)合理施肥。适当增施磷、钾肥,少施氮肥,可促进根系生长,提高根冠比,增强吸水能力;增施钾肥可降低细胞渗透势,提高吸水和保水能力。

(3)使用抗蒸腾剂。抗蒸腾剂使气孔开度减少,减少水分散失。

16.【答案要点】

(1)生理作用

①促进果实成熟:果实成熟过程中,乙烯增加细胞膜的透性,提高呼吸速率,促进果实内有机物转化。

②促进脱落:乙烯通过促进纤维素酶和果胶酶等水解酶的合成及向细胞壁的释放,加速细胞壁降解,促使器官脱落。

③三重反应:乙烯抑制茎的伸长生长、促进茎的加粗生长和水平生长。

④诱导雌花分化:乙烯可促进某些雌雄异花同株植物的雌花分化。

(2)信号转导途径:乙烯与受体(ETR1)结合,使 CTR1 的激酶活性丧失,EIN2 磷酸化水平降低,进而抑制转录因子 EIN3 的泛素化降解,启动下游乙烯响应基因的表达,产生乙烯诱导的生理反应。

生 物 化 学

四、选择题

17. 选择 A。

【考点】氨基酸的性质。

【解析】根据侧链基团不同,氨基酸分为极性不带电荷、极性带正电荷、极性带负电荷以及非极性几类。选项 B 色氨酸是非极性氨基酸,D 半胱氨酸属于极性不带电荷氨基酸。A 组氨酸和 C 精氨酸均为极性带正电荷的氨基酸。而组氨酸的咪唑基解离值 pK_R 为 6.04,说明在生理 pH 条件下,这个基团可以有一部分解离,有一部分不解离,既可以作为质子的受体,也可作为质子的供体。

18. 选择 B。

【考点】蛋白质的二级结构。

【解析】蛋白质二级结构典型类型包括 α-螺旋和 β-折叠以及转角等。α-螺旋和 β-折叠的结构特征是考试的重点内容。这里测试的是维持 α-螺旋结构稳定性的主要作用力。选项 A 酯键和选项 D 二硫键都是共价键,选项 C 离子键在维持蛋白质二级结构中也起作用,但是主要作用是氢键。

19. 选择 D。

【考点】一碳单位。

【解析】一碳单位在氨基酸和核苷酸代谢中发挥重要作用,当然在其他过程中也有重要的作用。这里考查的是一碳单位的类型。题干中只有 D 选项 CO 不是一碳单位/一碳基团。可以参考《指南》的相应位置或者任何生化教材有关一碳单位的部分进行复习,掌握一碳单位的概念和种类。

20. 选择A。

【考点】维生素与辅酶。

【解析】考点是维生素A的作用。有关维生素与辅酶的部分作为单选题进行考核是很普遍的事情，这里每个维生素和辅酶的对应关系以及维生素的活性形式及作用需要掌握。

21. 选择B。

【考点】重要分子缩写及结构。

【解析】本题的考点是学生对含巯基分子的了解。选项A是酰基载体蛋白ACP，参与脂肪酸从头合成途径；选项B甲硫氨酸Met，它含有S元素，但是不是巯基形式；选项C是CoA，它参与脂肪酸β-氧化，含有巯基；选项D是谷胱甘肽的还原形式，简写成GSH，含有巯基。因此，答案是选项B，它不含巯基。

22. 选择B。

【考点】三羧酸循环中间产物。

【解析】三羧酸循环是考试的重中之重。选项A和D是糖酵解和葡萄糖异生途径的共同中间产物；选项C丙二酸不是三羧酸循环的中间产物，只是在谈到琥珀酸脱氢酶的抑制剂时，提到丙二酸与琥珀酸结构类似，是琥珀酸脱氢酶的竞争性抑制剂；选项B延胡索酸是三羧酸循环的中间产物。

23. 选择D。

【考点】糖酵解和葡萄糖异生途径。

【解析】与三羧酸循环一样，糖酵解和葡萄糖异生途径几乎是必考内容。选项A和C是在磷酸戊糖途径非氧化阶段讲过的两个酶；选项B丙酮酸激酶是催化糖酵解途径的最后一步反应的酶，该反应不可逆，是不参与葡萄糖异生的；选项D醛缩酶是糖酵解和葡萄糖异生途径共有的酶。

24. 选择A。

【考点】糖原代谢。

【解析】本题考查的是学生对糖原代谢的掌握情况。选项B糖原合酶参与的是糖原合成过程中糖链的延伸；选项C UDPG焦磷酸化酶参与的是糖原合成时活性葡萄糖UDPG的合成；选项D磷酸葡萄糖变位酶催化的是1-磷酸葡萄糖和6-磷酸葡萄糖之间的转化反应；而选项A糖原磷酸化酶参与的才是和糖原降解直接相关的反应，从糖原分子的非还原端切断葡萄糖之间的α-1,4-糖苷键，产生1-磷酸葡萄糖。

25. 选择C。

【考点】RNA的合成。

【解析】本题考查的是RNA合成和RNA聚合酶的功能。选项A“RNA聚合酶的作用需要引物”是错误的，DNA聚合酶合成DNA时需要引物；选项B RNA聚合酶的底物是NTP，而不是dNTP；选项D“转录起始依赖于ρ因子”，其实原核生物转录起始依赖于σ因子，而终止时依赖于ρ因子；选项C RNA聚合酶核心酶能够催化RNA的聚合，所以该选项是正确的。

26. 选择C。

【考点】DNA的性质。

【解析】本题考查的是DNA的变性。选项A T_m，熔解温度，代表DNA变性一半时的温度，该值不会随着 DNA 热变性而发生改变；双键 DNA 变性后，黏度会减小，所以选项 B 错误；双键 DNA 热变性后，由于碱基外翻会导致紫外吸收增加，即产生所谓的增色效应；当在合适的条件下，解链后的单链 DNA 互补重新形成双螺旋时，紫外吸收会减小，产生减色效应。所以，选项 C 正确。

五、实验题

27.【答案要点】

1. 抑制剂常常被分为可逆抑制剂和不可逆抑制剂。不可逆抑制剂通常是通过共价键或者非共价键与酶蛋白分子紧密结合，不易分离；可逆抑制剂与酶蛋白质结合是依靠非共价键，通过一定的方法可以将两者分开。

2. 判定小分子抑制剂是可逆抑制剂还是不可逆抑制剂，简单的方法就是分离抑制剂和酶蛋白。

3. 透析、超滤以及凝胶过滤层析等方法均能够将小分子抑制剂与酶蛋白有效分离开来。

4. 通过上述三种方式对酶和抑制剂的混合物进行分离，分别测定无抑制剂的酶、酶和抑制剂混合物、分离抑制剂后的酶三类样品的酶活性，之后对比三者的酶活性就可以确定抑制剂的类型。如果分离抑制剂后样品与酶和抑制剂混合的样品，其酶活性没有差别，那么抑制剂就是不可逆抑制剂；如果分离抑制剂后样品与酶和抑制剂混合样品，前者酶活性高于后者，而且与无抑制剂酶样品的酶活性近乎一致，那么抑制剂就是可逆抑制剂。

六、问答题

28. 人的头发中主要含有哪种蛋白质？利用化学试剂处理可以使直发变成卷发，请简述其生化原理。

【答案要点】

【考点】α-角蛋白的结构特点。

【解析】

①角蛋白是组成动物皮肤和皮肤衍生物的蛋白类型。人体头发中含有的主要蛋白质是 α-角蛋白，它的主要结构单元是由两个含在 α-螺旋结构的肽链形成的 $\alpha\alpha$ 的超二级结构。相邻分子 α-螺旋之间是由它们所含的半胱氨酸残基间的二硫键交联起来的。在湿热条件下，角蛋白 α-螺旋结构中的氢键能够被破坏，α-螺旋构象转化为 β-构象的伸展状态。

②烫发是在湿热条件下进行的，把头卷成特定的形状，并涂上还原剂，结果 α-螺旋结构中的氢键被破坏，二硫键被还原破坏；之后再涂上氧化剂，与原有二硫键不同的新二硫键形成；待头发冷却后，则蛋白质的构象恢复到原有构象。如图所示：图中的还原和卷曲在烫发时是同时进行的。

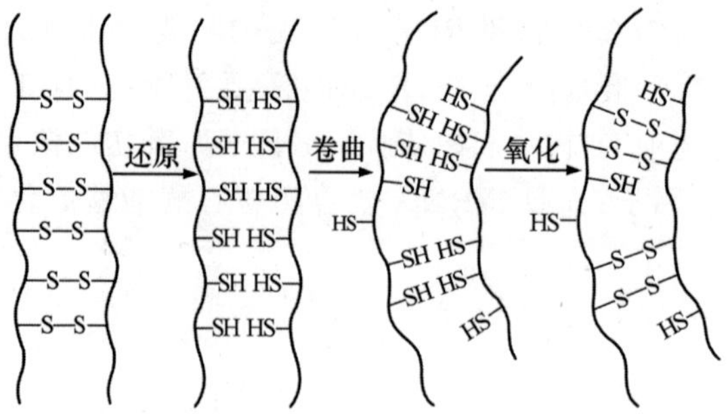

29. 简述 NADPH 与 NADH 的结构差异，并写出它们在细胞代谢中的作用。(各答出 1 点即可)

【答题要点】

【考点】NADPH 和 NADH 的结构和功能。

【解析】

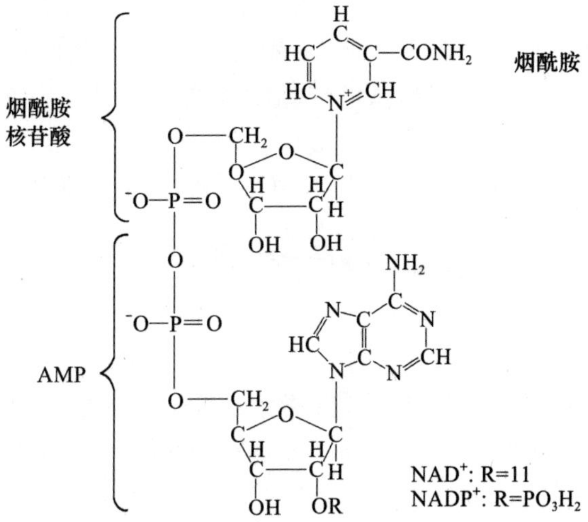

(1)结构差异：由图片可以发现 NADPH 和 NADH 结构几乎一致，不同之处在于两者结构的 AMP 组分中核糖的 2′-羟基，前者被磷酸酯化。

(2)功能：NADPH 被作为还原力，常常提供氢和电子参与细胞中物质的还原反应。例如，脂肪酸从头合成途径；NADH 是电子传递链的电子供体，参与 ATP 的生成。

30. β-氧化是脂肪酸分解的重要途径。请写出丁酰 CoA，经过 β-氧化途径分解所需酶和终产物(含有碳骨架)的名称。

【答题要点】

【考点】脂肪酸的 β-氧化。

【解析】丁酰-CoA 是一个四碳化合物，它可以经过一轮 β-氧化产生 2 分子乙酰 CoA。分解过程分为 4 步：

①丁酰 CoA＋FAD→烯丁酰 CoA＋$FADH_2$　脂酰 CoA 脱氢酶

②烯丁酰 CoA＋H_2O→L-β-羟丁酰 CoA　Δ^2-反-烯脂酰 CoA 水合酶

③L-β-羟丁酰 CoA＋NAD^+→β-酮丁酰 CoA(乙酰乙酰 CoA)＋NADH＋H^+　L-β-羟脂酰 CoA 脱氢酶

④β-酮丁酰 CoA＋HS-CoA→2 乙酰 CoA　β-酮脂酰 CoA 硫解酶

31. 共价修饰调节是生物体内酶活性调节的重要方式。请写出酶活性共价修饰调节的概念，并阐述酶的磷酸化/脱磷酸化共价修饰调节作用的特点。

【答题要点】

【考点】共价修饰调节。

【解析】

①共价修饰调节是酶活性调节的一种类型。可作为共价修饰的化学基团很多,磷酸化/脱磷酸化的共价修饰的最常见的方式。

②组成酶蛋白的一些氨基酸残基侧链因共价连接一个化学基团或者去掉一个化学基而致使酶活性发生激活或者失活的变化,这种酶活性的调节方式被称为酶的共价修饰。

③磷酸化/脱磷酸化的酶共价修饰调节存在相互转化。例如:丙酮酸脱氢酶复合体中的丙酮酸脱氢酶,其磷酸化的形式是无活性的,脱磷酸的形式是有活性的,两者之间在特定酶的催化下能够发生相互转化。有些酶,其磷酸化形式是有活性的,而脱磷酸化形式无活性。不同的酶,情况不同。

32. DNA 是主要的遗传物质。请结合 DNA 的结构、稳定性、合成和损伤修复的特点,阐述 DNA 适合作为遗传物质的原因。

【答题要点】

【考点】DNA 的结构、复制和修复。

【解析】

①作为遗传物质,DNA 具有双螺旋结构,当进行复制时,两条链分别作为模板,通过碱基互补将信息传递给子代。当进行转录时,以一条链为模板,通过碱基互补准确地将模板链中的信息传递下去。

②DNA 是以脱氧核糖核苷酸为结构单元,通过 3′,5′-磷酸二酯链相连。在细胞中,通常与碱性蛋白相互作用形成比较稳定的结构,防止被降解。例如,在真核生物中,DNA 与组蛋白形成核小体结构,非复制时以染色体的形式存在。

③细胞中 DNA 合成是在 DNA 聚合酶以及其他酶及蛋白的帮助下完成的,合成具有高保真性,同时细胞中还有多种修复机制保证其合成的准确性。例如,DNA 聚合酶就有 3′→5′核酸外切酶活性,在 DNA 合成时一旦掺入错误的脱氧核糖核苷酸,该酶将发挥其校正功能切除错误的脱氧核糖核苷酸;即使 DNA 聚合酶没有发现错误加入的脱氧核糖核苷酸,在 DNA 复制完成之前,细胞的错配修复机制也能发挥作用,去除错误掺入的脱氧核糖核苷酸。

综上所述,上述因素为 DNA 作为遗传物质提供了有力的保障。

2023年全国硕士研究生招生考试农学门类联考

植物生理学与生物化学试题

植物生理学

一、选择题:1～10小题,每小题2分,共20分。在每题给出的四个选项中,只有一个选项是最符合题目要求的。

1. 植物叶片保卫细胞是一种特化的表皮细胞。下列细胞器中,保卫细胞具有而其他表皮细胞不具有的是(　　)。

A. 线粒体　　B. 液泡　　C. 叶绿体　　D. 高尔基体

2. 下列矿质元素中,在植物体内含量最高的是(　　)。

A. Mg　　B. K　　C. Cu　　D. Fe

3. 在叶绿体中,主要分布于类囊体膜垛叠区的蛋白复合体是(　　)。

A. Cyt b_6/f　　B. PS Ⅰ　　C. PS Ⅱ　　D. ATP合酶

4. C_4-二羧酸途径中,将磷酸烯醇丙酮酸转变为草酰乙酸的酶是(　　)。

A. 丙酮酸脱氢酶　　B. 丙酮酸磷酸双激酶

C. 苹果酸脱氢酶　　D. PEP羧化酶

5. 将C_3植物由光下移入暗中,短时间内叶绿体基质中(　　)。

A. Mg^{2+}浓度降低,pH升高　　B. Mg^{2+}浓度降低,pH降低

C. Mg^{2+}浓度升高,pH升高　　D. Mg^{2+}浓度升高,pH降低

6. 下列植物激素中,能够促进植物木质部导管分化的是(　　)。

A. 赤霉素　　B. 油菜素内酯　　C. 乙烯　　D. 脱落酸

7. 具有诱导细胞壁酸化作用的植物激素是(　　)。

A. IAA　　B. CTK　　C. GA　　D. ABA

8. 下列关于植物体内蛋白质功能的叙述,错误的是(　　)。

A. PIN蛋白参与IAA的极性运输　　B. P-蛋白可堵塞筛孔防止汁液流失

C. LEA蛋白能促进细胞伸长生长　　D. FT蛋白参与光周期诱导的成花反应

9. 南方的短日植物红麻引种到北方,红麻的(　　)。

A. 开花时间提前　　B. 营养生长期延长

C. 纤维产量降低　　D. 开花时间不变

10. 下列物质中,不能作为植物细胞渗透调节物质的是(　　)。

A. 脯氨酸　　B. 甜菜碱　　C. 蔗糖　　D. 淀粉

二、实验题:11 小题,共 13 分。

11. 细胞分裂素具有调运营养物质向其所在部位移动的作用,请以子叶展开期的黄瓜幼苗为实验材料设计实验进行验证(要求简要写出实验思路和预期结果)。

三、问答题:12~14 小题,每小题 6 分;15~16 小题,每小题 12 分。共 42 分。

12. 氮是植物的重要营养元素之一。简述植物根系可吸收的氮素形式及缺氮的主要症状。
13. 植物细胞线粒体内膜上存在细胞色素电子传递途径和交替电子传递途径。请比较这两条途径的异同点。
14. 简述光合产物从光合细胞进入筛管-伴胞复合体的途径。
15. 光受体接受光信号后可调控植物的生长发育过程。请阐述光受体在植物光形态建成中的作用。
16. 植物受到干旱胁迫后光合速率下降,请分析光合速率下降的原因。

生 物 化 学

四、选择题:17~26 小题,每小题 2 分,共 20 分。在每题给出的四个选项中,只有一个选项是最符合题目要求的。

17. 下列学说中,由我国科学家吴宪提出的是(　　)。
    A. 中间产物学说　　B. 蛋白质变性学说
    C. 诱导契合学说　　D. 化学渗透学说
18. 下列氨基酸中,属于极性不带电荷氨基酸的是(　　)。
    A. Ala　　B. Val　　C. Arg　　D. Cys
19. 戊二酸对琥珀酸脱氢酶的抑制作用属于(　　)。
    A. 不可逆抑制　　B. 反竞争性抑制　　C. 非竞争性抑制　　D. 竞争性抑制
20. 下列维生素中,被认为是一种抗恶性贫血因子的是(　　)。
    A. 氰钴胺素　　B. 硫胺素　　C. 维生素 E　　D. 维生素 K
21. 下列化合物中,属于糖酵解途径中磷酸果糖激酶别构激活剂的是(　　)。
    A. ATP　　B. 柠檬酸　　C. NADH　　D. 2,6-二磷酸果糖
22. 下列酶中,均能催化底物水平磷酸化的是(　　)。
    A. 己糖激酶和丙酮酸激酶　　B. 丙酮酸激酶和琥珀酰 CoA 合成酶
    C. 磷酸甘油酸激酶和柠檬酸合酶　　D. 己糖激酶和琥珀酰 CoA 合成酶
23. 下列酶中,催化的反应有 CO_2 释放的是(　　)。
    A. 丙酮酸羧化酶　　B. 异柠檬酸脱氢酶
    C. 琥珀酸脱氢酶　　D. 乙酰 CoA 羧化酶
24. 脂肪分解代谢中,3-磷酸甘油经磷酸甘油脱氢酶催化生成的产物是(　　)。
    A. 2-磷酸甘油酸　　B. 3-磷酸甘油酸
    C. 磷酸二羟丙酮　　D. 3-磷酸甘油醛

25. 在用变性聚丙烯酰胺凝胶电泳测定蛋白质分子量时，下列化合物中能使蛋白质变性的是(　　)。

A. SDS　　B. Tris　　C. 甘氨酸　　D. 溴酚蓝

26. 大肠杆菌 DNA 聚合酶Ⅲ中具有 3′→5′核酸外切酶活性的亚基是(　　)。

A. α 亚基　　B. β 亚基　　C. ε 亚基　　D. σ 亚基

五、实验题：27 小题，共 13 分。

27. 现有脑啡肽(Tyr-Gly-Gly-Phe-Met)和脯氨酸溶液各一瓶，请用两种实验方法区分上述溶液。要求写出每种实验方法的名称、原理和预期结果。

六、问答题：28～30 小题，每小题 6 分；31～32 小题，每小题 12 分。共 42 分。

28. 人体中含有多种乳酸脱氢酶同工酶。请写出同工酶的概念及乳酸脱氢酶催化的反应式。

29. 请写出磷酸戊糖途径中以 $NADP^+$ 为辅酶的酶的名称，并简述磷酸戊糖途径的主要生物学意义。

30. 生物体有多种 DNA 损伤修复系统。请简述重组修复的主要特点。

31. 生物氧化生成 ATP 的过程受到多种因素的影响。请阐述呼吸链电子传递抑制剂、氧化磷酸化抑制剂和解偶联剂的主要作用特点。

32. 核酸是生物体内的重要物质。请围绕中心法则阐述核酸的主要生物学功能。

2023年全国硕士研究生招生考试农学门类联考

植物生理学与生物化学试题参考答案

植物生理学

一、选择题

1. C

【考点】气孔蒸腾的调控机理

【解析】气孔是植物叶片与外界进行气体交换的主要通道，气孔通过调节保卫细胞内水分得失引起其体积的变化，进而调节小孔的大小来控制气体进出叶片。保卫细胞具有明显的结构特征：①细胞壁不均匀加厚；②细胞壁纤维素微纤丝的排列不同；③保卫细胞具有叶绿体而表皮细胞不含叶绿体。

2. B

【考点】植物必需元素的主要生理功能

【解析】K^+是大多数植物活细胞中含量最高的无机离子，也是调节植物细胞渗透势的最重要的组分。

3. C

【考点】叶绿体的结构和功能

【解析】PSⅡ主要集中在基粒类囊体的垛叠区，PSⅠ和ATP合酶主要分布于基质类囊体膜上或者基粒类囊体的非垛叠区，Cyt b_6/f蛋白复合物在类囊体的膜上分布较为均匀。

4. D

【考点】C_4途径

【解析】在C_4-二羧酸途径中，PEP羧化酶在叶肉细胞的细胞质基质中催化磷酸烯醇式丙酮酸(PEP)转化形成草酰乙酸(OAA)。

5. B

【考点】卡尔文循环的调节

【解析】Rubisco具有钝化和活化两种形式，光调节Rubisco的活性。光下，H^+从叶绿体基质转运到类囊体腔，与H^+偶联的Mg^{2+}从类囊体腔转运到基质中，使基质的pH升高，Mg^{2+}浓度提高。基质中较高的pH和Mg^{2+}浓度都是Rubisco的活化所需要的。光下Rubisco活化酶被激活，与Rubisco结合，使Rubisco构象发生变化，释放RuBP，游离态的Rubisco与CO_2和Mg^{2+}结合，Rubisco被活化，形成具有催化活性的酶。黑暗中，RuBP结合在Rubisco上，使其钝化。

6. B

【考点】油菜素内酯(甾醇)的生理功能

【解析】油菜素内酯(甾醇)的主要生理功能如下：

(1)促进细胞扩大和分裂。

(2)促进导管分化。

(3)增强植物的抗逆性。

(4)影响花粉发育和育性，促进花粉管的伸长。

7. A

【考点】生长素诱导细胞伸长作用的机理

【解析】生长素诱导细胞伸长生长的酸生长理论：在生长素诱导的细胞壁酸生长过程中，生长素诱导增强了质膜上 H^+-ATPase 的活性，促进 H^+ 泵出导致细胞壁环境酸化，细胞壁中的扩张蛋白在酸性条件下可以弱化细胞壁多糖组分间的氢键从而疏松细胞壁。

8. C

【考点】LEA 蛋白的作用

【解析】LEA 蛋白是种子胚胎发育后期高丰度表达的蛋白质，简称 LEA 蛋白。LEA 蛋白富含不带电荷的氨基酸，具高度的热稳定性，所以，具有保护细胞的结构和代谢的作用；参与种子抗脱水过程，使种子在后期脱水时不致受到破坏；LEA 蛋白也可以渗透调节物质。

9. B

【考点】光周期理论的应用

【解析】南麻北种，由于在北方麻类作物生长旺盛的季节日照较长，使其营养生长期延长。因此，可以增加麻类作物植株的高度，从而可以增加纤维产量。

10. D

【考点】渗透调节物质

【解析】参与细胞渗透调节的物质主要有两大类：一类是细胞从外界吸收的无机离子，包括 K^+、Cl^-、Na^+ 等，主要贮存于液泡中；另一类是细胞内合成的有机物质，主要有可溶性糖、可溶性蛋白、脯氨酸、甜菜碱以及其他物质(包括甘油、山梨醇、甘露醇等有机物质)，这些物质存在于细胞质中。

二、实验题

11.【答案要点】

(1)思路：将幼苗的根及幼芽切除，在幼苗的一片子叶(子叶 1)上施加含同位素标记且不易降解的营养物质；对照组幼苗的另一片子叶(子叶 2)用蒸馏水处理，实验组幼苗的另一片子叶(子叶 2)用适宜浓度的细胞分裂素溶液处理；一段时间后检测两组子叶 2 中同位素的量。

(2)结果：实验组幼苗子叶 2 中同位素的量显著高于对照组。

三、问答题

12.【答案要点】

(1)吸收形式：硝态氮、铵态氮、尿素、氨基酸等。

(2)症状：植株矮小，老叶先变黄(有时发红)，花、果少。

13.【答案要点】

(1)相同点

①将 NADH 或 $FADH_2$ 氧化脱出的电子传递给 O_2。

②电子传递过程释放的能量可用于合成 ATP。

(2)不同点

①末端氧化酶不同:前者是细胞色素 c 氧化酶,后者是交替氧化酶。

②合成 ATP 的量不同:前者多,后者少。

14.【答案要点】

(1)质外体途径:光合产物从光合细胞运输到筛管-伴胞复合体附近的质外体中,再通过蔗糖-质子共运输载体转运到筛管-伴胞复合体中。

(2)共质体途径:光合产物通过胞间连丝从叶肉细胞运输到筛管-伴胞复合体中。

15.【答案要点】

(1)光敏色素:主要接受红光和远红光信号,在植物体内以 Pr 和 Pfr 两种形式存在,Pfr 是光敏色素的生理活跃形式;参与调节幼苗去黄化、成花诱导及需光种子萌发等过程。

(2)隐花色素和向光素:主要接受蓝光和近紫外光信号;参与调节向光性反应、子叶和叶片的扩展及气孔运动等过程。

(3)紫外光-B 受体:接受紫外光-B 信号;参与抑制植物生长和诱导花色素合成等过程。

16.【答案要点】

(1)气孔开度减小或关闭,限制 CO_2 供应,光合速率降低。

(2)光合机构受损,光系统Ⅱ的光化学效率降低。

(3)Rubisco 等参与碳同化过程的相关酶活性降低,同化速率减慢。

(4)光合产物运输受阻,光合作用受到抑制。

生 物 化 学

四、选择题

17. B

【考点】科学家的贡献

【解析】中间产物学说是由生物化学家 Michaelic 和 Menten 于 1913 年提出的;蛋白质变性学说是由中国科学家吴宪先生于 1931 年提出的;诱导契合学说是由 D. Koshland 于 1958 年提出的;化学渗透学说是英国科学家 P. Mitchell 等于 1961 年提出的。

18. D

【考点】氨基酸的极性

【解析】根据其侧链的性质,组成蛋白质的 20 种常见氨基酸可以分为非极性、极性不带电、极性带正电和极性带负电四类。Ala、Val 属于非极性氨基酸,Arg 是极性带正电的氨基酸,Cys 是极性不带电的氨基酸。

19. D

【考点】抑制剂类型

【解析】教材上通常给出的琥珀酸脱氢酶的竞争性抑制剂是丙二酸。不过从结构式上可以判断，戊二酸是琥珀酸脱氢酶的竞争性抑制剂，其结构与琥珀酸相似。

20. A

【考点】维生素与人类疾病

【解析】人体缺乏氰钴胺素将患恶性贫血病，所以氰钴胺素被认为是抗恶性贫血因子；人体缺乏维生素 E 时容易造成习惯性流产和肌肉萎缩等症状；人体缺乏维生素 K 时，凝血时间会延长；人体缺乏硫胺素时会得脚气病，而且会影响心血管和神经组织的正常功能。

21. D

【考点】糖酵解途径的调节

【解析】糖酵解途径的三个关键调节位点之一是磷酸果糖激酶Ⅰ，柠檬酸、ATP 是该酶的抑制剂，2,6-二磷酸果糖是该酶的激活剂。NADH 是糖酵解途径的反应产物，该代谢物的积累将抑制糖酵解途径。

22. B

【考点】底物水平磷酸化

【解析】教材上底物水平磷酸化反应有 3 步，分别是糖酵解途径中的 1,3-二磷酸甘油酸转化为 3-磷酸甘油酸、PEP 转化为丙酮酸的 2 步反应，以及 TCA 循环中的琥珀酰 CoA 转化为琥珀酸的反应。催化这 3 步反应的酶分别是磷酸甘油酸激酶、丙酮酸激酶和琥珀酰 CoA 合成酶。选项 B 是正确的。

23. B

【考点】与 CO_2 生成有关的反应的酶

【解析】丙酮酸羧化酶、乙酰 CoA 羧化酶催化的反应都是利用 CO_2 的反应；琥珀酸脱氢酶催化的反应与 CO_2 无关。异柠檬酸脱氢酶是 TCA 循环中的一种酶，它催化的反应会释放 1 分子 CO_2，因此 B 选项正确。

24. C

【考点】脂肪分解产物的去向

【解析】脂肪分解生成 3-磷酸甘油和脂肪酸，3-磷酸甘油经过磷酸甘油脱氢酶生成磷酸二羟丙酮，后者可以继续代谢 。磷酸二羟丙酮可以经过糖酵解途径代谢产生能量，它是连接糖代谢和脂代谢的重要中间产物。因此，选项 C 正确，其他选项是糖酵解途径的中间产物，是干扰选项。

25. A

【考点】SDS-PAGE 中试剂的作用

【解析】在使用 SDS-PAGE 进行蛋白质分子量鉴定时，甘氨酸和 Tris 是电泳缓冲液的组分，溴酚蓝是上样缓冲液的组分，是指示剂。SDS 是一种阴离子去垢剂，是电泳凝胶、电泳缓冲液和上样缓冲液的组分之一，它的作用是破坏蛋白质的非共价相互作用，致使蛋白质结构发生变化而变性。因此，选项 A 正确。

26. C

【考点】大肠杆菌 DNA 聚合酶Ⅲ各亚基功能

【解析】大肠杆菌 DNA 聚合酶Ⅲ核心酶 α 亚基具有 $5'$-$3'$聚合活性，ε 亚基具有 $3'$-$5'$外切活性；DNA 聚合酶Ⅲ β 亚基为二聚体，负责将 DNA 聚合酶Ⅲ核心酶结合在 DNA 上，维持 DNA 合成的连续进行。DNA 聚合酶Ⅲ没有 σ 亚基。

五、实验题

27.【答题要点】

【考点】用实验方法区分小肽和氨基酸

【解析】

(1)利用双缩脲反应。双缩脲试剂可以与含有两个或者两个以上肽键的物质发生显色反应,但不能和游离的氨基酸发生反应。当将双缩脲试剂分别加入脑啡肽和脯氨酸溶液后,前者产生紫红色络合物,后者无颜色变化。

(2)利用茚三酮反应。茚三酮试剂可以在特定的条件下与带有游离氨基的化合物,包括氨基酸、肽和蛋白质发生反应生成蓝紫色化合物。脑啡肽具有游离氨基,可以和茚三酮试剂发生反应生成蓝紫色化合物;而脯氨酸是携带亚氨基的氨基酸,它和茚三酮试剂反应产生的是黄色的化合物。

因此,用上述两种试剂可以区分小肽和脯氨酸溶液。

六、问答题

28. 人体中含有多种乳酸脱氢酶同工酶。请写出同工酶的概念及乳酸脱氢酶催化的反应式。

【答题要点】

【考点】同工酶的概念和酶促反应

【解析】

(1)同工酶是指催化同一种化学反应,但酶结构和性质(理化性质、免疫性质、K_m等)不同的一组酶。它们存在于生物的同一种属、同一个体的不同发育阶段或同一发育阶段的不同组织中,在细胞发育及代谢调节中起重要作用。

(2)乳酸脱氢酶催化的反应如下:

丙酮酸 乳酸

29. 请写出磷酸戊糖途径中以 $NADP^+$ 为辅酶的酶的名称,并简述磷酸戊糖途径的主要生物学意义。

【答题要点】

【考点】磷酸戊糖途径

【解析】

(1)磷酸戊糖途径以 $NADP^+$ 为辅因子的酶有 6-磷酸葡萄糖脱氢酶和 6-磷酸葡萄糖酸脱氢酶。

(2)磷酸戊糖途径的生物学意义是产生有还原力的 NADPH,用于胆固醇、脂肪酸等物质的合成;该途径生成的磷酸戊糖可以作为前体合成 PRPP(5-磷酸核糖-1-焦磷酸),参与核苷酸和组氨酸的合成。

30. 生物体有多种 DNA 损伤修复系统。请简述重组修复的主要特点。

【答题要点】

【考点】DNA 修复

【解析】

(1)通常 DNA 修复包括直接修复、错配修复、切除修复和重组修复等类型。

(2)重组修复如图所示：

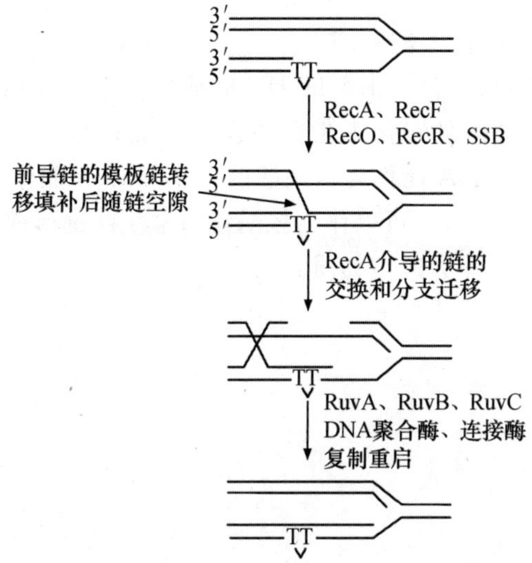

以大肠杆菌为例，假设 DNA 损伤(胸腺嘧啶二聚体)出现在后随链模版上。当遇到损伤片段时，后随链合成停滞。此时，大肠杆菌 RecA 蛋白及其他相关蛋白共同启动了重组过程。与胸腺嘧啶二聚体互补的前导链模板相应区段入侵与后随链模板链中胸腺嘧啶二聚体 3′端附近区段互补配对，形成的分支向后随链模板 5′端移动，填补由于后随链合成受阻产生的空隙。而前导链模板上的空隙再由 DNA 聚合酶以前导链为模板，将脱氧核糖核苷三磷酸不断添加到入侵的与前导链部分互补的后随链 3′端游离羟基上，然后由连接酶连接。这类损伤修复因为发生过遗传信息的重新组合，故称为重组修复。其特点是 DNA 损伤片段仍然存在。

31. 生物氧化生成 ATP 的过程受到多种因素的影响。请阐述呼吸链电子传递抑制剂、氧化磷酸化抑制剂和解偶联剂的主要作用特点。

【答题要点】

【考点】电子传递抑制和 ATP 合成抑制

【解析】

(1)电子传递链的抑制剂包括三类：抑制复合物Ⅰ的电子传递、抑制复合物Ⅲ的电子传递以及抑制复合物Ⅳ的电子传递。电子传递受到抑制，氧消耗量会降低，质子梯度无法形成，ATP 合成将受阻。

(2)寡霉素是氧化磷酸化抑制剂，它可以抑制质子通过 ATP 合酶回流从而抑制 ATP 的合成。由于线粒体内膜质子梯度无法被消耗，电子传递也会间接受到抑制，氧消耗会降低。

(3)解偶联剂，如 2,4-二硝基苯酚能够从线粒体内膜外侧进入线粒体内膜内侧，之后解离，释放质子,结果消耗了质子梯度,所以2,4-二硝基苯酚可以抑制ATP的合成,但它不会抑制电子传递。

32. 核酸是生物体内的重要物质。请围绕中心法则阐述核酸的主要生物学功能。

【答题要点】

【考点】核酸的生物学功能

【解析】

(1)核酸分为脱氧核糖核酸(DNA)和核糖核酸(RNA)。

(2)DNA和RNA均可作为遗传物质。

DNA可以作为模版,合成出新的DNA,遗传给新的细胞。同时DNA也可以作为模版,合成出mRNA,将信息转化为蛋白质发挥功能;RNA能够参与蛋白质的合成,其中mRNA能作为模版,tRNA能作为氨基酸的载体,rRNA能作为核糖体的组分。以原核生物23S核糖体RNA为例,它可以作为核酶参与催化肽键形成的反应。

有些病毒以RNA作为遗传物质。